AIRPLANES

X-35

DNL
NORWEGIAN AIR LINES
LN-IAN

U.S. AIR FORCE

BILL GUNSTON

AIRPLANES

EINE CHRONOLOGIE DER LUFTFAHRT

tosa

Erstveröffentlichung 2002 unter dem Titel ***Aviation: The First 100 Years***
Text und Design © Thalamus Publishing 2001

Übersetzung: Irene Spreitzer und Caroline Klima
Produktionsbetreuung: Print Company Verlagsgesellschaft m. b. H.,
Margaretenstraße 87, 1050 Wien

Printed in Spain by Graficromo S.A.

Danksagung für die Bilder:
Der Verlag dankt Philip Jarrett für seine großzügige Hilfe bei der Produktion dieses Buches.
Sämtliche Fotografien wurden von Philip Jarrett zur Verfügung gestellt, außer:

Airbus: Titelseite Bild Nr. 5, 154–155 (alle), 158–159 (alle außer Sonic Cruiser), 177 (oben); BAe Systems: Titelseite Bild Nr. 6, 51 (unten), 156 (oben), 171 (unten), 185 (oben rechts); Bell: 142; Bell/Boeing: 143 (unten); Bettman/CORBIS: 32–33 (Hauptbild), 33 (unten links), 49 (unten links), 53 (oben), 86, 88 (unten), 112–113 (Hauptbild), 178; Boeing: 159 (oben rechts, kleines Bild), 186 (unten links und rechts), 187 (unten); Boeing/Sikorsky: 131 (rechts); CargoLifter: 177 (Mitte); Ching-Kuo: 175 (oben rechts); CORBIS: 77 (Hauptbild), 106 (Hauptbild), 129 (unten), 162 (Mitte); Embraer: 157 (unten), 167 (unten, unten Mitte); Eurofighter: Titelseite Bild Nr. 2, 184–185 (Hauptbild, unten links, unten rechts); Kevin Fleming/CORBIS: 176 (unten); Bill Gunston: 172 (links), 173 (Mitte und unten), 190 (oben links, unten links); George Hall/CORBIS: 4–5, 94–95 (Hauptbild), 99 (oben rechts), 101 (oben), 147 (unten), 150 (oben), 152 (beide), 153 (beide), 179 (oben Mitte); Hulton-Deutsch Collection/CORBIS: 15 (oben links), 27 (unten links), 28 (unten rechts), 47 (oben links), 49 (oben), 53 (unten), 104 (unten); Paul Jackson: Titelseite Bild Nr. 9, 117 (unten links), 130 (unten), 131 (Mitte, unten links), 135 (Mitte), 149 (Mitte und unten), 156 (unten), 157 (oben), 162 (oben), 163 (Mitte und unten), 168 (unten links und rechts), 169 (oben, Mitte, unten rechts); Lockheed-Martin: Titelseite Bild Nr. 11, 174, 186 (oben), 187 (oben und Mitte); Gerhard Marzinzik: 188 (oben links), 189 (unten rechts); Military Picture Library/CORBIS: 163 (oben); Mitsubishi: 175 (Mitte); Museum of Flight/CORBIS: 49 (unten rechts), 83 (Mitte); Tim Page/CORBIS: 116–117 (Hintergrund); Roger Ressmeyer/CORBIS: 122 (oben); Jonathan Rignall: 79 (oben links); Galen Rowell/CORBIS: 79 (oben rechts); Seattle Post-Intelligencer Collection/Museum of History & Industry/CORBIS: 48 (oben); Sikorsky: 125 (oben rechts), 133 (Mitte links, unten links, unten rechts), 135 (unten); Richard Hamilton Smith/ CORBIS: 120–121 (Hintergrund); Douglas Stone/CORBIS: 52; James A. Sugar/CORBIS: 145 (unten, beide); Thalamus Studios: 130 (oben links, oben rechts), 175 (unten rechts); Underwood & Underwood/CORBIS: 26 (unten links); Michael S. Yamashita/CORBIS: 78 (beide)

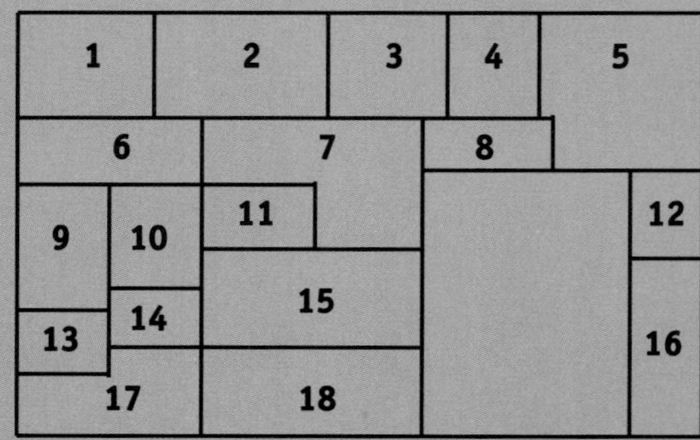

Vorhergehende Seiten:
1 *Otto Lilienthal, gesteuerter Gleiterflug in den 1890er Jahren.*

2 *Eurofighter Typhoon DA7 der italienischen Luftwaffe in den 90ern.*

3 *Einfache Cockpitanordnung im Blackburn-Eindecker von 1913.*

4 *Komplexere Cockpitanordnung in einem Airbus A340 Anfang der 90er.*

5 *Airbus A321 der frühen 90er Jahre.*

6 *Britische Nimrod MR4.A, ein luftgestütztes Warn- und Kontrollsystemflugzeug, noch im Dienst.*

7 *Rockwell B-1B, Mach-0,92-Düsenbomber des SAC in den 80ern.*

8 *Einsitziger Blackburn-Eindecker von 1913.*

9 *Russischer Sukhoi-Su-37-Jäger der 80er.*

10 *De Havilland Mosquito aus den 40er Jahren.*

11 *Lockheed Martin X-35 Joint Strike Fighter des 21. Jahrhunderts.*

12 *Britische Soldaten an einer abgeschossenen Messerschmitt Bf 109 in Südengland, 1941.*

13 *Der Westland EH 101 Merlin, der leistungsfähigste Marinehubschrauber.*

14 *Sir George Caleys steuerbarer Fluggleiter von 1852.*

15 *Der erste längere Motorflug der Gebrüder Wright, 1903.*

16 *Der Ryan-X-13-Senkrechtstarter aus den frühen 50er Jahren.*

17 *Die allgegenwärtige Douglas DC-3 flog nach dem 2. Weltkrieg bei Fluglinien in aller Welt (hier eine der norwegischen Fluglinie) und ist heute noch im Einsatz.*

18 *Die XB-70, entworfen für Höhe und Geschwindigkeit, hier auf dem Boden, 1965.*

Inhalt

In nur 100 Jahren …

Oben: *Der Airbus A380, hoffentlich ab Ende 2005 in Betrieb, und (klein) die Nr. 4 Silver Dart aus den frühen 90er Jahren.*

Unten: *Der A.-V.-Roes-Dreidecker (1909) war in braunes Packpapier gewickelt, die Do X (rechts, 1929) hatte zwölf Motoren.*

Heute leben nur noch wenige Menschen, die vor dem Jungfernflug des ersten Flugzeugs geboren wurden. Die Tatsache, dass die Luftfahrt von den Anfängen des *Flyer* der Brüder Wright bis zur bemannten Raumfahrt in einem Lebensalter entstand, zählt zu den erstaunlichsten Gegebenheiten der Geschichte. Heute können wir uns nur schwer eine Zeit vorstellen, in der hunderte Pioniere jahrelang an Flugmaschinen bastelten, die überhaupt nicht flogen, oder von hohen Gebäuden sprangen und dabei mit selbst gebauten Flügeln schlugen.

Heute ist das einst Unmögliche Alltag. Touristengruppen stehen jedes Jahr auf dem Gipfel des Mount Everest. Durchschnittsbürger können sich Flugstunden leisten. Im Jahr 2001 fuhr ein Amerikaner mittleren Alters zur Internationalen Raumstation und wurde der erste Weltraumtourist.

Im ersten Jahrzehnt der Luftfahrt lernten die Konstrukteure, Flugzeuge zu bauen, die tatsächlich flogen, und die Piloten (oft dieselben Personen) lernten, sie zu fliegen. In dieser Zeit waren die Motoren äußerst unzuverlässig. Bei starkem Wind blieb man am Boden. Ein Jahrzehnt später entstanden in den rasch errichteten Fabriken etwa 205.000 Flugzeuge, die fast alle zu

den Schlachtfeldern des 1. Weltkriegs zogen, wo sie einander zu zerstören suchten. Ende 1918 waren Flugzeuge und Motoren bereits erstaunlich gut, doch sehnten sich die 90.000 überlebenden Piloten und die meisten Flugzeughersteller nach friedlichen Jobs.

In den 20er Jahren verlangsamte sich der Fortschritt. Für die wichtigen internationalen Flugwettbewerbe, die in Europa stattfanden, wurden immer schnellere Wasserflugzeuge mit immer besseren Motoren entwickelt. In den USA und in Deutschland ersetzten die Techniker die Doppeldecker mit Drahtgestell und Stoffabdeckung langsam durch schlanke Eindecker mit freitragenden Flügeln und Metallhülle.

In den 30er Jahren machten die Techniker immer größere Fortschritte bei den Motoren. Die riesigen wassergekühlten Antriebe mit schweren Kühlern wurden durch Motoren derselben Größe mit doppelter bis dreifacher Leistung ersetzt. Sie wurden mit einer Mischung auf Glykolbasis gekühlt, gaben die Abwärme durch den Kühler ab und erzeugten somit zusätzliche Schubkraft (oder negativen Luftwiderstand). Die luftgekühlten Sternmotoren mit richtigem Gehäuse *(siehe Seite 46)* waren noch leistungsstärker und im Krieg robuster. Zu dieser Zeit entstanden auch einziehbare Fahrwerke, Klappen und Propeller mit konstanter Drehzahl.

In den 40er Jahren flogen Flugzeuge über 10.000 Meter hoch, sie hatten Druckkabinen, und die Turbomotoren erreichten ungeahnte Geschwindigkeiten. Doch sollten sie bald durch einen völlig neuen Antrieb abgelöst werden. Wenn jemand in Großbritannien dem jungen Piloten der Royal Air Force Frank Whittle im Jahr 1929 zugehört hätte, wäre der erste Jet bereits 1935 für die RAF geflogen. Der Deutsche Hans-Joachim von Ohain, der 1935 den Jet erfand, meinte: „Wenn Frank Whittle nicht ständig zurückgewiesen worden wäre, hätte es keinen 2. Weltkrieg gegeben, weil Hitler nicht sicher gewesen wäre, dass er gewinnen würde."

In den 50er Jahren revolutionierte der Düsenantrieb die militärische Luftfahrt. Ab 1952 flogen Passagierflugzeuge mit Düsenantrieb. In den 60er Jahren glaubte General Electric in den USA schön langsam, was Whittle bereits seit 1936 predigte: dass Turbofans weniger Treibstoff verbrauchten als Turbojets. Das erste Flugzeug mit diesen Triebwerken war 1968 der riesige C-5-Airlifter, aber erst heute werden sie langsam Standard.

Oben: *Kolbenkraft für Motoren – eine Grumman F4F Wildcat jagt im 2. Weltkrieg eine F/A-18A Hornet.*

Unten: *Die Geschichte der Luftfahrt begann mit einsamen Männern, die gegen die Elemente kämpften. Nach 100 Jahren technologischem Fortschritt scheint heute wenig Platz für Männer wie Wilbur und Orville Wright auf dem Foto aus dem Jahr 1909 (rechts), dennoch gewann der Kalifornier Bryan Allen 1979 einen Preis, als er als erster „Vogelmann" mit der Gossamer Albatross* (siehe Seite 190) *den Ärmelkanal überquerte.*

Seit den 70er Jahren scheint sich der Fortschritt zu verlangsamen, auch wenn es tatsächlich mit Riesenschritten vorangeht – etwa in solchen Feinheiten wie dem Material von Flügelverkleidungen oder Turbinenblättern, der Konstruktion eines zusätzlichen Antriebssystems und der großen Vielzahl an elektronischen Geräten. Langsam dringen diese Neuerungen auch zu den Privatflugzeugen durch.

1900 meinte ein Wissenschafter: „Alles, was man erfinden kann, wurde bereits erfunden." Damals muss es ihm tatsächlich so vorgekommen sein. Heute wissen wir aber, dass die Brüder Wright nur drei Jahre später den Menschen die Möglichkeit schenkten, zu fliegen, und dass die Welt sich dadurch verändert hat.

Heißluftantrieb

Jahrtausende träumten die Menschen davon, wie Vögel fliegen zu können. Viele stürzten bei ihren Versuchen in den Tod. Die ersten Menschen, die tatsächlich flogen, verwendeten eine völlig andere Methode.

Rechts: *Lilienthal gleitet im Juni 1895 unter seinem „Normal-Segelapparat“ Nr. 11 vom „Fliegeberg“ in Lichterfelde.*

Kleines Bild: *1893 flog er mit dem Segelapparat Nr. 6 in Rhinow.*

Die Papierhersteller Josef und Etienne Montgolfier aus Annonay, Frankreich, beobachteten, dass bei einem Feuer die angekohlten Papierfragmente immer nach oben stiegen. Nach diesem Prinzip begannen sie, Ballone mit Heißluft zu füllen, von denen der erste am 21. November 1783 mit Menschen an Bord aufstieg.

Etwa zur selben Zeit begann sich der englische Baron Sir George Cayley mit „Fortbewegung in der Luft“ zu beschäftigen und erzeugte ein Hubschraubermodell. Nach vielen anderen Experimenten veröffentlichte er 1809 eine Abhandlung, in der er erstmals die Grundprinzipien für den Flugzeugbau beschrieb. Er erkannte, dass der Schlüssel zu einem erfolgreichen Flugzeug ein fixer (unbeweglicher) Flügel in Kombination mit einem anderen Antriebsmittel war. 1853 baute er ein Segelflugzeug, mit dem sein Chauffeur ein Tal in Yorkshire überflog. Der Mann landete sicher und kündigte mit den Worten „Ich wurde zum Fahren, nicht zum Fliegen angestellt“.

Das restliche 19. Jahrhundert war die Zeit der Möchtegernflieger. Die Russen steuerten Aleksandr Mozhaiski bei, dessen dampfbetriebener Eindecker 1884 kurz flog. Die Franzosen behaupten, dass Clement Aders fledermausähnlicher Eindecker am 9. Oktober 1890 50 Meter weit flog. Allerdings hob er nur ein paar Zentimeter vom Boden ab. Wenn der Eindecker geflogen wäre, hätte es aber einen Unfall gegeben, da Ader keine Steuerung eingebaut hatte.

Das faszinierendste Flugzeug, das im 19. Jahrhundert abhob, war ein riesiger Doppeldecker, den Sir Hiram Maxim am 31. Juli 1894 in Kent, Südostengland, testete. An Bord waren Maxim und zwei Assistenten, die Kohle schaufelten, damit sich die riesigen Propeller drehten, und verschiedene Hebel bedienten. Leider verfing sich das Monster beim Abflug. Wäre es frei geflogen, hätte es ein spektakuläres Unglück gegeben, weil Maxim auf die Quersteuerung vergaß. Er war einer von vielen, die dachten, dass man einfach in ein Flugzeug einsteigen und fliegen könnte, ohne die Maschine steuern zu müssen.

Links und unten: *Ein Nachbau (1973) von Cayleys „lenkbarem Fallschirm“ aus dem Jahr 1852. Unten sieht man gut das „Tiller“-Steuer und das Seil, das den Bug des Flugzeugs am Boden hält.*

Links: *Maxims riesiges Testgerät in Kent, Südengland, im Jahr 1894. Kohlebefeuerte Motoren drehten die Propeller, doch der Apparat verfing sich an den Startschienen.*

Vom Fahrrad zum Fliegen

Einer der ersten, der die Notwendigkeit einer Steuerung erkannte, war der Deutsche Otto Lilienthal. Er glitt mehr als 2000 Mal von einem Hügel, um sein steuerbares Segelflugzeug zu perfektionieren, bevor er im August 1896 tödlich verunglückte. Sein Schüler, der Engländer Percy Pilcher, starb im Oktober 1899. Hätte er länger gelebt, wäre er vielleicht als erster Mann in einem Flugzeug geflogen, da sein Segelflugzeug fast fertig war.

So wurde den Fahrradfabrikanten und Brüdern Wilbur und Orville Wright aus Dayton, Ohio, die Ehre zuteil, den ersten gesteuerten Flug in einem motorbetriebenen Flugzeug zu machen. 1899 schrieb Wilbur: „Ich glaube, dass der Mensch einen einfachen Flug absolvieren kann – ich beginne gerade systematische Studien." Nachdem die Brüder alle verfügbaren Informationen gesammelt und als wertlos verworfen hatten, begannen sie selbst zu forschen und einen Windkanal zu bauen. Im Dezember 1900 testeten sie ein Segelflugzeug. 1902 steuerten sie Segelflüge. Am 17. Dezember 1903 machten sie schließlich in Kitty Hawk, North Carolina, den ersten Flug mit einem gesteuerten Motorflugzeug. Beim längsten Flug an diesem Tag schafften sie 284 Meter in 59 Sekunden. Tatsächlich legten sie gegen den starken Wind eine größere Strecke zurück.

Unten: *Der Segelflieger der Brüder Wright aus dem Jahr 1900 fliegt wie ein Drachen an einer Schnur.*

Ganz unten: *Der historische Augenblick im Dezember 1903, als den Brüdern Wright der erste Flug mit einem gesteuerten Motorflugzeug gelang. Ganz rechts sieht Wilbur zu.*

Frühe Entwicklungen

Vor 100 Jahren kamen die meisten Erfindungen aus Paris. Hier konnte man das Gerücht kaum glauben, dass zwei Brüdern aus dem fernen Ohio ein Motorflug gelungen war.

Am 19. Oktober 1901 gewann der kleine Brasilianer Alberto Santos-Dumont, ein Liebling der Pariser Gesellschaft, einen Preis, als er sein Luftschiff *Nr. 4* um den Eiffelturm flog. Im Juli 1906 ließ er einen Esel seine *Nr. 14* mit einem Drahtseil ziehen. Am 23. Oktober 1906 flog *Nr. 14* dann richtig: zwar nur 65 Meter weit und drei Meter über dem Boden, aber es war der erste Flug in Europa.

Oben: *Santos-Dumont stieg von Eselskraft auf Pferdestärke um und flog im Oktober 1906 als erster Europäer mit einem motorbetriebenen Flugzeug.*

Unten und rechts: *Der Engländer Henry Farman lenkt 1908 seine französische Voisin bei Paris.*

Im März 1904 verdoppelte der irische Präsident des Aero-Club de France die 25.000 Francs, die Henri Deutsch de la Meurthe demjenigen zahlen wollte, der mit einem Flugzeug einen Kreis fliegen und sicher landen konnte. Dieses Angebot war verlockend. Allerdings kamen Zweifel an der Behauptung der Brüder Wright auf (obwohl Wilbur im Oktober 1905 *Flyer III* 38 Minuten lang geflogen hatte), weil sie am Archdeacon-Preis gescheitert waren. Monatelang korrespondierten sie mit dem britischen Kriegsministerium, doch wollten sie einen Vertrag, um ihr Gerät zu demonstrieren. Im Februar 1906 lehnten die Briten die Bedingungen ab.

Transatlantische Rivalität

Das französische Gegenstück zu den Brüdern Wright waren die Voisins. 1907 hatten sie bereits dutzende Drachen und mehrere Segelflugzeuge geflogen, die meist Gabriel Voisin pilotierte. Am 30. März 1907 hob aber Charles Voisin mit dem ersten erfolgreichen Flugzeug der Brüder ab. Das Ereignis fand auf einem großen Feld in Bagatelle außerhalb von Paris statt. Im Oktober desselben Jahres kaufte der Engländer Henry Farman, der in Paris lebte, ein Flugzeug von den Voisins und flog damit 843 Meter. Am 13. Januar 1908 gewann er die 50.000 Francs für den Kreisflug, obwohl er Probleme bei den Kurven hatte. Die britische *Times* schrieb: „Man hat bisher nichts Vergleichbares gesehen."

Links: *Der Engländer A. V. Roe war so arm, dass er 1909 seinen Dreidecker mit braunem Packpapier abdeckte – das Gerät flog trotzdem!*

Rechts: *Der einsitzige Blackburn-Eindecker hatte seinen Jungfernflug am 21. März 1913. Er ist als älteste flugfähige britische Maschine in vielen Filmen zu bewundern.*

Unten: *Louis Blériot posiert neben seiner Typ XI, die ihn über den Ärmelkanal brachte. Bei diesem Flug prägte er den Satz, dass jede Landung, von der man weggehen kann, eine gute Landung ist. Im größeren Bild steht Blériot (im Fliegeranzug) im Juli 1909 neben seinem beschädigten Eindecker auf Northfall Meadow vor Schloss Dover. Beachten Sie den Schwimmsack am Rumpf und die französische Tricolore am Rahmen.*

Um diese Zeit experimentierten Flugpioniere in Hammondsport im Staat New York. Hier hatte Marion, die Frau von Alexander Graham Bell, dem Erfinder des Telefons, die Aerial Experiment Association (AEA) gegründet. Im Dezember 1907 flog der Sekretär der AEA, Leutnant Thomas Selfridge, ein von Bell konstruiertes Segelflugzeug. Am 12. März 1908 flog der Kanadier „Casey" Baldwin die *Red Wing*, die Selfridge gebaut hatte. Am 18. Mai flogen einige Mitglieder Baldwins *White Wing*. Am 4. Juli hob der Motorradrennfahrer Glenn Curtiss mit der *June Bug* ab. Am 6. Dezember stellte der Kanadier John McCurdy die *Silver Dart* fertig, die er am 23. Februar 1909 in Baddeck, Nova Scotia, flog. All diese Flugzeuge waren mit Curtiss' luftgekühlten V-8-Motoren ausgestattet.

1908 schickten die Brüder Wright den zweisitzigen Doppeldecker des Modells A nach Frankreich, wo er in Leon Bollés Werkstatt bei Le Mans zusammengebaut wurde. Danach brachte man das Flugzeug zur nahen Rennstrecke in Hunaudières, wo Wilbur Wright vor geladenen Gästen abhob, zwei Kreise drehte und wieder landete. Die Wirkung war unbeschreiblich. Der große Pionier Delagrange sagte: „Nous n'existons pas!" („Uns gibt es gar nicht!") Nie zuvor hatte man gesehen, dass ein Mensch ein Flugzeug so gut beherrschte und derart präzise gesteuerte Kurven flog. Ein Schlüssel zu Wrights Erfolg war die Quersteuerung, die die Tragflächen beweglich machte, sodass sie in Kurven angehoben werden konnten. Diese Idee übernahm Louis Blériot sofort bei seinen Eindeckern. Am 25. Juli 1909 überflog er mit seiner Typ XI mit schwachem 25-PS-Anzani-Motor den Ärmelkanal.

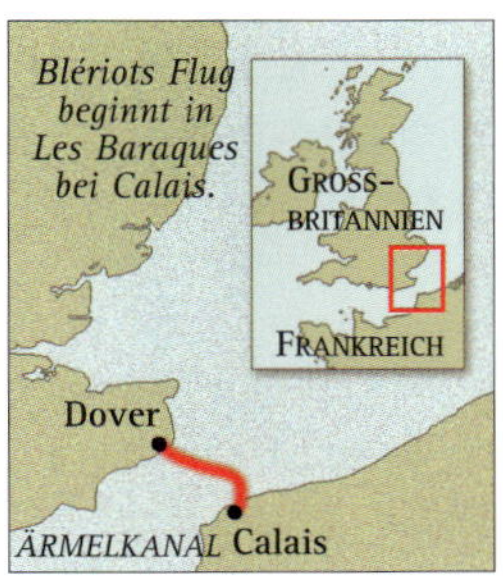

Links: *Curtiss fliegt die June Bug in einer Staubwolke.*

Erste Kampfflugzeuge

Aus unserer Sicht ist es schwierig, die Einstellung der Bevölkerung des beginnenden 20. Jahrhunderts zur Luftfahrt zu verstehen. Die Flugpioniere hatten Schlagzeilen gemacht, doch die Luftfahrt galt als Zirkusattraktion. Flugzeuge waren seltsame Geräte, die zur Unterhaltung des Publikums dienten.

Unten: *Hauptmann E. E. Hodgson sitzt 1916 in Frankreich am Steuer einer de Havilland B.E.2c. Durch die Stabilität der B.E.2 konnten Pilot und Späher die Truppenstellungen auskundschaften.*

Um 1911 meinte mein Großvater (ein Mathematikprofessor in Cambridge): „Das ist nur eine Modeerscheinung … diese Flugmaschinen werden bald in Vergessenheit geraten!" Die meisten Militärexperten teilten seine Meinung. Typisch war die Ansicht des britischen Kriegsministers, der 1910 behauptete: „Wir glauben nicht, dass Flugzeuge irgendeinen Nutzen für den Krieg haben." Luftschiffe waren angesehener. Der Hohn der Militärstrategen galt vor allem den fragilen Flugmaschinen.

Unten: *Die Voisin LA hatte den Motor hinten, sodass kein Propeller vorne angebrachte Gewehre störte. Damit war das Flugzeug ideal für die ersten Experimente mit Jagdbombern.*

Bereits 1910 hatten Piloten begonnen, die Rolle der Flugzeuge im Krieg auszuloten. Im Juni hatte Curtiss eine Kriegsschiffattrappe in 17 Überflügen 15-mal aus kurzen Bleirohren beschossen. Zwei Monate später traf der amerikanische Armeeleutnant Jacob E. Fickel ein Ziel von einem Meter Größe am Boden zweimal (bei vier Versuchen) mit seinem Springfield-Gewehr. Diese Versuche beeinträchtigten jedoch seine Armeekarriere.

Noch 1914, als in Europa bereits Krieg herrschte, waren die Möglichkeiten der Flugzeuge begrenzt. Die meisten starteten mit 65 km/h und flogen bei Vollgas 90 km/h. Nur wenige konnten mehr Gewicht tragen als den Piloten und einen Passagier. Als der berühmte Flieger Claude Grahame-White demonstrierte, dass er eine Bombenattrappe mit 50 kg auf eine Kriegsschiffattrappe abwerfen konnte, waren die britischen Führer, die dieses Schauspiel beobachteten, höchst verwundert.

Schnelle Entwicklung durch den Krieg

Als im August 1914 der 1. Weltkrieg ausbrach, stand bereits eine beträchtliche Zahl primitiver Flugzeuge in den Diensten der Krieg führenden Mächte. Fast alle hatten einen einzigen Motor mit 80 oder 100 PS und einen oder zwei Sitze. Ihre einzige Aufgabe war die Aufklärung. Der britische Flugzeugbauer Geoffrey de Havilland hatte einen zweisitzigen Doppeldecker, die B.E2, entwickelt, die so stabil war, dass der Pilot Anmerkungen zu den feindlichen Truppen auf einen Notizblock schreiben konnte. 1915 verwendete man schon Kameras. Tatsächlich entwickelte man sogar spezielle Kameras für die Flugzeuge.

Die Piloten waren jedoch nicht auf Begegnungen mit feindlichen Fluggeräten vorbereitet. Ein britischer Pilot fragte: „Was mache ich, wenn ich auf einen Zeppelin treffe?" Nach langem Schnurrbartdrehen meinten die Generäle: „Versuchen Sie hineinzufliegen." Oft winkten einander die feindlichen Piloten zu, doch bald gingen unsportliche Flieger dazu über, Pistolen und Gewehre mit an Bord zu nehmen.

Am 5. Oktober 1914 schoss schließlich ein Flugzeug ein anderes ab. Eine Voisin LA der französischen Aviation Militaire patrouillierte bei Reims, als der Pilot Sergeant Franz und sein Späher Unteroffizier Quénault eine deutsche Aviatik bemerkten. Ihr Flugzeug hatte ein Hotchkiss-Maschinengewehr an Bord, mit dem sie die „Hunnen" abschossen. Das war möglich, weil die

Links: *Der Waffenstand von Fokker machte den M5-Eindecker zu einem tödlichen Gerät. Das Royal Flying Corps wurde in weniger wendigen Flugzeugen wie der B.E.2 und der Vickers F.B.5 (unten) zu „Fokkerfutter".*

Links: *Ein Hotchkiss-Maschinengewehr, montiert auf einem Voisin-LA-Doppeldecker.*

Unten: *Das erste Flugzeug-Maschinengewehr der US Army. Leutnant Kirtland fliegt eine Wright, Hauptmann C. Chandler (links) hält ein Lewis-Maschinengewehr.*

altmodische Voisin den Motor, der einen Druckpropeller antrieb, hinter den Cockpit hatte. Diese Flugzeuge waren langsam und behäbig. Ab 1910 experimentierten viele Erfinder mit Maschinengewehren, die fix auf einem vorne befestigten Propeller montiert waren, sodass der Pilot das ganze Flugzeug auf den Feind lenken konnte. Ihre Ideen wurden ignoriert. Nun brachte der französische Pilot Roland Garros einen Stahlschutz auf seinem Propeller an und jagte den Feind mit einem Gewehr, das geradeaus nach vorne feuerte. Rasch erzielte er vier Siege, danach wurde er jedoch selbst abgeschossen.

Die Deutschen studierten Garros' primitive Stahlschilde und beauftragten den holländischen Flugzeugbauer Anthony Fokker, die Idee besser umzusetzen. Fokker und seine Ingenieure entwarfen ein Unterbrechersystem, für das sie bereits ein Patent angemeldet hatten. Bald wurde der Fokker-M5-Eindecker zu einer tödlichen Gefahr. Die M5 war besonders gefährlich, weil sie sehr wendig war, während die britische B.E vor allem stabil sein sollte. Wenn ein B.E-Pilot beschossen wurde, war es ihm unmöglich, dem Kugelhagel zu entkommen. Britische Zeitungen bezeichneten das Flugkorps der RAF einfach als „Fokkerfutter".

Als der Vorteil der vorwärts feuernden Maschinengewehre schließlich erkannt wurde, wurden sie zur Standardausstattung fast aller Jagdflugzeuge. Auch die Idee, dass der Späher im hinteren Cockpit sitzen sollte, setzte sich durch. Hier hatte er nicht nur einen besseren Ausblick, er konnte auch mit einem Gewehr ausgerüstet werden, das auf einem drehbaren Ring montiert war. Damit konnte er auf Jagdflugzeuge mit fix montiertem Gewehr feuern, die von hinten angriffen.

Die ersten Bomber

Vor August 1914 waren dutzende „Bomben" von Flugzeugen abgeworfen worden, doch waren die meisten nur Granaten mit einer Nase, damit sie kopfüber fielen. Bald warf man aber speziell entwickelte Luftbomben von eigens entworfenen Gestellen ab. Der militärische Nutzen von Flugzeugen wurde bald auch den Skeptikern klar.

Einer der ersten Bombenangriffe fand vier Tage nach Kriegsausbruch statt. Am 8. August 1914 dröhnte das Zeppelin-Luftschiff Z6 über belgische Festungen bei Liège. Hier warf die Crew 220-kg-Artilleriegeschütze mit den Händen ab. Die Z6 endete als Wrack bei Bonn.

Der erste Flugzeugangriff, der beträchtlichen Schaden verursachte, wurde sechs Tage später geflogen. Am 14. August starteten Leutnant Cesari und Unteroffizier Prudhomme von der französischen Aviation Militaire mit einer schwerfälligen Voisin von Verdun. Obwohl sie zwei Bomben von 15,5 cm Größe trugen, stiegen sie auf ihrem Weg nach Metz auf eine Höhe von 2500 Metern. Hier, über der Feuersbrunst, trafen sie die deutschen Zeppelin-Hangars.

Ein strategischer Angriff fand am 30. August statt. Der deutsche Hauptmann Ferdinand von Hiddesen flog seinen schwachen, kleinen Taube-Eindecker furchtlos nach Paris. Hier warf er drei kleine Bomben auf den Gare de l'Est ab, danach Flugblätter, in denen er den Bewohnern mitteilte: „Die deutsche Armee steht vor den Toren, ergeben Sie sich."

Auf der anderen Seite der Welt, in Tsingtao, bombardierten zwei ebenso schwache Farman-Doppeldecker der japanischen Luftwaffe die österreichisch-deutschen Kasernen. Am 17. September versenkten sie ein kleines Torpedoboot aus der Flotte bei Kiachow.

Wichtigere Angriffe flog das britische Royal Naval Air Service. Am 8. Oktober starteten Major Grey und Hauptmann Marix mit zwei Sopwith Tabloids von Antwerpen aus. Durch Nebel behindert, bombardierte Grey dennoch den Bahnhof von Köln, Marix eine Luftschiffbasis bei Düsseldorf. Am 21. November flogen drei Avro 504 unter der Leitung von Major Briggs von Belfort zu den Zeppelinfabriken in Friedrichshafen.

Rechts: *Die Sopwith Tabloids zählten zu den ersten britischen Bombern, die dem Feind den Luftkrieg erklärten.*

Diese Flugzeuge waren zwar mit 80-PS-Motoren nicht gerade leistungsstark, doch verursachten ihre 10-kg-Bomben beträchtliche Schäden.

Die Flugzeuge waren mit Gnome-Umlaufmotoren ausgerüstet. Diese Triebwerke, die an der Kurbelwelle montiert waren, hatte die Pariser Firma Gnome 1906 erfunden. Beim Start drehten sich die Kreiskolben, die Propeller waren vorne fixiert. Man dachte, dass die Drehung des Motors ein Überhitzen der Zylinder verhindern würde. Allerdings eignete sich dieses Grundkonzept nur für Motoren bis zu 200 PS. Nach dem Ende des Krieges im Jahr 1918 verschwanden die Umlaufmotoren rasch aus der Luftfahrt.

Unten: *Eine Avro 504 in Belfort, Ostfrankreich, mit vier 10-kg-Bomben an Bord, ist für den Angriff auf Friedrichshafen im November 1914 gerüstet.*

Größere und bessere Motoren

Haltbarer waren die riesigen Reihen- und V-Motoren mit Wasserkühlung. Die besten Bomber aus der Kriegszeit wahren wohl die Airco D.H.4 und die D.H.9 aus der Werkstatt von Captain de Havilland. Erstere hatte einen Rolls-Royce-Eagle-V-12-Motor mit 375 PS und trug bei einer einzigartigen Geschwindigkeit von 229 km/h 230 kg Bomben. Die D.H.9 hatte schwächere Triebwerke in der 250-PS-Klasse, doch das Folgemodell war die D.H.9A mit dem American-Liberty-Motor mit 400 PS. Allein in den USA wurden 4000 D.H.9A erzeugt.

Eine besondere Kategorie waren Torpedobomber wie die Short 184 aus dem Jahr 1915. Sie hatte Motoren mit 240 oder 275 PS und war mit verschiedenen Bomben oder einem 35,5 cm großen Torpedo ausgerüstet. Ein Jahr später kam die Short 320 mit Sunbeam-Motor heraus. Sie war mit dem neuen Mk-IX-Torpedo bestückt, der 500 kg wog.

Nach 1913 wurden immer größere Bomber entwickelt. Der erste war der russische Ilya Mourometz von Igor Sikorsky mit vier Triebwerken. Auch die italienischen Caproni-Bomber wurden nach 1913 größer; noch größere Flugzeuge baute Deutschland. Weitere Details finden Sie auf Seite 18–19.

Links: *Thomas Octave Murdoch Sopwith (1888–1989), Flugpionier und Flugzeughersteller, hier auf einem Foto aus dem Jahr 1910.*

Unten: *Der Torpedobomber Short 184 macht einen Wasserstart.*

Oben: *Eine de Havilland Airco D.H.4 aus der Squadron No. 5, Royal Naval Air Service.*

Unten: *Eine Airco D.H.9.*

Unten: *Die Caproni Ca 30 hatte drei Motoren. Die größeren Flugzeuge waren keine Doppeldecker mehr, sondern Dreidecker. Bei einigen Modellen saßen die beiden Besatzungsmitglieder hintereinander, in anderen nebeneinander.*

Die ersten Jäger

Ende 1914 hatten sogar die militärischen Führer erkannt, dass Flugzeuge im Krieg eine wichtige Rolle spielen konnten. 1915 wurden viele Flugzeuge mit Motor und Druckschraubenpropeller hinter dem Cockpit für Besatzung und Ausrüstung gebaut. Dadurch konnte ein Maschinengewehr vorne befestigt werden und gerade nach vorne feuern. Die Flugzeuge wurden zunehmend zu tödlichen Waffen.

Unten: *Der FE-2b-Jagdbomber der Royal Aircraft Factory .*

Rechts oben: *Die widerstandsfähige, wendige SPAD XIII.*

Unten: *Eine SPAD VII funkelt im Morgenlicht.*

Eines der wichtigsten britischen Flugzeuge der ersten Kriegsjahre, die F.E.2b, hatte einen Späher im vorderen Cockpit mit einem oder zwei Maschinengewehren und einer Kanone. Einige hatten noch ein Gewehr auf einem hohen Sockel zwischen den beiden Cockpits, um auf Jagdflugzeuge von hinten zu schießen. Der Späher musste ohne Gurt oder Fallschirm stehen.

Besser war ein vorwärts feuerndes Gewehr, bei dem man das Flugzeug in Schussposition lenkte. Noch besser war ein Unterbrecher, bei dem das Gewehr in den Zwischenphasen des Umlaufs der Propellerblätter feuerte. (Höchstgeschwindigkeit des F.E.2b mit einem 120-PS-Beardland-Motor war 130 km/h. Die Zugschraubenmotoren erreichten 190 km/h und mehr.)

Diese Jagdflugzeuge wurden in größter Zahl hergestellt. Von den französischen SPAD gab es mehrere Modelle, von denen die SPAD VII mit 6000 Stück und die SPAD XIII mit 8440 Stück die wichtigsten waren. Alle waren widerstandsfähige, wendige Doppeldecker mit einer Spannweite von 8,5 Metern und einem 8-V-Hispano-Suiza-Motor mit Wasserkühlung und 180 oder 220 PS. Die meisten waren

mit ein bis zwei Maschinengewehren bestückt. Bei einigen war eine 3,8-cm-Kanone in dem V der beiden Zylinder montiert. Das Rohr verlief durch die Propellermitte. Die SPAD XIII erreichte unglaubliche 222 km/h.

Lieblingsflugzeuge der Fliegerasse

Der erfolgreichste britische Jäger, die Sopwith Camel, war mit einem Umlaufmotor, meist einem Clerget mit 130 PS mit hohem Drehmoment, ausgestattet. Bei Linkskurven reagierte das Flugzeug langsam, bei Rechtswenden dagegen sehr rasch. Dadurch war dieses kurze Flugzeug etwas schwierig zu fliegen. Viele

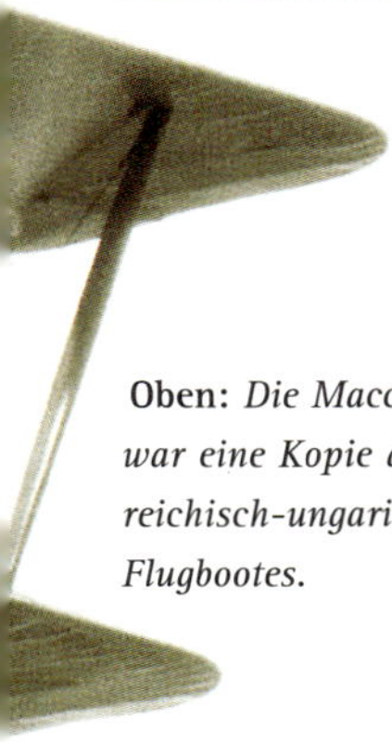

Piloten starben bei der Ausbildung auf Camel-Flugzeugen. In den Händen eines fähigen Piloten war die Camel aber eine tödliche Waffe. Sie schoss mehr Flugzeuge ab (über 3000) als alle anderen Jäger. Insgesamt wurden 5490 Stück hergestellt.

1915 erbeuteten die Italiener ein kleines Lohner-Flugboot von der österreichisch-ungarischen Armee. Da sie es für ein gutes Flugzeug hielten, kopierten es Macchi und andere Firmen. Alle waren Doppeldecker, deren Motor mit Druckpropeller unter dem oberen Flügel montiert war. Mit einem erfahrenen Piloten konnten diese Flugboote mit Landflugzeugen mithalten.

Fast alle deutschen Jäger verfügten über einen massiven Motor mit Wasserkühlung und sechs großen Zylindern, die hintereinander montiert waren. Die Albatross war mit einer kompakten, dünnen Rosenholzfurnier elegant verkleidet. Die Fokker hatte ein Rumpfgerippe aus geschweißten Stahlrohren anstatt des Fahrradrahmens.

Das größte Ass, Manfred von Richthofen (der 80 Abschüsse erzielte), wurde am 21. April 1918 in einem roten Fokker-DrIII-Dreidecker getötete. Er flog dieses Flugzeug am liebsten, doch soll der spätere Fokker-DVII-Doppeldecker besser gewesen sein. Nach dem Kriegsende am 11. November 1918 befahlen die Alliierten Fokker, ihnen alle DVII zu übergeben. Fokker lud jedoch alle Flugzeuge und Werkzeuge, die er zur Herstellung benötigte, auf Züge und brachte sie vor den Augen der Alliierten in sein Heimatland Holland, wo er eine große Fabrik errichtete.

Oben: *Die Macchi M7 war eine Kopie des österreichisch-ungarischen Flugbootes.*

Links oben: *Eine Royal Aircraft Factory S.E.5a.*

Rechts: *Hauptmann Schlörmer erzielte in seiner Albatross DIII vier Siege. Anders als die kompakte Albatross war die Sopwith Camel,* **links unten** *(mit Pilot Major Graham Donald, 1918), ein untersetzter Jäger mit tödlichem Potenzial.*

Oben rechts und unten: *Die Fokker D VII war den Alliierten ein Dorn im Auge.*

Riesenbomber & Luftschiffe

In den letzten Monaten des 1. Weltkriegs setzten alle Seiten größere und stärkere Flugzeuge ein, die schwerere Bomben in feindliche Gebiete transportierten, um so den Krieg zu gewinnen.

Im Jahr 1913 produzierte Igor Sikorsky in Russland den Prototyp des ersten wirklich beeindruckenden Bombers. Der Bomber Ilya Mourometz (IM) hatte vier Motoren mit bis zu 220 PS, die bis zu zwei Tonnen Bomben transportierten und vor Maschinengewehren strotzten. Nur zwei der 80 gebauten IM wurden abgeschossen, und eine davon schoss vorher noch drei deutsche Jäger ab. Nach der Oktoberrevolution im Jahr 1917 flüchtete Sikorsky vor den Kommunisten nach Frankreich und schließlich in die USA *(siehe Seite 126)*. Hier trug er maßgeblich zur Entwicklung der westlichen Luftfahrttechnologie bei.

Ein weiteres Flugzeug aus dem Jahr 1913 ist die italienische Caproni Ca 30. Sie wurde von drei Motoren, davon zwei mit Zugpropeller und einem hinter dem Cockpit, angetrieben. Sie war Prototyp für hunderte stärkere Caproni-Bomber, die teilweise in Frankreich und den USA erzeugt wurden. Die meisten waren Doppeldecker, doch die größten, wie die CA 40, waren Dreidecker. Damals betrug die durchschnittliche Tragflächenbelastung nur 3,2 kg. Capronis mit 6795 kg benötigten daher eine Tragflügelfläche von 204 m². Zum Vergleich: Die heutige F-15E hat eine Tragflügelfläche von 55,7 m² für 36.700 kg. Während die F-15E auf zwei Rädern fährt, hatte die Caproni im Jahr 1916 16!

In Großbritannien erzeugte Handley Page im Jahr 1915 46 0/100-Bomber mit zwei 250-PS-Motoren. Danach kamen 0/400 mit zwei 400-PS-Motoren. Davon wurden 550 ausgeliefert, über 100 in die USA. Sie waren die wirkungsvollsten schweren Bomber im 1. Weltkrieg. 1918 erhielt die RAF die viermotorige Handley Page V/1500, die 30 Bomben mit 113 kg abwerfen konnte und Berlin bombardieren sollte.

Des Kaisers technische Wunder

Noch größere Bomber wurden in Deutschland hergestellt. Hunderte davon von Gotha, AEG, Linke-Hoffmann, Dornier und anderen Firmen. Einige hatten bis zu sechs 300-PS-Motoren *im Rumpf*! Diese waren wie bei einem Schiff in Gruppen angeordnet, damit sie von Mechanikern gewartet werden konnten. Die Propeller wurden durch Stangen und lange Kolben angetrieben. Der Lärm war unbeschreiblich. Einzelne Motoren konnten während des Flugs abgestellt und gestartet werden.

Zu den größten in beachtlicher Zahl eingesetzten

Oben: *Sikorskys viermotorige Ilya Mourometz war der erste Riesenbomber der Welt.*

Unten links: *Der Erfolg der Caproni CA 30* (siehe Bild Seite 15) *führte zur Entwicklung größerer Modelle wie der hier abgebildeten CA 42 mit der Bombenhalterung vorne.*

Unten: *Demonstration der Spannweite der Handley Page V/1500, die Berlin erreichen sollte.*

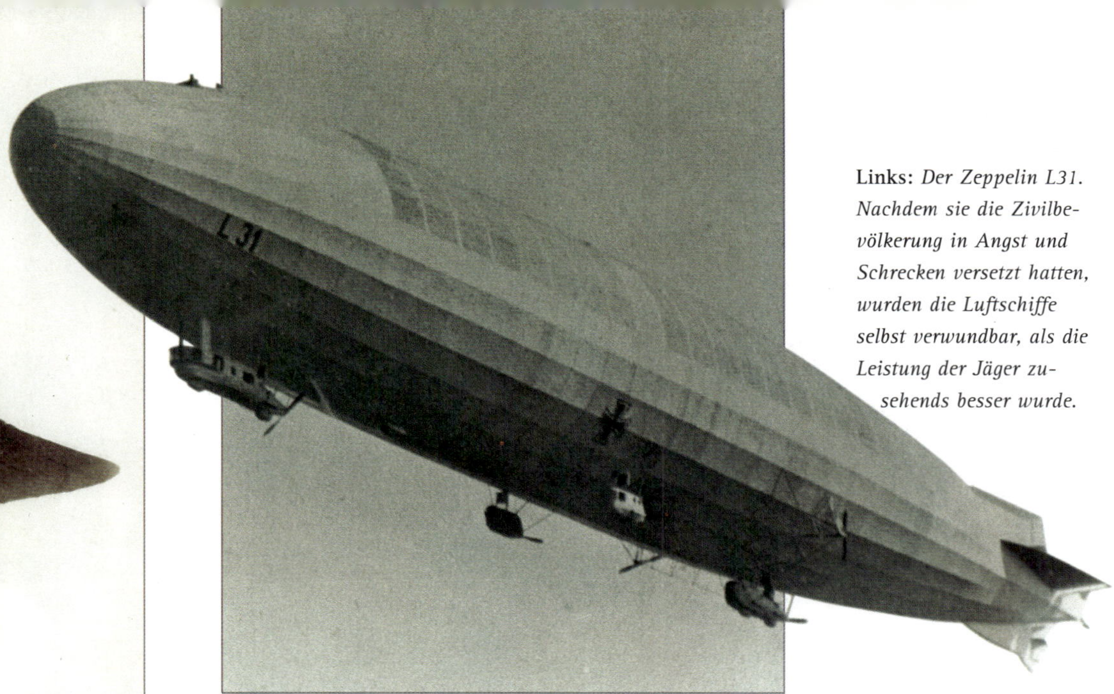

Links: *Der Zeppelin L31. Nachdem sie die Zivilbevölkerung in Angst und Schrecken versetzt hatten, wurden die Luftschiffe selbst verwundbar, als die Leistung der Jäger zusehends besser wurde.*

Oben: *Einige Staakens waren richtige Monster. Hier die R.IV. mit einer Spannweite von über 42 m.*

Bombern zählten die Staaken aus den Zeppelin-Werken. Diese 18-rädrigen Monster hatten nicht nur Funk, sondern auch ein Rohrpostsystem, das die verschiedenen Stationen verband. Einer der Riesenbomber hatte Stahlräder mit einem Durchmesser von 2,4 Metern. Ein anderer hatte einen Propeller von sieben Metern.

Die Deutschen entwarfen noch größere Bomber. Das größte Modell hatte eine Spannweite von 146 Metern und 20 500-PS-Motoren. Damit wäre es aber noch kleiner gewesen als die Luftschiffe jener Zeit. 1914 waren die deutschen Luftschiffe ein verbreitetes Transportmittel, wenn sie auch noch empfindlich auf starke Winde reagierten. Die deutsche Armee verwendete Zeppeline von Schütte-Lanz mit Holzrahmen, die deutsche Marine dagegen Luftschiffe mit Metallrahmen. Davon wurden mehr als 70 gebaut. Der größte Zeppelin war 213 Meter lang und flog über 24 Stunden mit 112 km/h in 6100 Meter Höhe. Bei geringerer Geschwindigkeit konnte er in 100 Stunden 4830 km zurücklegen. Da die Zeppeline jedoch mit entzündlichem Wasserstoff gefüllt waren, wurde es für sie gefährlich, sobald die feindlichen Flugzeuge so hoch fliegen konnten wie sie. Einige waren mit bis zu zehn MG-Schützen zur Verteidigung bemannt. Kam es tatsächlich zum Kampf, war das freilich keine Hilfe, denn der Zeppelin ging bei einem direkten Treffer sofort in Flammen auf.

Links: *Das Dornier-Rs.IV-Luftboot hatte die Motoren zwischen Verkleidung und Rahmen.*

Unten: *Die Staaken VGO.III flog erstmals im Frühling 1916. Sie hatte sechs 160-PS-Mercedes-Motoren, die vorne nebeneinander und in den Zellen zu zweit angeordnet waren.*

Nordamerika

1913 vereinbarte Percival E. Fansler aus St. Petersburg in Florida mit Thomas Benoist, eines seiner Flugboote zu betreiben. Mit anderen zusammen gründeten sie eine Fluglinie. Am 1. Januar 1914 brachte diese den früheren Bürgermeister A. C. Pheil 35 km über die Bucht nach Tampa. Das weltweit erste Passagierflugservice mit fixen Zeiten hielt sich bis zum Ende der Saison.

Am 15. Mai 1918 nahmen die amerikanische Post und die US Army gemeinsam den weltweit ersten Flugpostdienst auf. Die Route ging von New York nach Philadelphia und Washington, D. C. Auf dem Flug von Washington, D. C., verirrte sich Leutnant George L. Boyle und flog nach Süden! Es wurden Sondermarken ausgegeben. Die teuerste (24 Cent) war blau-rot. Ein Sammler erstand eine Briefmarke und bemerkte, dass das Bild eines Curtiss-JN-4-Postflugzeugs verkehrt war. Er borgte sich 24 Dollar und kaufte den Rest der Ausgabe auf. Die Post unternahm mehrere Versuche, die Briefmarken zurückzukaufen, doch verkaufte sie der Käufer um 15.000 Dollar. Heute ist jede dieser Briefmarken einen sechsstelligen Betrag wert.

Oben: *Die Überquerung des Atlantiks scheint in weiter Ferne zu liegen ... Das Wrack von Charles Lindberghs DH-4-Postflugzeug „irgendwo" mitten in Amerika. In seiner Postfliegerzeit in den 20er Jahren überlebte der heute berühmte Pilot mehrere Unfälle wie diesen.*

Im Dezember 1918 eröffnete die Post die Strecke New York–Chicago, auf der aber mehrere Piloten tödlich verunglückten. Das führte zu einem Umdenken. Am 15. Mai 1919 wurde der Luftpostverkehr zwischen Chicago und Cleveland mit verbesserten DH-4 wieder aufgenommen. Die Piloten konnten theoretisch Luftlinie fliegen. Praktisch war das aber zu schwierig. Stattdessen folgten sie Eisenbahnschienen oder Feuern, die in der Nacht für sie angezündet wurden.

Transkontinentaler Postverkehr

Am 8. September 1920 verließ ein Postflugzeug New York für einen Flug quer durch die USA. Die Säcke wurden drei Piloten hintereinander übergeben. Vier Tage später erreichte der letzte Sack nach 75 Stunden und 52 Minuten Flugzeit seinen Bestimmungsort San Francisco. Diese Strecke stellte noch eine Herausforderung dar. Zwei Monate später starb ein Pilot auf der Strecke zwischen Salt Lake City und Cheyenne.

Zwar führte Boeing 1919 einen Demonstrationsflug mit einem Postflugzeug zwischen Seattle und Victoria in Kanada durch, doch blieb es Aeromarine West Indies Airways vorbehalten, am 1. November 1920 den ersten internationalen Luftverkehr zwischen Key West, Florida, und Kuba zu eröffnen. Bis 1923 flogen zwei Aeromarine-75-Wasserflugzeuge mit zwei Liberty-Motoren, die bis zu zwölf Passagiere und Post befördern konnten.

1926 ersetzte die Douglas M-2 die DH-4 und andere Modelle als Postflugzeug. Nur ein Jahr später erzeugte Boeing jedoch die bessere 40A, die die Route Chicago–San Francisco übernahm. Einige andere Postflugzeuge hatten einen oder zwei Sitze für Passagiere, die Boeing 40C hatte vier. Damals arbeiteten Firmen wie Boeing, Douglas, Fokker und Ford eifrig an der Entwicklung des ersten amerikanischen

Ganz links: *Eine Douglas M-2 der Western Airlines Ende der 20er Jahre.*

Links: *Sikorsky erfüllte die Auflagen von Pan American Airways für ein großes Wasserflugzeug mit seiner S-40, dem ersten viermotorigen Clipper. Die Maschine transportierte 31 Passagiere luxuriös mit 184 km/h.*

Unten: *Curtiss stieg mit der Condor II vom Postdienst auf Passagierflugzeuge um.*

Passagierflugzeugs. Die letztgenannten zwei Firmen konstruierten Eindecker, davon die Ford 4-AT (1926) mit Metallrahmen mit Walzmetallverkleidung.

1930 wurde allgemein angenommen, dass Transportflugzeuge drei Triebwerke benötigten. 1932 bestellten die neu gegründeten United Air Lines 70 Boeing 247. Diese kompakten Eindecker konnten voll beladen und mit zehn Passagieren mit nur einem der beiden 550 PS starken P&S-Wasp-Motoren fliegen. Douglas antwortete mit der DC-1, aus der die DC-2 und die größere DC-3 (militärisch C-47) hervorgingen, von denen 10.655 in den USA, 2930 in Russland und 486 in Japan erzeugt wurden. Während und nach dem 2. Weltkrieg war die DC-3, die für 21 Passagiere konzipiert und für 32 Passagiere vergrößert wurde, das Standardfrachtflugzeug in aller Welt. Sie war mit 1200 PS starken Twin-Wasp-Motoren ausgerüstet und fliegt heute noch.

Links: *Stinson-Modell-A-Eindecker von Anfang 1934. Nach hinten gebogene Windschutzscheiben waren modern.*

Rechts: *Die Fracht- und Passagiermaschine, die einen Siegeszug um die ganze Welt antrat, die DC-3, sah aus wie ihre Vorgängermodelle, die DC-1 und die DC-2 (hier abgebildet).*

Europa

Links: *Ein Handley-Page-H.P.42-Verkehrsflugzeug im Landeanflug.*

Unten: *Die Vickers Vimy Commercial von S. Instone & Co. Ltd. und,* **rechts oben**, *die D.H.34* City of New York *derselben Firma.*

Die erste Fluglinie wurde am 16. Oktober 1909 in Frankfurt am Main gegründet. Sie hieß Deutsche Luftschiffahrts Aktiengesellschaft (Delag). 1910 transportierten die Zeppeline bereits Passagiere auf Vergnügungsflügen. Während sie sich dem wunderbaren Gefühl hingaben, über ihrer Heimatstadt zu schweben, genossen die Passagiere ein hervorragendes dreigängiges Menü, das mit Kristallgläsern, Silberbesteck und gestärkten Servietten serviert wurde.

Oben: *Die gefragteste Passagiermaschine vor dem 1. Weltkrieg war der Zeppelin LZ11* Viktoria Luise, *hier auf einem Foto aus dem Jahr 1912.*

Am 19. September 1912 erhob sich das Luftschiff LZ13 *Hansa* der Delag sanft über Hamburg und flog zuerst nach Kopenhagen in Dänemark und dann nach Malmö in Schweden. So begann der erste internationale Flugverkehr. 1914 flogen die Zeppeline der Delag vielfältige Destinationen an. Mit dem Beginn des 1. Weltkriegs im August 1914 endete jedoch der Passagierverkehr. Die Luftschiffe hatten bereits 171.570 km auf 1588 Flügen mit 10.197 Passagieren zurückgelegt. 8135 dieser Passagiere hatte ein Luftschiff, die LZ11 *Viktoria Luise*, befördert. Wäre der Krieg nicht dazwischengekommen, hätte man die Passagierzahl bis 1915 verdoppeln können.

Im Vergleich zu diesen Zahlen entwickelte sich der Flugverkehr mit Flugzeugen langsam. Den ersten regelmäßigen Passagierdienst nahm die britische Royal Air Force am 10. Januar 1919 auf. Die Route zwischen London (Hendon Airport) und Paris (Aéroport Buc) kam vor allem den Teilnehmern der Friedenskonferenz von Versailles zugute, die acht Tage später begann.

Obwohl Deutschland den Krieg verloren hatte und unter Streiks und Unruhen litt, befand sich die nächste Flugroute innerhalb Deutschlands. Die Regierung hatte ihren Sitz in Weimar. AEG und DFW gründeten die Deutsche Luft Reederei, um Passagiere und Post zwischen Weimar und Berlin mit Zwischenstopp in Leipzig zu befördern. Die deutsche Zivilluftfahrt (nur sie war von den Alliierten gestattet) wuchs rasch. Im November 1921 wurde gemeinsam mit der Sowjetunion Deruluft gegründet. Das half der Sowjetunion bei der Entwicklung eines Flugzeugs im Design der Junkers und im Jahr 1923 bei der Gründung der sowjetischen Luftlinie Dobrolet. Dobrolet wurde 1932 in Aeroflot umbenannt und entwickelte sich zu einer riesigen

Oben: *Das Wasserflugzeug Dornier Wal wurde in Deutschland konstruiert, durfte hier aber nicht hergestellt werden. Deshalb wurden die Flugzeuge in Italien, Spanien, den Niederlanden und Japan erzeugt.*

Links: *Eine französische Lioré et Olivier LeO 213 der Golden Ray Fleet der Air Union, 1933. Golden Ray flog regelmäßig zwischen Paris und London.*

Links: *Neben Dornier erzeugte auch Fokker zivile Flugzeuge. Hier ist die Fokker FIII abgebildet,* **darunter** *die jüngere FVIIb mit einem frühen Logo der KLM.*

Organisation, die nicht nur Passagiere und Fracht beförderte, sondern auch medizinische Dienste und anderes erledigte. Aeroflot ist seit damals in vielerlei Hinsicht die größte zivile Luftfahrtorganisation der Welt.

Der Friede bringt die zivile Luftfahrt

In Großbritannien wurde die zivile Luftfahrt am 1. Mai 1919 legalisiert. Zehn Tage später eröffnete die erste Gesellschaft mit einer zweimotorigen Avro 504K, die von Manchester nach Southport und weiter nach Blackpool flog. Am 25. August 1919 hob eine D.H.34A vom neuen Londoner Hounslow Airport ab. Sie transportierte kleine Waren und einen Passagier (gut in einen Ledermantel eingepackt). Zwei Stunden später landete sie in Le Bourget, Paris, dem Endpunkt des ersten internationalen Linienfluges.

Im September 1919 eröffnete die Société Latécoère die Route Toulouse–Marokko. Am 7. Oktober 1919 wurde eine niederländische Fluglinie gegründet, die das Wort *koninklijk* (königlich) im Namen tragen durfte. Die Initialen waren KLM, „Königlich-Niederländische Fluglinie". Sie ist heute die älteste zivile Fluglinie der Welt und hat als Emblem noch immer eine Krone.

Während der Besetzung von Paris durch die Preußen im Jahr 1870 wurden einige Passagiere und tausende Briefe mit der Aufschrift *Par ballon monté* mit dem Ballon ausgeflogen. Am 18. Februar 1911 startete Henri Piquet von Allahabad, Indien, aus in seinem Humber-Sommer-Doppeldecker zum ersten offiziellen Postflug der Welt. Er transportierte 6500 speziell frankierte Briefe und Karten nach Lahore und zur Festung von Nani. Der erste durchgehende Luftpostverkehr startete am 9. September 1911 zur Krönung von König George V. zwischen Hendon und Windsor.

Die ersten Flughäfen

Der 1. Weltkrieg hatte die Entwicklung der Luftfahrt angekurbelt. Nach seinem Ende standen Piloten und Flugzeuge zur Verfügung. Wie auf den vorigen Seiten gezeigt wurde, führte dieser Überschuss in Verbindung mit größerer Luftsicherheit zu einem Ausbau des Passagier- und Posttransports. Das bedeutete wiederum, dass die Flugzeuge mehr Platz zum Starten und Landen benötigten. Die ersten Flughäfen waren allerdings sehr primitiv.

Bis heute werden die Landeplätze in Nordamerika einfach als „Felder" („fields") bezeichnet. Zu Beginn der Luftfahrt waren sie das auch. Um ein Feld in einen Flugplatz zu verwandeln, musste man es nur möglichst einebnen und das Gras kurz schneiden. Ein Windsack fungierte sowohl als Markierung des Flugplatzes als auch als Indikator für die Windrichtung. Diese leichte Stoffröhre hing an einer hohen Stange. Manchmal war Entwässerung nötig. Und natürlich bauten manche Besitzer einen Hangar oder ein kleines Büro.

Für Nachtlandungen, wurden Leuchtpfade ausgesteckt. Die Landepiste war mit Behältern begrenzt, in denen mit Kerosin getränkte Baumwollreste brannten. In den 20er Jahren installierte man an den wichtigsten Flugplätzen elektrisches Licht, damit Landebahn, Flugplatzbegrenzung und gefährliche Hindernisse (mit rotem Licht) markiert werden konnten. 1930 hatten Flughäfen (Flugplätze für kommerzielle Zwecke) starke Leuchtsignale. Wie bei Leuchttürmen blinkten sie im Morsecode. Meist sagte ein Code mit zwei Buchstaben dem Piloten, um welchen Flughafen es sich handelte.

Am Anfang waren die Flughafengebäude primitiv. Der erste Londoner Flughafen, Hounslow, befand sich auf einer Heide, die einst von Straßenräubern bedroht wurde. Neben einfachen Holzhütten hatte er einen großen Hangar, auf den die Worte „Zoll" und „Douane" gemalt waren. Eine der ersten Fluglinien leitete die Flugzeugfirma Handley Page. Für den Flug nach Paris startete das Flugzeug von Cricklewood, flog 13 km nach Hounslow, erledigte die Zollformalitäten und flog nach Paris. Anfangs gab es in Hounslow weder Erfrischungen noch die Möglichkeit zur Flugzeugreparatur.

Unten: *Innerhalb von 50 Jahren wurde Hounslow, hier auf einem Foto aus dem Jahr 1921, zum geschäftigsten Flughafen der Welt: London Heathrow. Auf dem Foto sieht man die Landebahn neben einer schmäleren Straße. Eingekreist ist ein Flugzeug im Landeanflug.*

Ab März 1920 verlegte man den Flughafen nach Croydon, südlich von London, zu den beiden Kriegsflugplätzen Wallington und Waddon. Sie waren durch eine Straße getrennt, über die das Flugzeug fuhr, um von den Hangars zum primitiven Terminal zu gelangen. Im Lauf der Jahre errichtete man richtige Gebäude. Doch sogar 1939 war Croydon noch eine Wiese ohne richtige Startbahn. Allerdings gab es ein gepflastertes Vorfeld, wo die Flugzeuge parkten.

Modernisierung erforderlich

1930 begann man, die Landebahnen auf den wichtigsten Flughäfen der USA zu pflastern. Das Problem war, dass die Flugzeuge mit höchstens 80 km/h landeten und Landungen gegen den Wind daher schwierig sein konnten. Sogar zur Zeit des 2. Weltkriegs, als man mit mindestens 120 km/h landete, hatten die wichtigsten Flugplätze noch dreieckige Landebahnen, damit die Flugzeuge immer mit dem Wind starten und landen konnten *(siehe auch Seite 52–53)*.

Auf einigen großen Flughäfen war das Gewirr der Landebahnen sehr komplex. Startende und landende Flugzeuge wurden von Männern geleitet, die tagsüber Fahnen, in der Nacht Fackeln trugen; von Autos mit der Aufschrift „Follow me"; von farbigen Leuchtpatronen, die aus Pistolen abgeschossen wurden; und von der Erfahrung der Piloten. Man baute Kontrolltürme, die man mit Funk ausstattete. Von 1925 an waren die Flughäfen (und später die Flugzeuge) mit einer Drehantenne ausgestattet, die die ungefähre Richtung eines entfernten Funksignals meldete. 1928 sendeten die Bodenstationen in den USA auf einer Seite Funkleitstrahlen mit dem Morsezeichen A, auf der anderen mit N. Wenn die Signale verschmolzen, hörte der Pilot einen Dauerton. Dann wusste er, dass er entlang des zentralen Leitstrahls flog. Damit mussten die Piloten nicht mehr Flüssen, Schienen und Straßen zur Orientierung folgen und verloren mit der Zeit sogar die Angst, sich bei Schlechtwetter in der Nacht zu verirren.

Links oben: *Da Wasserflugzeuge so beliebt waren, gab es früher mehr Wasserflughäfen als heute. Dieses Foto zeigt den Kallang Marine and Land Airport in Singapur im Jahr 1937.*

Oben: *1930 besaß der Londoner Croydon Airport bereits große gepflasterte Vorfelder, wo die Flugzeuge parkten, aber noch immer Rollfelder aus Gras. Die Flughäfen waren vor dem 2. Weltkrieg ein beliebtes Postkartenmotiv.*

Unten: *Die Terminals und Vorfelder des internationalen Flughafens Zürich Kloten im Jahr 1939.*

Die Schneider-Trophäe

Die berühmtesten Flugwettbewerbe der Geschichte wurden für Wasserflugzeuge ausgerichtet. 1912 gründete der wohlhabende Franzose Jacques Schneider ein Rennen, das einmal jährlich im Heimatland des vorherigen Siegers abgehalten werden sollte. Jedes Land, das die Trophäe dreimal in fünf Jahren gewann, durfte den Pokal behalten.

Oben: *Howard Pixton ruht sich am Flügel seiner Sopwith Tabloid aus, bevor er 1914 in Monaco gewinnt.*

Unten: *Jimmy Doolittle, der amerikanische Sieger von 1925, war der erste Pilot, der ein Flugzeug nur mit Hilfe von Instrumenten landete.*

Schneider hoffte, dass der Wettkampf die zivile Luftfahrt und vor allem die Transatlantikflüge ankurbeln würde. Tatsächlich wurde die Veranstaltung aufgrund der Kosten und der nationalen Ehre aber rasch zu einem Kräftemessen der Luftstreitkräfte.

Der Franzose Maurice Prévost gewann 1913 in einer Deperdussin *(siehe Fotos auf Seite 44)* mit der bescheidenen Geschwindigkeit von 97 km/h. Ein Jahr später gewann der Brite Howard Pixton in Monaco in seiner Sopwith Tabloid mit einer Geschwindigkeit von 139 km/h. 1919 wurde den Italienern die Trophäe aberkannt, weil es an der Küste um Bornemouth zu neblig war. Italien gewann die nächsten beiden Rennen, und viele meinten, es sollte die Trophäe behalten dürfen.

1923 gab es die meisten Diskussionen, als die US Navy mit dem ersten richtigen Rennflugzeug, der Curtiss CR-3, gewann. 1925 gewann sie noch einmal. Die Curtiss R3C-2 von Leutnant Jimmy Doolittle erreichte eine Durchschnittsgeschwindigkeit von 374,27 km/h. Das beste Flugzeug der Briten kam nur auf 320,25 km/h. Die Amerikaner hatten 1924 auf eine Teilnahme verzichtet, weil kein anderes Team gegen sie bestehen konnte. Nun fühlten sie sich allerdings betrogen.

1926 erklärte Mussolini den Italienern, dass sie um jeden Preis gewinnen müssten. Sie gingen aufs Ganze, und tatsächlich kam in Hampton Roads, Virginia, eine italienische Macchi M.39 mit 396,7 km/h als Erste ins Ziel. Ein Jahr später erlebte eine enttäuschte Million italienischer Fans, dass kein italienisches Flugzeug alle sieben Runden beendete. Gewinner war der britische Fliegerhauptmann Webster in einer Supermarine S.5.

1927 beschloss man, das Rennen nur noch alle zwei Jahre zu veranstalten. Rolls-Royce arbeitete Tag und Nacht, um den R-Motor fertig zu stellen. Im September 1929 wurde das Triebwerk mit 1900 PS in die neue Supermarine S.6 eingebaut. Kurz vor dem Rennen

Rechts: *Oberleutnant Waghorn, der Sieger von 1929, wusste zum Glück nicht, welches technische Drama sich am Abend vor der Veranstaltung bei seiner Supermarine S.6 ereignet hatte.*

Links: *Die US Navy gewann die Trophäe mit dem ersten Flugzeug, das speziell für den Wettkampf entwickelt worden war.*

bemerkte man, dass zwei Zylinderblöcke des Triebwerks ausgetauscht werden mussten. E. W. Hives, der charismatische Manager von Rolls-Royce, sammelte in Southampton seine Ingenieure ein, die sich für das Rennen freigenommen hatten. Sie arbeiteten bis in die Nacht hinein. Am nächsten Tag gewann Oberleutnant Waghorn in seiner S.6 mit 528,86 km/h.

Private Mittel retten Supermarine

Drei Tage später schrieb der Oberbefehlshaber der Luftwaffe, Sir Hugh Trenchard: „Ich kann nicht erkennen, welchen Wert dieses Rennen haben soll." 1931 beschloss das britische Militär angesichts der schlimmen Rezession, dass kein Geld „für ein frivoles Flugrennen verschwendet" werden sollte. Zum Glück spendete die Privatfrau Lady Houston großzügig 100.000 Pfund. Damit konnte die Supermarine S6B für das Rennen von 1931 mit einem verbesserten R-Motor mit unglaublichen 2350 PS aufgemotzt werden. Hauptmann Boothman erreichte damit durchschnittlich 547,29 km/h, und die Trophäe durfte in Großbritannien bleiben. Bald danach wurde der R-Motor auf 2550 PS verbessert, und die S6B flog mit 656 km/h einen Weltrekord.

Trenchards Einschätzung erwies sich als falsch. Die Ingenieure von Rolls-Royce entwickelten drei Jahre später den Merlin-Motor. Die Arbeit des Chefkonstrukteurs Reginald Mitchell an der Supermarine S6B ermöglichte ihm vier Jahre später den Bau des Spitfire-Jägers mit Merlin-Motor. So hatte Lady Houstons Spende die Entwicklung der Spitfire ermöglicht und der RAF einen der zwei Jäger geschenkt, die 1940 entscheidend zum Sieg über Hitlers Luftwaffe bei der Schlacht um England beitrugen.

Oben: *Die Italiener gewannen 1926, aber die Nachfolger der Macchi M.39, die M.52 im Jahr 1927* **(ganz oben)**, *die sportliche Savoia-Marchetti S.65 1929* **(oben)** *und die Macchi MC.72* **(rechts)** *1931, verloren gegen die britische Supermarine.*

Rechts: *Die Siegerin von 1931, die britische Supermarine S.6B, eine Vorläuferin der Spitfire.*

Flug über den Atlantik

1913 bot die britische Zeitung *Daily Mail* dem Ersten, der nonstop über den Atlantik flog, die astronomische Summe von 10.000 Pfund. Der Engländer John Porte begann sofort, gemeinsam mit Curtiss an einem großen Flugboot zu arbeiten. Allerdings kam der Krieg dazwischen, und Portes hervorragende Flugboote dienten dem Royal Naval Air Service (wie auch Porte selbst). 1919 waren die Flugzeuge jedoch zuverlässiger und stärker geworden. Wagemutige Flugpioniere nahmen die Herausforderung erneut an.

Oben: *Lindberghs* Spirit of St. Louis.

Unten: *Das Flugboot Curtiss NC-4, das 1919 von Neufundland aus mit Zwischenstopp auf den Azoren nach Lissabon flog.*

Am 18. Mai 1919 starteten Harry Hawker und Leutnant Mackenzie-Grieve von der Royal Navy von St. John's in Neufundland zu ihrem Flug über den Atlantik. Sie scheiterten. Am 25. Mai landete ein dänisches Schiff mit Hawker und Mackenzie-Grieve an Bord in London. Da das Schiff keinen Funk hatte, konnte es nicht melden, dass es die beiden Piloten mitten im Atlantik aufgenommen hatte. Die beiden Männer hatten Riesenglück, dass sie gerettet worden waren.

Am 18. Mai, als die beiden Piloten gerettet wurden, bot der New Yorker Hotelier Raymond Orteig 25.000 Dollar für den ersten Flug von New York nach Paris. Durch diesen zusätzlichen Anreiz wurde der Wettbewerb angeheizt. Drei riesige Curtiss-Flugboote (NC-1, NC-3 und NC-4) starteten von Trepassey Bay in Neufundland. Mit dem Piloten Leutnant Albert Read und seiner Crew landete die NC-4 nach einem Zwischenstopp von zehn Tagen auf den Azoren am 27. Mai in Lissabon. Den beiden anderen Flugzeugen erging es schlechter. Die Crew wurde gerettet, nachdem die NC-1 gesunken war. Die NC-3 setzte mitten im Atlantik auf, hielt 62 Stunden lang dem Sturm stand und fuhr dann 320 km über den Atlantik zu den Azoren.

Nun nahmen die beiden RAF-Offiziere Captain John Alcock und Lieutnant Arthur Whitten Brown die Herausforderung an. Am 14. Juni starteten sie in einem zweimotorigen Vickers-Vimy-Bomber von St. John's.

Von Beginn an hatten sie Schlechtwetter. Als Brown sich in den Wolken verirrte, verlor er die Kontrolle über die Maschine und stürzte beinahe ins Meer. Schließlich sahen sie grüne Felder, die sich aber als irisches Moor entpuppten. Sie landeten bei Clifden in Westirland, konnten aber nicht verhindern, dass die Vimy nach vorne kippte und schwer beschädigt wurde. Dennoch gewannen sie den Preis der *Daily Mail* für ihren Flug über 3040 km in 16 Stunden, 27 Minuten.

Das Gewinnen von Orteigs Preis erwies sich als schwieriger. Am 9. Mai 1927 starteten die beiden erfahrenen Franzosen Charles Nungesser und Fançois Coli in einer Levasseur PL-8 mit dem Namen *Oiseau Blanc* (Weißer Vogel) in Paris. Mit über 3000 Liter Treibstoff befand sich New York in Reichweite. Fünf Stunden später sah man sie über Irland fliegen – doch das war ihr letztes Lebenszeichen.

Glücklicher Lindy

Um diese Zeit war ein jüngerer und weniger erfahrener ehemaliger Postpilot aus den USA, Charles A. Lindbergh, mit seinen Vorbereitungen für einen Flug in östliche Richtung fast fertig. Mit Unterstützung eines Syndikats aus St. Louis ließ er bei der Firma von B. F. Maloney einen kleinen Eindecker mit einem 237 PS starken Wright-Whirlwind-Motor bauen. Die Maschine wurde (nach dem früheren Besitzer der technischen Firma, die Maloney gekauft hatte) Ryan NYP genannt und *Spirit of St. Louis* getauft. Sie startete schließlich auf dem weichen Gras von Roosevelt Field, nachdem sie fast 1,5 km gerollt war.

Lindbergh hatte Seitenfenster, aber keine Sicht nach vorne. Ein Tank mit 1703 Liter Treibstoff, der 1223 kg wog, füllte den gesamten Platz zwischen Cockpit und Motor. Das war beträchtlich mehr als das Leergewicht des Flugzeugs. Lindbergh orientierte sich nur mit einem Magnet- und einem Erdinduktionskompass, einem Abdriftmesser und einem Wendeanzeiger. Er kämpfte vor allem gegen Stürme und den Schlaf. Vor dem Start hatte er 36 Stunden nicht geschlafen.

Nach 28 Stunden sah er Land: Valentia Island in Irland. Die Nacht brach herein. Schließlich landete er im Schein von hunderten Autoscheinwerfern in Le Bourget, dem Pariser Flughafen. Er war die 5816 km zwischen New York und Paris in 33,5 Stunden geflogen.

Oben: *Charles Lindbergh und die* Spirit of St. Louis *in Washington, D. C.*

Mitte: *Die RAF-Offiziere John Alcock und Arthur Whitten Brown (beide später geadelt) posieren vor ihrem Flugzeug für die Presse.*

Kleines Bild links: *Der Vickers-Vimy-Bomber von Alcock and Brown, umgeben von Schaulustigen, in Neufundland vor dem Start zu ihrem Transatlantikflug.* **Hauptbild:** *Nach der Bergung des Flugzeugs aus dem irischen Moor, in dem es gelandet war.*

Um die Welt

Langstreckenflüge über Meere, Länder und um die Welt weckten einst großes Interesse bei der Bevölkerung. Deshalb wurden sie vom neu gegründeten US Air Service unterstützt. Der Ruhm, den diese Piloten genossen, war wirklich verdient.

Oben: *Leutnant Lowell Smith und Leslie Arnold fliegen 1924 mit dem Douglas World Cruiser* Chicago *bei ihrem Formationsflug rund um die Welt über asiatische Gewässer.*

Rechts: *Wiley Post bereitet seine Lockheed Vega* Winnie Mae *im Jahr 1931 für den achttägigen Flug um die Welt mit Harold Gatty vor.*

Das neu gegründete US Air Service wollte unbedingt in die Schlagzeilen kommen, wenn auch nur, um dem widerstrebenden Kongress mehr Geld zu entlocken. Zwar war die Navy bei der Atlantiküberquerung schneller gewesen, doch gelang dem Air Service zumindest die erste Nonstopüberquerung von Amerika. Im Mai 1923 starteten zwei Offiziere in einer Fokker T-2 in New York und landeten 27 Stunden später in San Diego. Die nächste Herausforderung war ein Flug um die Welt.

General Mason M. Patrick gab seine Einwilligung. Nach sorgfältiger Auswahl entschieden die Generäle, dass der junge Donald Douglas zusätzliche Tanks in seine Cloudster packen sollte. Das war das erste Flugzeug von Douglas, doch hatte er einen Vertrag mit der Navy für den Bau der DT-2 mit Torpedobestückung. Im Juli 1923 erklärte er dem Air Service, dass er eine DWC (Douglas World Cruiser) liefern konnte, die er in nur 45 Tagen aus der DT-2 entwickelt hatte.

Das Air Service zeigte erstaunliches Vertrauen in einen Mann, der bisher nur als Techniker Erfahrung hatte, und bestellte vier DWC, die im ersten Quartal 1924 geliefert wurden. Die großen zweisitzigen Doppeldecker hatten 420 PS starke Liberty-12-Zylinder-Motoren, die von fünf Tanks mit 2438 Liter Treibstoff versorgt wurden. Douglas lieferte austauschbare Räder und Schwimmer. Die Flugzeuge wurden speziell bemalt und auf *Seattle*, *Chicago*, *Boston* und *New Orleans* getauft.

Alle vier verließen Santa Monica, Kalifornien, am 17. März 1924 Richtung Seattle, Washington, wo sie am 4. April starteten. Die *Seattle* stürzte in Alaska ab, doch konnte sich die Crew retten. Die anderen drei erreichten am 24. Mai Yokohama. Nach vielen Zwischenstopps kamen sie nach Kalkutta, wo die Schwimmer gegen Räder ausgetauscht wurden. Erst in Brough, England, montierten sie die Schwimmer wieder. Die *Boston* gab auf, doch die anderen beiden flogen weiter über Island, Grönland und Nova Scotia nach Washington. *New Orleans* und *Chicago* wurde am 28. September bei der Landung in Seattle ein stürmischer Empfang bereitet.

Verkehrt herum um die Welt

Die Crew der *Chicago* bestand aus Leutnant Lowell Smith und Leslie Arnold, die der *New Orleans* aus Leutnant Erik Nelson und John Harding. In 175 Tagen flogen sie 46.312 km in einer Gesamtflugzeit von 371 Stunden und sieben Minuten, mit einer Durchschnittsgeschwindigkeit von 126 km/h. Die *Chicago* steht heute im National Air and Space Museum (Washington, D. C.), die *New Orleans* im Museum of Flying in Santa Monica, Kalifornien.

Natürlich schafften es die Piloten bald schneller um die Welt. Am 1. Juli 1931 kamen der einäugige Wiley Post und sein Navigator Harold Gatty nach acht Tagen, 15 Stunden und 51 Minuten wieder in New York an. Zwei Jahre später, am 22. Juli 1933, flug Post alleine in sieben Tagen, 18 Stunden und 49 Minuten um die Welt. In beiden Fällen steuerte er eine Lockheed Vega, einen hölzernen Eindecker. Am 18. Januar 1957 landeten drei Boeing-B-52B-Bomber der US Air Force nach einem Nonstopflug um die Welt nach 45 Stunden und 20 Minuten am Luftwaffenstützpunkt March. Sie hatten 39.146 km mit durchschnittlich 860 km/h zurückgelegt. Einer der Heckschützen blieb auf seinem Posten stehen und meinte: „Ich flog verkehrt um die Welt." Alle B-52 hatten dreimal während des Flugs an KC-97G-Tankern aufgetankt. Es blieb also noch eine Herausforderung: Konnte man ohne Auftanken um die Welt fliegen?

Die Antwort lautete fast 30 Jahre später „ja". Am 14. Dezember 1986 beschleunigte die Rutan *Voyager* auf der Startbahn des Luftwaffenstützpunkts Edwards in Kalifornien. Sie war mit 4576 Liter Treibstoff beladen und rollte erst 4330 Meter, bevor sie abhob. Die 33 Meter langen Graphitfaserflügel bogen sich unter der Last, doch hob das Flugzeug schließlich ab und nahm Kurs auf den Pazifik. An Bord waren Dick Rutan (der Bruder des Herstellers) und Jeana Yeager. Sie trotzten Stürmen und flogen Umwege. Dennoch stimmten Speise- und Getränkeversorgung, Toilettenplan und Kolbentriebwerke. Mit nur 140 Liter Treibstoff im Tank landeten sie am 23. Dezember wieder in Edwards. Sie waren in neun Tagen, drei Minuten und 44 Sekunden 40.210 km geflogen.

Oben: *Wiley Post mit* Winnie Mae *vor dem Start zu seinem siebentägigen Alleinflug um die Welt im Jahr 1933.*

Pylonenrennen

1908 planten die ersten Flugpioniere Wettbewerbe. Bald veranstalteten sie auch Landewettbewerbe. Sie wollten herausfinden, wer am nächsten bei einem bestimmten Punkt, etwa einem festgenagelten weißen Tuch, landen konnte. Anfangs waren die Rennen schwierig, weil es nicht einfach war, genug Flugzeuge zur selben Zeit fliegen zu lassen. Das erste wirklich große Rennen fand zwischen 22. und 29. August 1909 in Reims statt.

Reims, Frankreich, das Zentrum der Champagnerindustrie, stellte einen Großteil des Preisgeldes zur Verfügung. Der amerikanische Zeitungsmagnat James Gordon Bennett spendete einen Pokal und 25.000 Francs. Das Rennen bestand aus zwei Runden um einen 10 km langen Parcours und war so spannend, wie alle gehofft hatten. Es gewann der Amerikaner Glen Curtiss in 15 Minuten, 50,4 Sekunden (Durchschnittsgeschwindigkeit 75 km/h) vor dem Franzosen Louis Blériot.

Das war das erste Mal, dass Flugzeuge um einen Parcours flogen. Hohe Türme, die Pylonen, fungierten als Wendepunkte. Die Teilnehmer mussten außen um die Türme fliegen und durften Kurven nicht schneiden. Ähnliche Pylonen sind seit damals Wendepunkte bei Flugrennen. Mit steigender Geschwindigkeit wurden die Pylonen immer höher.

Das erste große Rennen, die US Nationals, fand zwischen 9. und 16. September 1928 in Mines Field, Los Angeles, statt. Die US Army und die US Navy entsandten Kunstflugteams. Die mehr als 500.000 Zuschauer waren von diesen Kunststücken und vielen anderen Ereignissen begeistert. Diese Veranstaltung führte dazu, dass mehrere amerikanische und europäische Flugzeughersteller, etwa Caudron, mit der Erzeugung von speziellen Rennflugzeugen begannen. Das wiederum gab der gesamten Flugzeugindustrie neuen Aufschwung.

Hauptbild: *Der deutsche Pionier Ernst Udet fliegt bei den Los Angeles National Air Races im Jahr 1933 um eine Pylone.*

Kleines Bild: *Modell R Gee Bee.*

Erstmals trafen mehrere spezielle Rennflugzeuge im August/September 1930 bei den Nationals zusammen. Das erste Rennen um die Thompson Trophy (das zum wichtigsten Geschwindigkeitsrennen wurde) gewann eine Laird namens *Solution*, die über 320 km/h flog. Danach wurde auch ein Rennen für Pilotinnen organisiert. Um diese Zeit kamen die Eindecker von James Wedell (später Wedell-Williams) in Mode. Williams selbst flog als erster Mann über 480 km/h, bevor er 1934 starb.

Die schnellen Jäger des 2. Weltkriegs

Die spannendsten Pylonenrennen fanden nach dem 2. Weltkrieg mit aufgemotzten oder sonstwie veränderten Jägern als Rennflugzeugen statt. Bis heute begeistert sich die Menge für leuchtend bunt

bemalte Mustangs, Kingcobras, Corsairs, Bearcats und Sea Furies, die mit ihren 2000 PS starken Motoren, die mit einem speziellen Treibstoffgemisch noch stärker sind, mit über 640 km/h um die Pylonen donnern.

Nicht alle Rennen finden um fixe Parcours statt. Im August 1927 unterstützten Ananasbauern ein Rennen über 3943 km über das Meer von Oakland in Kalifornien nach Hawaii. Eine Travel Air gewann in 26 Stunden und 17 Minuten. Zwei der anderen drei Teilnehmer wurden jedoch nie wieder gesehen. Im Rahmen der US Nationals fand bald ein Rennen über den Kontinent statt, die Bendix Trophy. Eines der längsten Rennen organisierte im Jahr 1934 Sir MacPherson Robertson anlässlich der Feier zum 100. Jahrestag des australischen Bundesstaates Victoria. Die Teilnehmer starteten in Mildenhall, England. Der Sieger D. H. Comet erreichte Melbourne nach 70 Stunden und 54 Minuten.

Oben: *Eine Racing Mustang und* **(ganz oben)** *eine mit Radiatoren an den Flügelspitzen.*

Links unten: *Ein Wedell-Williams-Rennflugzeug mit Pilot Colonel Roscoe Turner.*

Rechts unten: *Siegerin der Rennen von 1938 und 1939, die Laird-Turner L-RT.*

Unten: *Ungefährlich war es nicht: R. A. King und Joe Jacobson hatten bei den National Air Races 1936 einen Unfall, wurden aber zusammengeflickt und flogen weiter.*

Rechts: *Die Texaco 13 brach 1931 und 1932 Geschwindigkeitsrekorde.*

Unten: *Die völlig veränderte Mustang* **Red Baron** *mit Griffon-Triebwerk (die über 800 km/h flog) und die Grumman F8F Bearcat* **(unten)** *gehören zu den schnellsten Flugzeugen mit Kolbenmotor.*

Jäger

Wie bei allen Flugzeugen muss man auch beim Entwurf von Jägern Kompromisse eingehen. Das Ideal wäre ein kleines Flugzeug mit riesigem Motor, das möglichst rasch auf die Höhe des Feindes klettern kann und möglichst schnell ist. Deshalb ist es wichtig, jedes unnötige Gramm loszuwerden. Andererseits brauchen die Jäger möglichst große Treibstofftanks für lange Flüge, möglichst schwere Waffen und die größtmögliche Tragfläche, um den Feind austricksen zu können.

Ein Jäger muss feindliche Flugzeuge zerstören. Bis zum 2. Weltkrieg hießen diese Flugzeuge in den USA „Verfolger", weil sie feindliche Flugzeuge, die über ihnen flogen, verfolgten. Als es möglich wurde, die feindlichen Flugzeuge mittels Radar aus großer Entfernung zu entdecken, konnte man die Verfolgungsjagd aufgeben. Dennoch musste man hinter das Ziel gelangen, weil alle Jagdflugzeuge mit vorwärts feuernden Waffen bestückt waren.

Wie auf Seite 12–13 erwähnt, war das Standarddesign der Jäger ab 1918 ein Doppeldecker mit großem Motor und zwei Maschinengewehren vorne, die in den Zwischenphasen des Propellerumlaufs feuerten, um die Propellerblätter nicht zu treffen. Der Rahmen bestand meist aus einem starken Stahlrohrgestell, die Tragflächen aus Sperrholz oder Aluminium. Die Abdeckung war meist aus Stoff. Nur der vordere Teil des Rumpfs konnte mit abnehmbaren Aluminiumplatten bedeckt sein.

Nach dem 1. Weltkrieg war es fast selbstverständlich, dass als Triebwerk ein V-12-Motor mit Wasserkühlung und zwei 6-Zylinder-Blöcken diente, die eine Leistung von bis zu 500 PS hatten. Diese Triebwerke wirkten kompakt, vor allem wenn der Propeller eine spitze Haube hatte, die perfekt auf den Bug des Flugzeugs passte. Allerdings waren die Motoren sehr schwer und so lang, dass sie das Flugzeug träger und unbeweglicher machten. Nicht zuletzt erzeugte der vorstehende Wasserkühler Luftwiderstand.

1925 erzeugten Pratt & Whitney einen einfachen Radialmotor mit neun Zylindern, den sie Wasp nannten. Als er die Motoren mit Wasserkühlung ersetzte, stieg die Leistung der Jäger derart an, dass die beiden Motorentypen danach konkurrierten. Die nicht kompakten Radialmotoren mit Luftkühlung wurden

Im Uhrzeigersinn von oben: *Die Polikarpow I-153 zählte mit 423 km/h zu den schnellsten Doppeldeckern. Das Fahrwerk konnte man einziehen. Auch die Grumman F3F-1 hatte ein einziehbares Fahrwerk und erreichte mit dem Twin-Wasp-Junior-Motor 386 km/h, die F3F-3 mit Cyclone-Triebwerk schaffte 424 km/h. Trotz der spitzen Nase erreichte die britische Hawker Fury nur 333 km/h. Die Fiat C.R.32 zählte zu den kleinsten und wendigsten Jägern. 76 davon erhielt Ungarn. Die Gloster Grebe* (rechts) *mit 245 km/h diente ab 1924 bei der RAF.*

Oben: *Der Heinkel-He-51-Jäger war das Rückgrat der Richthofen-Staffel, die* **links** *auf dem Foto von 1935 in Paradeformation abgebildet ist.*

Links unten: *Die P-6E gehörte zu den Curtiss Hawks (beachten Sie den 190-Liter-Tank außen).*

Oben: *Die Polikarpow I-16 war schwer zu fliegen. Sie war der erste Jäger mit freitragenden Metallflügeln, einziehbarem Fahrwerk, einem geschlossenen Cockpit und Kanonenbestückung.*

Links: *Der Boeing-P-26-Eindecker war allgemein als „Erbsenschießer" bekannt.*

bald verbessert und in ein enges Gehäuse gepackt. Damit wurde der Motor leichter als der flüssigkeitsgekühlte, er verursachte weniger Luftwiderstand und war im Kampf robuster, weil er keine Kühlrohre benötigte.

Eindecker lösen Doppeldecker ab

Nach 1930 wurden die Eindecker langsam akzeptabel, wenn es auch schwierig war, sie so wendig wie die Doppeldecker zu gestalten. 1932 zeigte die französische Dewoitine D500, wie man Eindecker aus Leichtmetall ohne Verstrebungen baut. Dieses Modell sollte erst mit einer Kanone ausgerüstet werden, die durch die Propellernabe feuerte. Ein Jahr später erzeugte Nikolai Polikarpow in der Sowjetunion die I-16 mit einziehbarem Fahrwerk. Spätere Modelle wurden auf jedem Flügel mit einer 20-mm-Kanone bestückt.

Erstaunlich war 1934 in Großbritannien die Entscheidung, acht Maschinengewehre zu installieren. Es wurden jeweils vier auf den Flügeln vor dem Propeller angebracht, sodass keine Synchronisation nötig war. Die Idee ging auf Berechnungen zurück, dass bei einem direkten Kampf das Ziel nur eine oder zwei Sekunden genau im Visier war und daher rasch möglichst viele Kugeln abgefeuert werden mussten.

Bomber

In den 20er Jahren waren die meisten Bomber Doppeldecker mit Stoffabdeckung und 400 PS starken Motoren, die etwa 1000 kg Bomben trugen und 160 km/h schnell flogen. Dazu zählten die britische Vickers Virginia, die französische LeO 20, die italienische Caproni Ca 73 und die Keystones der US Army. Nur die Sowjetunion hob sich mit ihren Bombern zu jener Zeit von den anderen Ländern ab.

Der Russe Andrej Tupolew erzeugte mit Hilfe von Junkers die TB-1, die 1925 abhob. Der freitragende Eindecker hatte keine Verstrebungen und eine Außenhaut aus Wellblech. Von diesem Flugzeug wurden viele Modelle gebaut. Am Fahrwerk konnte man Räder, Schwimmer oder Skier montieren, was bei Schlechtwetter unbezahlbar war.

Bereits 1925 erhielt Tupolew den Auftrag, einen viel größeren Bomber auf Basis der TB-1 mit vier anstatt der zwei 500-PS-Motoren zu bauen. Das Ergebnis war die TB-3, die 1930 erstmals flog. Es überrascht heute, dass die TB-3 mit ihren Motoren entlang der vorderen Flügelkante neue Maßstäbe setzte. Beinahe unbemerkt vom Rest der Welt wurden von diesem hervorragenden Bomber bis zum Januar 1938 820 Stück in verschiedenen Versionen ausgeliefert. Neben 5800 kg Bomben führte die TB-3 experimentelle Waffen wie elektrisch bediente Gefechtsstände mit, sie konnte Segelflugzeuge schleppen, hatte eine Hebebühne für schwere Lasten, konnte Fallschirmjäger absetzen und in abgelegene Regionen der Arktis fliegen.

Der nie gebaute sowjetische Riese

1930 plante Tupolew die TB-6 mit zwölf Motoren und einer Spannweite von 95 Metern. Die Pläne für dieses Schlachtschiff des Himmels wurden verworfen und durch die kleine, kompakte SB mit glatter Haut und zwei Motoren mit 1000 PS ersetzt, die weit über 400 km/h flog. Sie leistete im spanischen Bürgerkrieg gute Dienste *(siehe Seite 40)*. Im Juni 1941 bestand fast die gesamte sowjetische Flotte aus SB *(Seite 60)*. Leider konnten die neuesten Jäger diese Bomber leicht abschießen.

Genau dasselbe passierte den britischen Battles und Blenheims *(siehe Seite 58)*. Die japanische Ki-21 der Armee und die G3M der Marine hatten eine ähnliche Technik und Schalenbauweise sowie 1000 PS starke Motoren. Sie konnten allerdings außergewöhnlich weite Strecken zu Zielen fliegen, für die andere Flugzeuge zu alt oder einfach nicht vorhanden

Oben: *Eine Nahaufnahme von einem der vier Triebwerke der Tupolew TB-3. Eine zweite TB-3 in Formationsflug ist über dem Flügel zu sehen.*

Rechts: *Die SB leistete im spanischen Bürgerkrieg gute Dienste, konnte aber mit den neueren Flugzeugen der Nazis im deutschen Angriff auf Russland 1941 nicht mithalten.*

waren. Ihre fast unwidersprochenen Angriffe spielten bei den Kämpfen in China und sogar bei der Eroberung von Malaya, Singapur und dem gesamten Südwestpazifik eine große Rolle.

In den 30er Jahren begann Italien einen Feldzug, um das Mittelmeer zu *Mare nostrum* (unserem Meer) zu machen. Die Italiener eroberten Libyen und Abessinien (Äthiopien). Wie die britische RAF stationierte die Regia Aeronautica eine große Zahl von Flugzeugen wie die Caproni Ca 101 und die Savoia-Marchetti S.M.73. Diese Flugzeuge mit geräumigem Rumpf konnten anstatt der Bomben auch Truppen oder Fracht transportieren. Sie waren ideal für die Eroberung und Überwachung eines Reiches aus Nomadenvölkern.

1933 setzte Frankreich seine Hoffnungen in die BCR. Sie war vor allem ein Bomber, konnte aber auch als Jäger und für Aufklärungsflüge eingesetzt werden. Die wichtigsten dieser Flugzeugtypen waren die Amiot 143 und die Potez 54. Diese Hochdecker schafften über 320 km/h, waren aber 1939 bereits veraltet. In den USA wirkten die Keystone Doppeldecker, die 183 km/h erreichten, unmodern, sobald Martin im Jahr 1932 das Modell 123 starten ließ. Dieser kompakte Bomber in Schalenbauweise erreichte in späteren Versionen über 418 km/h. Die geheime deutsche Luftwaffe begann mit den Dornier Do 11 und Do 23, die man als „Transportflugzeuge für die deutsche Bahn" bewarb.

Oberste Reihe: *Die britische RAF flog fast bis zum 2. Weltkrieg mit der Vickers Virginia* **(links)**. *Die Boulton Paul Overstrand* **(rechts)** *galt mit 246 km/h als erstaunlich rasch und manövrierfähig.*

Zweite Reihe: *Die Keystone B-6A* **(links)** *der US Army erreichte 195 km/h, mit einem Antrieb von vier 800-PS-Motoren schaffte die wenig kompakte französische Farman F.221* **(rechts)** *320 km/h.*

Dritte Reihe: *Die Handley Page Harrow* **(links)** *war einer der ersten Eindecker der RAF, doch war sie um fast 130 km/h langsamer als die italienische Savoia-Marchetti S.M.79* **(rechts)**.

Unten: *Martins Modell 123 (US Army B-10) war ein wahrer Pionier der Luftfahrttechnologie.*

Aufklärungsflugzeuge

1914 erkannten sogar kurzsichtige Generäle und Admiräle, dass sich mit Flugzeugen die Bewegungen des Feindes gut beobachten ließen. Nach dem Krieg war es aufgrund der prekären Finanzlage erforderlich, Flugzeuge für mehr als eine Aufgabe zu bauen. So entstand der Aufklärungsbomber.

Rechts: *Drei Westland-Lysander-Aufklärer der RAF fliegen 1938 über Großbritannien. Bald standen sie im 2. Weltkrieg in vollem Einsatz.*

Die Marine ging anders vor und kaufte die TSR. Die Buchstaben bedeuteten, dass das Flugzeug Torpedos abwarf, die Gewehre eines Kampfschiffes entdeckte (und über Funk meldete, wohin die Bomben fielen) sowie Kameras und Notizblöcke für Aufklärungsmissionen mitführte.

Taktische Aufklärungseinsätze flog man meist mit kleinen zweisitzigen Flugzeugen mit demselben Grunddesign wie die Bomber. Die besten Modelle waren die französische Potez 25, die niederländische Fokker CV (C5) und die britische Hawker Hart. Während die Hart als Tagbomber bezeichnet wurde (da sie nicht für nächtliche Bombardements ausgerüstet war), hieß dasselbe Flugzeug als Aufklärer Audax. (Diese Rolle wurde tatsächlich als Armeekooperation bezeichnet.) Ein zweisitziger Jäger wurde Demon genannt, der Marineaufklärer hieß Osprey.

Die Fairey III, ihre Nachfolgemodelle Fairey Gordon und Seal, die DH4 und ihre Nachfolgemodelle Westland Wapiti und Wallace waren alle traditionelle zweisitzige Doppeldecker mit Stoffbespannung. Sie konnten ein festes Gewehr, ein bewegliches Gewehr, das der Hintermann (Aufklärer) bediente, einige Bomben, Kameras und ein Funkgerät mitführen. Sie waren also je nach Bedarf Aufklärer, Bomber, Jäger, karthographische Flugzeuge oder sogar Ausbildungsflugzeuge.

In den USA bezeichnete man die Aufklärer als Beobachtungsflugzeuge. Das verbreitetste Modell in der US Army waren die Douglas 0-2 und ihre Nachfolger, von denen 885 Stück erzeugt wurden. Frühe Modelle waren mit dem Liberty-Motor mit Wasserkühlung aus der Kriegszeit ausgerüstet, doch wurde dieser schließlich durch luftgekühlte Umlaufmotoren, vor allem Pratt & Whitney Hornet und Wasp, ersetzt. Das wichtigste Wasserflugzeug war die Corsair, die ursprünglich von Flugzeugträgern aus starten sollte. Von diesem Modell wurden gleich viele Exemplare erzeugt.

Die Ära der Wasserflugzeuge

Wasserflugzeuge und Flugboote spielten als Aufklärer eine wichtige Rolle. Die kleineren zwei- bis dreisitzigen Wasserflugzeuge wurden häufig von Kriegsschiffen katapultiert und mit einem Kran aus dem Wasser gehoben. Einige hatten zwei Schwimmer, andere einen breiten

Unten: *Die Douglas O-46A, das amerikanische Äquivalent der Lysander, spielte dagegen im 2. Weltkrieg fast keine Rolle.*

Rechts unten: *Die französische Kriegsmarine verwendete Latécoère-298-Torpedobomber-Wasserflugzeuge.*

Links: *Die Short Singapore III treiben vier Rolls-Royce-Kestrel-Motoren mit Wasserkühlung in Schub-Druck-Paaren an.*

Oben: *Die Loire 130 war Standardausrüstung auf französischen Kampfschiffen und Kreuzern.*

Schwimmer in der Mitte und kleine stabilisierende Schwimmer unter den äußeren Flügeln. Einige, wie die französische Loire 130 und die britische Supermarine Walrus, waren Flugboote, deren Motor hoch über dem Rumpf, weit weg vom spritzenden Salzwasser, montiert war. Die Loire 130 war ein Eindecker mit einem 720 PS starken Hispano-Suiza-Motor mit Wasserkühlung. Die britische Supermarine Walrus war ein Doppeldecker mit einem 775 PS starken Bristol-Pegasus-Sternmotor mit Luftkühlung. Davon wurden 740 Stück erzeugt.

Die zu den größeren Aufklärungsflugbooten zählende italienische Cant Z501 hatte im Rumpf 900 PS starke Motoren in Tandemanordnung mit Zug- und Druckschraube. Die italienische Savoia-Marchetti S.55 hatte über dem Tragflächenmittelstück ebenfalls Motoren mit Zug- und Druckschraube, aber zwei Rumpfkörper. Dieses Modell machte Mussolinis Regia Aeronautica weltberühmt, als General Italo Balbo im Juli 1933 eine Staffel von 24 Flugbooten zur Weltausstellung nach Chicago brachte.

Links: *Die Fokker T.IVa mit Wright-Cyclone-Motoren war in Niederländisch-Indien stark eingesetzt.*

Unten links: *Von allen Beriev MBR-2 wurden über 1300 Stück erzeugt.*

Unten: *Die Consolidated P2Y war das unmittelbare Vorgängermodell der berühmten PBY Catalina.*

Konflikte der Zwischenkriegszeit

Mehrere kleinere, aber blutige Konflikte lieferten den Luftstreitkräften zwischen 1918 und 1939 wertvolle Erfahrungen für den 2. Weltkrieg. Diese Unruhen waren jedoch meist zu unbedeutend und kurz, um die Entwicklung der Militärflugzeuge entscheidend zu beeinflussen.

Oben: *Die F6C-1 der Navy war eines von vielen Modellen der Curtiss Hawk. Die Curtiss D-12 erhielt später einen neuen P&W-Wasp-Motor.*

Unten: *Die Mitsubishi A5M der kaiserlich-japanischen Marine verband Geschwindigkeit, Reichweite und Manövrierfähigkeit (noch besser war aber die A6M „Zero“).*

In jener Epoche verwaltete Großbritannien das größte Reich der Geschichte. Das Flugzeug entwickelte sich daher zu einem wichtigen Werkzeug bei der Verwaltung der weit entfernten Kolonien. Zudem fand sich die neu gegründete Royal Air Force (RAF) im Sommer 1918 in Russland in einem Krieg zwischen den regulären Truppen, den Weißen, und den Bolschewiken (den späteren Kommunisten) – oder Roten – wieder. Die britischen Schiffe brachten Kriegsmaterial zu den weißrussischen Häfen Archangelsk und Murmansk im Norden und Batum, Taganrog und Novorossisk im Süden. Nach einem harten und oft chaotischen Feldzug zog sich die RAF im September 1919 zurück.

Danach wurde die RAF in Angriffe gegen den „Mad Mullah“, einen religiösen Fanatiker in Britisch-Somaliland in Ostafrika, verwickelt. Frühere Versuche, ihn in die Knie zu zwingen, hatten hunderte britische Soldaten das Leben gekostet. Im Juni 1919 boten seine Aktivitäten wieder Anlass zur Sorge. Der Generalstabschef Trenchard überzeugte die britische Regierung, dass die RAF alleine mit der Situation fertig würde. Daraufhin wurden acht D.H.9 nach Berbera gebracht, wo sie am 21. Januar 1920 mit ihre Operation begannen. Zehn Tage später floh der Mullah aus dem Land. Kein Brite kam bei der Operation um.

Nach diesem spektakulären Erfolg wurde die RAF zur Polizei des Empire. Große Kampagnen fanden in Palästina, dem Irak und an der wilden Nordwestgrenze Indiens statt. Im Februar 1929 evakuierte eine kleine RAF-Truppe 586 Männer, Frauen und Kinder mit 11.000 kg Gepäck aus dem belagerten Kabul, der Hauptstadt Afghanistans.

Das Streben nach Luftüberlegenheit

1931 griffen japanische Truppen die chinesische Mandschurei an und unterwarfen sie. Im Februar 1932 brach mit Luftschlachten über Shanghai ein Kampf um China aus. Im Februar 1937 desertierten die rebellierenden Luftstreitkräfte der Kwantung zur zentralchinesischen Regierung in Nanking. Ab September dieses Jahres griffen jedoch schwere japanische Bomber mit der Unterstützung der kaiserlichen Marine von drei Flugzeugträgern aus Ziele in ganz China an.

Am 2. Oktober 1935 marschierten mehr als 100.000 Italiener und einheimische Truppen in Abessinien ein. Diese Aktion stieß international auf Ablehnung, da die Italiener nicht nur Bomben, sondern auch Giftgas einsetzten. Am 5. Mai 1936 erklärte der italienische Diktator Mussolini das Land zu italienischem Territorium.

Der schlimmste europäische Konflikt der Zwischenkriegszeit begann im Juli 1936, als die spanische Armee die gewählte kommunistische Regierung nicht anerkannte und General Franco aus dem Exil holte. Die Armee bewegte mit Ju-52/3m-Transportern von Hitlers

Die Vickers Victoria flog erstmals 1922 und beförderte noch im 2. Weltkrieg Truppen und Bomben für die RAF.

Unten: *Die Caproni Ca 101 diente den Italienern bei den Afrikaeinsätzen als Bomber und Transportmaschine.*

Links unten: *Die Grumman FF-1 wurde für die US Navy gebaut, doch flogen 40 dieser Maschinen für die spanischen Republikaner.*

Unten: *Die Heinkel He 111 (links) und die Junkers Ju 52/3m dienten Franco in Spanien als Bomber. Beachten Sie die „Mülleimer"-Waffenstände unter den Ju 52.*

neu gegründeter Luftwaffe 7350 Soldaten und riesige Waffenmengen aus Spanisch-Marokko nach Spanien. Die Luftwaffe wollte ihre neuen Fähigkeiten im echten Krieg testen. Sie gründete auch die *Legion Kondor*, die bald den Himmel über Spanien dominierte.

Die Madrider Regierung stellte mit Hilfe von Frankreich und der Sowjetunion (die als Bezahlung für die Lieferungen Gold forderte) und einer wachsenden Zahl internationaler Sympathisanten kleine republikanische Truppen zusammen. Madrid wurde als erste Stadt der Welt bombardiert. Zum Erstaunen vieler Beobachter leistete die Bevölkerung immer größeren Widerstand. Am 28. März 1939 endete jedoch mit dem Fall von Madrid und Valencia ein äußerst brutaler Krieg.

Aerodynamik

Die Aerodynamik ist die Wissenschaft von der Wechselwirkung zwischen Gasen, etwa Luft, und Feststoffen. Im 19. Jahrhundert fanden Forscher durch Versuche heraus, welche Formen für Propeller und starre Flügel ideal sind. Nach dem 1. Weltkrieg waren die Flügel der Bomber und Passagiermaschinen oft so dick, dass sie freitragend waren. Die Flügel der Jäger waren dagegen dünner und mussten als Doppeldecker verspannt werden. Fortschritte in der Aerodynamik geschahen eher zufällig. Bei den Versuchen verloren unzählige Menschen das Leben.

Unten: *Vorder- und Hinteransicht des Doppeldeckers Nikitin-Schewchenko IS-2. In der Vorderansicht sieht man die Vertiefung an der Unterseite der oberen Flügel, wohin die unteren Flügel einklappten.*

Oben rechts: *Die Junkers Ju 287 war eine tolle Mischung aus anderen Flugzeugen (wie den Rädern der B-24 Liberator). Am Rumpf hingen zwei der Jumo-0004B-Turbojets.*

Die meisten Flugzeuge waren entweder Doppeldecker mit dünnen Flügeln oder Eindecker mit dicken Flügeln. Das änderte sich mit der Entwicklung der Schalenbauweise, durch die kompakte Eindecker recht dünne Flügel haben konnten. Damit stieg die Tragflächenbelastung, und die Flugzeuge konnten schneller starten und landen und benötigten größere und ebenere Rollbahnen. Hilfe boten die Klappen, die unter der hinteren Flügelkante fixiert waren und beim Start den Auftrieb vergrößerten. Wenn man sie steiler stellte, konnten sie bei der Landung Auftrieb und Luftwiderstand erhöhen.

Einige Erfinder versuchten, die Größe der Flügel zu ändern. In der Sowjetunion stellte Nikitin-Schewchenko Doppeldecker mit niedrigeren Flügeln her, die in den oberen Flügeln verschwinden konnten. Bakschayew testete Tragflächen, die wie ein Teleskop ineinander geschoben werden konnten.

Diese Ideen setzten sich nicht durch, doch 1920 ließ der Engländer F. Handley Page einen dünnen gebogenen Metallstreifen patentieren, der fest an die Vorderkante des Flügels montiert wird. Wenn der Angriffswinkel (mit dem der Flügel die Luft trifft) 15° übersteigt, wie das bei einem Steigflug der Fall ist, hebt sich der Metallstreifen durch den Auftrieb vom Flügel ab. Das verhindert, dass der Luftfluss über dem Flügel wegbricht und das Flugzeug wie ein Stein absackt.

Überschallflugzeuge

Wenn das Flugzeug schneller fliegen sollte, mussten die Konstrukteure das Verhältnis von Flügeldicke zur Flügelbreite (von Vorder- bis Hinterkante) noch verkleinern. Hawker Aircraft wählte ein Verhältnis von 18 % für die Typhoon, von 9,5 % für die Sea Hawk und von 8,5 % für die Hunter. Die Flügel der Hunter waren außerdem um 40° nach hinten geneigt, um den Luftwiderstand bei Erreichen der Schallgeschwindigkeit zu verzögern. Wirkliche Überschallflugzeuge brauchen kaum einen Pfeilwinkel des Tragwerks. Bei der F-104 hatte Lockheed die Flügel bis auf ein Verhältnis von Dicke zu Spannweite von 3,36 % gerade gestellt. Damit hatten die Flügel eine maximale Dicke von 19 cm.

1944 verwendete Messerschmitt verstellbare Flügel, um den Pfeilwinkel variieren zu können. Bei maximaler Pfeilung erreichte die P1101 Überschallgeschwindigkeit.

Die North American F-86 Sabre war der erste Jäger mit Pfeilflügeln. Sie hatte ihren Jungfernflug im Oktober 1947. Hier die F-86E.

Bei voller Spannweite der Flügel konnte sie langsam landen. Die US Air Force bat Bell, diese Idee in der X-5 zu kopieren. In den 50er Jahren flog die X-5 mit einem Pfeilwinkel von bis zu 60°. Diese Konstruktion wurde beim F-111-Angriffsflugzeug der US Air Force, der F-14 der Marine und verschiedenen sowjetischen Flugzeugen übernommen. Heute ist variable Geometrie aus der Mode, während Entenflügler (Heck zuerst) immer beliebter werden.

In den 30er Jahren experimentierte John K. Northrop mit Nurflügelflugzeugen, was Ende der 40er zur riesigen XB-35 und der XB-49 führte. Die B-2 dieser Firma ist ebenfalls ein Nurflügelflugzeug, damit man sie am Radar schwerer erkennt *(siehe Seite 180)*. Auch einige der neuesten Riesenflugzeuge haben ein Nurflügeldesign, um den Treibstoffverbrauch zu senken.

Oben links: *Die großartige Northrop YRB-49A hatte genau dieselbe Spannweite wie die B-2 desselben Erzeugers: 52,4 Meter. Während die XB-49 acht Motoren im Flügel hatte, hatte die YRB-49A vier im Flügel und zwei in Gondeln.*

Oben: *Dieser Prototyp der YF-111A verwendete erstmals variable „Schwenkflügel". Hier sind die Tragflächen breit gestellt. Der maximale Pfeilwinkel betrug erstaunliche 72,5°.*

Links: *Diese Bell P-63 Kingcobra erhielt nach dem Krieg experimentelle Schwenkflügel. Beachten Sie hier die Schlitze über die gesamte Vorderkante der Tragflächen.*

Strukturen

Das Aussehen eines technischen Geräts wird meist von seiner Funktion beeinflusst – vor allem, wenn Geschwindigkeit und Wendigkeit mit Stabilität einhergehen müssen. Die Flugzeuge wirken grazil, weil ihre Stromlinienform notwendig ist, um in der Luft an Geschwindigkeit zu gewinnen. Das passende Material stellte die Flugzeugbauer vor größere Probleme.

Die ersten Flugzeuge bestanden aus einer Mischung von hochwertigem Fichtenholz, Bambus, Klavierdraht, Stahlrohren, Stahlbolzen und lackiertem Stoff. Ab 1910 baute Deperdussin Rennflugzeuge mit wunderbar kompaktem Rahmen aus geklebter Rosenholzfurnier. Diese Materialien sind zwar heute veraltet, doch eigneten sie sich perfekt für die Herstellung der leichten, robusten Flugzeuge jener Zeit.

Oben: *Beim Flug und bei der Pariser Aero Show 1913: Maurice Prévost und seine Deperdussin, die 1913 die Schneider-Trophäe gewann.*

Zwischen 1914 und 1935 bestand die Hälfte der Flugzeugrahmen aus einem geschweißten Stahlrahmen, umgeben von einer leichten Furnierholzhülle, die dem Flugzeug seine Stromlinienform gab. Die Flügel bestanden aus Holz oder Aluminiumrohren, die zu einem Gerüst verbunden waren. Der Rahmen war mit Stoff

überzogen, der fest vernäht und mit Zellulosefarbe gestrichen wurde, damit er widerstandsfähig und wetterbeständig wurde. Einige leichte Flugzeuge werden noch heute so hergestellt.

Im 1. Weltkrieg begann Hugo Junkers mit der Herstellung von Flugzeugen aus Duralumin, einer neuen, robusten Aluminiumlegierung. Von Beginn an baute er Eindecker mit freitragenden Flügeln aus Walzblech, das leicht und doch steif war. Schließlich wollte er den höheren Luftwiderstand des Walzmetalls verringern. Die Ju 60 aus dem Jahr 1932 hatte einen glatten Rumpf, flog aber nur 240 km/h. Die Ju 160 aus dem Jahr 1934 war ganz glatt und flog 315 km/h.

Viele stromlinienförmige Flugzeuge waren bereits geflogen. 1932 erhielten die europäischen Konstrukteure neuen Anreiz, als die Swissair Lockheed Orions aus den USA importierte, die aber aus Holz bestanden. Im selben Jahr erregte der Martin-123-Bomber Aufsehen. Er verband eine Duralumin-Schalenbauweise mit einem einziehbaren Fahrwerk. Trotz des behäbigen Rumpfs war dieses Flugzeug mit 129 km/h schneller als alle US-Jäger und die schweren Bomber der britischen RAF.

Holz wird weiter verwendet

Bei Ausbruch des 2. Weltkriegs 1939 wurden außer den Leichtflugzeugen alle so gebaut. 1941 bestellte die Luftwaffe zwei riesige Segelflugzeuge zur Beförderung von Panzern. Junkers baute die Ju 322 aus Holz, doch die ME 323, die schließlich produziert wurde, war aus geschweißtem Stahlrohr. Um Legierungen zu sparen, die schwer erhältlich waren, konstruierte de Havilland die Mosquito ganz aus Holz. Man verwendete Schichten von gebogenem Fichtenfurnierholz mit einer Füllung aus leichtem Balsa. Das funktionierte hervorragend.

Aus demselben Grund versuchten auch sowjetische Konstrukteure, möglichst viel Holz zu verwenden. Sie

Oben links: *Die Junkers Ju 1, ein Eindecker in Schalenbauweise.*

Oben: *Der russische Jäger Lowochkin LaGG aus Holz mit dem Spitznamen „lackierter Sarg" flog gut.*

Links: *Die Glasfaserhülle machte die Beagle M.218 windschlüpfriger.*

Oben: *Die Bell XP-77 mit dem kunstharzverleimten Fichten-Sitka war wohl der kleinste Jäger im 2. Weltkrieg.*

perfektionierten die Technik, Furnierholz zu dreidimensionalen Objekten zu verbinden. Als der LaGG-Jäger auf den Markt kam, hieß es, er habe seine Abkürzung von dem russischen Wort für „lackierter Sarg". Das stimmte aber nicht so ganz. Von dem Flugzeug wurden 6528 Stück geliefert, die hervorragend flogen. Später wurden viele Flugzeuge aus einer Mischung von Holz und Hartplastik erzeugt. Die Briten experimentierten mit Durestos, einem Verbundstoff mit Asbest. 1962 begann Beagle, die M218 zu testen, ein zweimotoriges Flugzeug mit einem großen Anteil an Glasfasern. Die britische Luftfahrtbehörde bestand darauf, dass diese Teile doppelt so stark wie nötig sein mussten. Das war das Ende dieser Idee.

Ab 1931 nahm die Sowjetunion Stal-Flugzeuge mit geschweißtem Rahmen aus rostfreiem Stahl in Betrieb. Die Budd Conestoga von 1943 war ein größeres Flugzeug aus demselben Material, die Bristol 188 aus dem Jahr 1962 und die Naa XB-70 von 1964 bestanden aus rostfreiem Stahl gegen die Erhitzung durch Reibung. Die NAA X-15 verwendete sogar eine Inconel-Nickellegierung gegen die „rote Hitze". Mit einem speziellen wärmeabsorbierenden Anstrich erreichte eine X-15 im Oktober 1967 Mach 6,72 (7297 km/h).

Unten: *Die Budd Conestoga aus rostfreiem Stahl – eines der wenigen Flugzeuge aus diesem Material.*

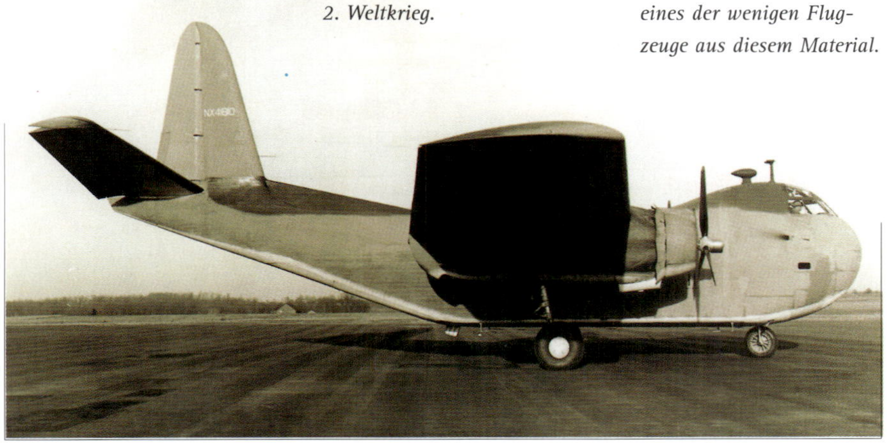

Antrieb

Überraschenderweise interessierte sich kein Flugzeugkonstrukteur des 19. Jahrhunderts für die voll entwickelten Raketen von Congreve, die man nur kurz beschleunigen musste. Meist verwendete man stattdessen einen Elektro- oder Dampfmotor. Mit diesem Antrieb blieben die Fahrzeuge jener Zeit auf der Erde. Um 1900 entstand der Vergasermotor, mit dem man endlich fliegen konnte.

Oben: *Mit den Westinghouse-19XB-2A-Turbojets unter den Flügeln war die Douglas XB-42A der modernste Jäger mit Kolbenmotor.*

Durch Percy Pilchers frühen Tod im Jahr 1899 *(siehe Seite 9)* müssen wir spekulieren, ob die Briten anstelle der Amerikaner den ersten Flug in einem motorbetriebenen Flugzeug geschafft hätten. So blieb den Brüdern Wright die Ehre, obwohl ihr erster Motor in vielerlei Hinsicht seltsam war. Er war nicht so revolutionär wie der Gnome, dessen Kurbelwelle am Flugzeug und dessen Propeller am Kurbelgehäuse montiert war. Dieser schöne Motor eroberte die Flugwelt im Jahr 1907 im Sturm, obwohl er teuer war und fast so viel Rizinusöl als Schmiermittel verbrauchte wie Treibstoff.

Der Umlaufmotor wurde nach 1918 durch schwere Reihenmotoren und V-Motoren mit Wasserkühlung ersetzt. Einige schwache Triebwerke hatten luftgekühlte Zylinder, und nach 1920 entstanden die luftgekühlten statischen Sternmotoren. Die US Navy bot ein Extrahonorar für einen starken Antrieb mit Luftkühlung, das erst Wright bekam, aber schließlich Pratt & Whitney 1925 nach Tests mit dem 9-Zylinder-Wasp gewann. Er hatte 425 PS und wog 295 kg. In der T4M der US Navy reduzierte er das Antriebsgewicht um die Hälfte. Die Navy meinte, dass sie keine Motoren mit Wasserkühlung mehr kaufen würde. Pratt & Whitney wurden die weltweit größten Hersteller von Flugzeug-

Unten: *Bei dieser Curtiss AT-5A sieht man, wie der Wright-R-790-Motor ursprünglich aussah. Das spätere Modell 28-66 erhielt die neu entwickelte NACA-Abdeckung um den Motor, mit der die Geschwindigkeit von 190 auf 220 km/h stieg. Die PS-Zahl des Motors stieg von 220 auf 303.*

motoren. Im 2. Weltkrieg lieferte die Firma über 600 Millionen PS aus 363.619 luftgekühlten Sternmotoren.

Vom Kompressormotor zum Jettriebwerk

1925 reduzierten Kompressoren bei manchen Motoren den Leistungsverlust in großen Höhen. Die meisten Kompressoren wurden von der Kurbelwelle betrieben, einige von Turbinen, die mit Abgas angetrieben wurden. Beim Wright Turbo-Compound aus den 50er-Jahren waren drei Abgasturbinen an der Kurbelwelle befestigt, die die Leistung von 2700 PS auf 3400 PS erhöhten. Rolls-Royce perfektionierte den mechanischen Zweiphasen-Kompressormotor, der die Leistung der Spitfire vor allem in großer Höhe revolutionierte.

1929 erfand der junge RAF-Pilot Frank Whittle einen neuen Motor. Der Turbojet hatte nur einen drehenden Teil, eine Turbine, die mit einem Kompressor angetrieben wurde. Dazwischen lag eine Verbrennungskammer. Whittle erhielt im Januar 1930 ein Patent für den Motor, für den sich aber niemand interessierte. Sechs Jahre später wurden die Turbojets in Deutschland neu erfunden. Das erste Düsenflugzeug, die He 178, flog im August 1939. Um diese Zeit hatte Whittle mit einigen Assistenten mit seinem eigenen Geld einen Motor gebaut. Aber erst als der amerikanische General H. H. Arnold 1941 von Whittles Erfindung hörte, startete das neue Triebwerk endlich durch.

Schon davor hatten Arbeiter mit dem Turbopropellertriebwerk experimentiert, bei dem eine Gasturbine an einem Propeller befestigt ist. 1945 fügte Rolls-Royce dem Turbojet Getriebe und Propeller hinzu. Daraus entstand die Trent-Meteor, die im September 1945 flog. Das erste richtige Turboprop-Flugzeug war im Dezember 1945 die Convair XP-81 mit dem GE-XT31-Motor.

Heute sind zehntausende Turboprop-Triebwerke in Verwendung. Hubschrauber fliegen mit kompakten, zuverlässigen Turbomotoren. Wichtiger noch ist der Turbofan, den wir in praktisch allen Kampfflugzeugen und großen Passagierflugzeugen der Welt finden. Dieses Triebwerk ließ Whittle am 4. März 1936 patentieren. Zusätzliche Turbinenstufen betreiben ein großes Gebläse, das den meisten Antrieb liefert. Verglichen mit den Turbojets sind Turbofans effizienter im Treibstoffverbrauch und leiser.

Oben: *Auf diesem Foto vom Juni 1948 demonstriert Sir Frank Whittle (rechts) dem Journalisten Clifford Troke die Funktion des Jettriebwerks.*

Rechts oben: *Die erste Konstruktion von Bell Aircraft war die XFM-1 Airacuda mit Waffenstand vor jedem Allison-Motor.*

Unten: *Der Hawker-Hart-Tagesbomber (rechts) erreichte mit dem wassergekühlten RR-Kestrel-Triebwerk 296 km/h. Mit einem frühen Bristol-Pegasus-Radialmotor mit Ringkühler (Mitte) flog er 303 km/h. Mit voll verkleidetem Bristol-Motor (links) erreichte er 338 km/h.*

Systeme

„Mit dem Hosenboden fliegen“ ist ein alter Ausdruck, der meint, dass der Pilot mit Körperkraft und mentaler Stärke fliegen muss und nicht auf mechanische Systeme vertrauen kann. Die frühen Piloten flogen tatsächlich mit dem Hosenboden, doch später übernahm die Technologie.

Die ersten luftgestützten Systeme waren Tanksysteme. Der Treibstoff wurde in einem möglichst hoch gelegenen Tank aufbewahrt, sodass er durch die Schwerkraft herunterlief. Wenn der Tank auf derselben Höhe wie der Motor lag, musste der Pilot häufig eine kleine Pumpe bedienen, später übernahm das ein Motor. 1940 waren Kriegsflugzeuge mit selbst dichtenden Tanks ausgerüstet. Sie waren von einem Material umgeben, das sich rasch ausdehnte, sobald Treibstoff aus einem Einschussloch tropfte. Das war eine typische Erfindung der Kriegsjahre.

Nach dem 1. Weltkrieg waren Flugzeuge mit Funkgeräten bestückt. Die nächste große Erfindung waren die zusätzlichen Antriebe für Klappen, Fahrwerk, Landeklappen, Waffenstände, Bombentüren, ausfahrbares Radar, große Frachttüren und anderes. Diese Systeme wurden elektrisch oder hydraulisch betrieben. Elektrizität liefern schon immer Batterien. Zuerst waren es Blei-Säure-Batterien, heute verwendet man meist Nickel-Cadmium-Batterien, die viel mehr Energie liefern. Die Batterien werden von motorbetriebenen Generatoren aufgeladen. Heute liefern sie Gleichstrom mit 28 Volt und Dauer-Wechselstrom (400 Hz) mit 115 und 208 Volt. Sie halten die Frequenz konstant, während sich die Motorgeschwindigkeit ständig ändert. Dafür ist ein schwerer Antrieb nötig. Das kann man in Zukunft vielleicht verhindern, indem man die Frequenz variabel hält und mit leichter, fester Elektronik Dauerstrom produziert.

Für die Hydraulik wurde zunächst Mineralöl verwendet. Heute wird sie mit nicht brennbaren Flüssigkeiten betrieben. In Zukunft ist vielleicht noch größerer Druck möglich, sodass der nötige Antrieb oder die Leistung durch kleinere, leichtere Rohre übertragen werden. Große Flugzeuge haben hydraulische Systeme mit mehreren hundert PS, die aber von den neuen elektrischen Systemen abgelöst werden könnten. Eine Möglichkeit wäre, Kraft über leichte Hochspannungskabel zu den auf jeweils ein

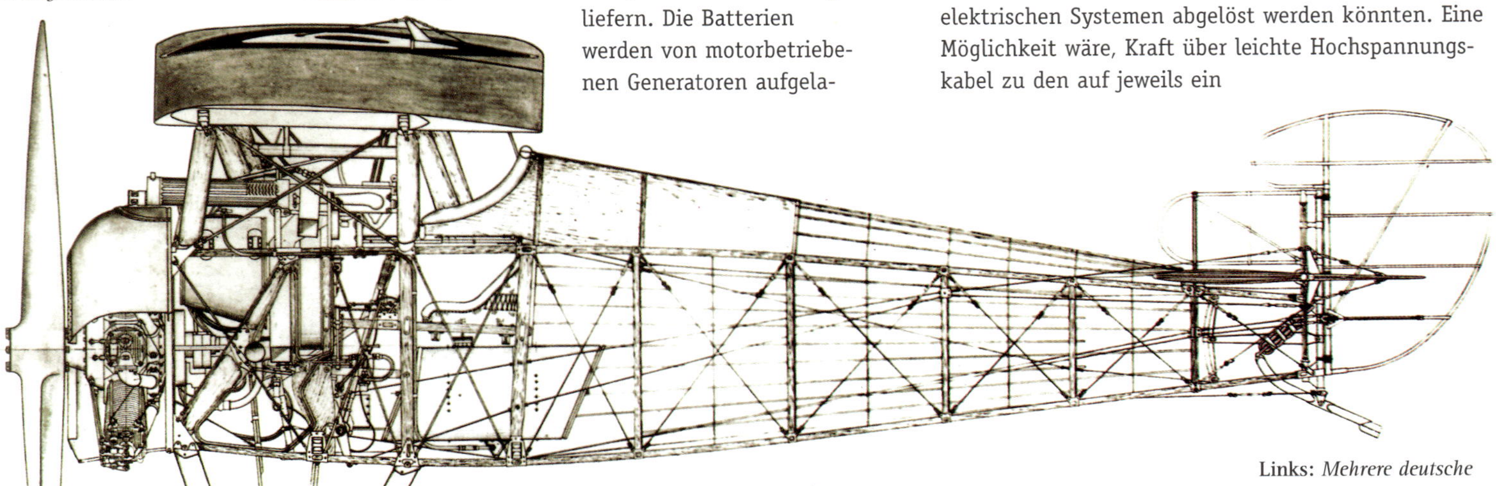

Unten: *Die Sopwith F.1 Camel war ein typischer Jäger für 1916–1918. Die einzigen Systeme waren die kabelbetriebenen Flugkontrolle und das Treibstoffsytem mit pneumatischer Handpumpe. Während des Flugs wurde sie von einer motorbetriebenen Pumpe oder einer kleinen Windmühle auf einer der Querverstrebungen angetrieben.*

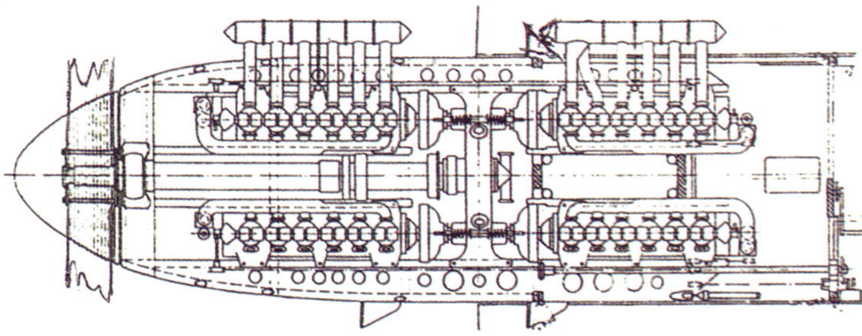

Links: *Mehrere deutsche Riesenbomber zwischen 1914 und 1918 hatten innere Maschinenräume, aber nur bei der Linke-Hoffman R.II trieben alle vier 260-PS-Mercedes-Motoren einen einzigen riesigen Propeller an der Nase an.*

Oben: *Als die Flugzeuge größer und komplexer wurden, nahm auch die Verkabelung zu. Diese Arbeiter installieren 1951 die Elektrik in einer KC-97 am Fließband der Boeing-Werke in Seattle.*

Rechts oben: *Mitglieder der britischen Womens' Auxiliary Air Force (WAAF) lernen am Fahrgestell einer Hurricane während der Schlacht um England im Jahr 1940 über Hydraulik.*

Rechts: *Die neueste Vorrichtung zur Senkung des Batterieverbrauchs war 1931 ein tragbarer Motorstarter, der hier in Burbank, Kalifornien, verwendet wird. Dieses bohrerähnliche Gerät wird mit Strom von der Hauptleitung betrieben und drehte den Motor so lange, bis er ansprang.*

Ganz rechts: *Ende der 40er Jahre glich das Cockpit einer Passagiermaschine einem Science-Fiction-Gerät. Hier das Cockpit einer Douglas DC-6.*

Konstruktionselement beschränkten hydraulischen Systemen zu übertragen.

Eine andere Möglichkeit wäre, völlig elektronisch betriebene Flugzeuge zu bauen. Viele moderne Flugzeuge sind mit Elektrik von variabler Frequenz ausgestattet, die siebenmal stärkere Magnete enthalten als die heutigen Flugzeuge. Im neuen Airbus A380 beträgt die Passagierladung alleine 360 kVA. Ein zukünftiges, vollständig elektronisch betriebenes Flugzeug wird etwa 750 kVA von jedem Generator benötigen.

Cockpit/Passagierkabine

1918 musste die Besatzung Masken aufsetzen, die sie mit Sauerstoff aus Druckflaschen versorgten. Ungefähr 30 Jahre später hatten einige Kriegsflugzeuge flüssigen Sauerstoff an Bord, der das Gas bei viel längeren Flügen mit weniger Umfang und Gewicht zu angenehmen Temperaturen lieferte. Heute sind viele Flugzeuge mit OBOGS (bordinternen Sauerstoffsystemen) ausgestattet. Neben dem Sauerstoff machen diese auch Druckausgleich, der in über 10.000 Meter Höhe ein angenehmes Klima erzeugt (Druck wie in 3000 Meter Höhe). Heute sind die meisten militärischen und zivilen Flugzeuge mit einem APU (Hilfsantrieb) ausgestattet, der meistens hinten montiert ist. Diese kleine, leistungsstarke Gasturbine ist ein Notstromaggregat, das auch Kabinendruck, Hydraulik und andere Bereiche regeln kann.

Viele kleinere Flugzeuge haben heute einen Elektrostarter, die meisten zivilen und militärischen Flugzeuge einen Luftturbinenstarter, der Druckluft aus dem APU oder einem externen System bezieht. Moderne Flugzeuge sind mit vielen weiteren Systemen ausgestattet, die eine Vereisung verhindern, Feuer löschen, die Flugkontrolle übernehmen, pneumatische Systeme regeln und Ähnliches.

Im Cockpit

Bei den ersten Flugzeugen saß der Pilot meist im Freien. Im *Flyer* aus dem Jahr 1903 musste Wright sogar mit dem Gesicht nach unten auf einer Wiege liegen, die er auf die Seite gleiten ließ, um die Flügel für die seitliche Steuerung zu drehen. In den frühen Jahren der Luftfahrt waren Schutz und Sicherheit des Piloten ein wichtiges Thema für die Konstrukteure.

Rechts: *Die ersten Cockpits bestanden nur aus einigen Hebeln, Instrumenten und einem kleinen Rad zur Steuerung von Höhen- und Seitenruder, wie dieser Blackburn-Eindecker aus dem Jahr 1913 zeigt.*

Im Jahr 1914 hatten fast alle Flugzeuge eingebaute Querruder, die an die Hinterkanten der äußeren Flügel gehängt und verschoben wurden (eines nach oben, das andere nach unten), um die Flügel gerade zu halten oder eine Kurve zu fliegen. Dafür drehte man entweder das Handrad, das einem Autolenkrad glich, oder bewegte den Steuerhebel nach links oder rechts.

Die wichtige Längssteuerung, mit der das Flugzeug steigt oder sinkt, erreicht man, wenn man eine horizontale Fläche am Heck bewegt. Die meisten Flugzeuge haben einen fixen Stabilisator, die Heckfinne, an der das Höhenruder befestigt ist. Für den Steigflug zieht der Pilot den Hebel oder das Rad zurück, das das Höhenruder mittels Kabel nach oben dreht. Dadurch entsteht ein aerodynamischer Abtrieb, der das Flugzeug nach oben treibt.

Pedale lenken das Seitenruder. Das linke Pedal dreht das Ruder nach links (im Uhrzeigersinn von oben gesehen). Damit dreht das Flugzeug nach links. Mit Hilfe des Ruders führt man eine korrekte kontrollierte Wende durch, bei der das Flugzeug weder nach innen noch nach außen wegbricht. Das volle Ruder benötigt man nur, wenn ein Triebwerk plötzlich aussetzt.

Motorisch betriebene Steuerung

In den 20er Jahren konnten die Piloten die großen Flugzeuge nur mit so großer Anstrengung lenken, dass man Servosteuerung einführte. Der Pilot betätigte nur eine kleine Hilfsfläche, die wiederum mit großer Kraft die Hauptfläche in die Gegenrichtung bewegte. Im 2. Weltkrieg benötigte man große körperliche Kraft, um die größten Flugzeuge zu steuern. Deshalb wurden motorisch betriebene Steuerungen eingeführt. Bei diesen Systemen führen Kabel oder andere Verbindungen vom Cockpit zu Ventilen in der Hydraulik (oder der Elektrik), die das Flugsteuerungssystem antreibt. Meist

Rechts: *In allen Motorgondeln der riesigen Staaken-R.VI-Bomber saßen zwei Mechaniker, die ihre Motoren warteten (einer vorne, der andere dahinter). Das Cockpit,* **ganz rechts,** *war mit Drosselklappen und einem riesigen Kompass zwischen den Piloten ausgestattet.*

Ganz links: *Cockpit und Steuerungen der Messerschmitt Bf 109 und,* **links,** *eine Außenansicht mit der eingehängten Abdeckung, die nur im geparkten Flugzeug offen sein durfte.*

Links: *Das Cockpit der riesigen Convair B-36 enthielt angeblich einen Kalender, von dem die Piloten immer die Blätter abrissen. Dieses frühe Modell hatte sechs Drosselklappen für die Wasp-Major-Motoren. In späteren Modellen waren noch vier Drosselklappen für die J47-Booster-Turbojets eingebaut!*

muss eine künstliche Einheit eingebaut werden, damit der Pilot ein Feedback bekommt und weiß, wohin er das System steuert. Das System schützt sich selbst, sodass der Pilot nie ein Manöver durchführen kann, das die strukturelle Stärke des Flugzeugs übersteigt. Die heutigen militärischen oder zivilen Flugzeuge besitzen noch weitere Sicherungen, wie eine Warnung vor Strömungsabriss. Ignoriert der Pilot die Warnung, verliert er die Kontrolle über das Flugzeug, das in den Sinkflug übergeht.

Bis in die 30er Jahre hassten die Piloten ein Dach über dem Kopf. Sie wollten den Wind fühlen; das half ihnen, ein seitliches Abrutschen zu verhindern. Die Kampfpiloten bestanden auf einem offenen Cockpit, weil sie sehen wollten, ob ein Feind von hinten kam. 1939 gab es aber nur noch bei Trainings- und Leichtflugzeugen offene Cockpits. Die meisten Jäger hatten eine Abdeckung, die während des Fluges nach hinten geklappt werden konnte. Bei der Bf 109, dem verbreitetsten Jäger, konnte man die Abdeckung während des Fluges nicht öffnen. Die P-39 und die ersten Typhoons hatten sogar Türen!

In den ersten Cockpits befanden sich nur ein Schalter und zwei bis drei primitive Instrumente. 1950 hatte das größte Flugzeug bis zu 60 Hebel und Schalter und mindestens ebenso viele Instrumente mit uhrenartiger Anzeige. Die heutigen „Glascockpits" haben drei bis vier große Multifunktionsdisplays, die der Pilot alle nach seinen Vorgaben programmieren kann. Wenn alles funktioniert, sind die Displays ziemlich leer.

Links: *Im Vergleich zu dem der B-36 ist das Cockpit des modernen Airbus mit weniger Instrumenten (und mehr Schaltern) ausgerüstet.*

Rechts: *In modernen Jägern wie dem Eurofighter ersetzen drei Multifuntionsdisplays die traditionellen „Instrumente". Der Pilot kann auf den Displays die Informationen abrufen, die er benötigt.*

Auf dem Flughafen

Aufgrund des steigenden Interesses an der Luftfahrt, wie auf Seite 20–25 beschrieben, wurden in den 20er und 30er Jahren Flughafenstrukturen und -systeme, Navigation, Landehilfen und Luftfahrtkontrolle ausgebaut, um die Luftfahrt sicherer zu machen.

Oben: *Diese Luftaufnahme zeigt den westlichen Teil des Flughafens von Los Angeles zum Pazifik hin. Zu sehen sind zweimal zwei Rollbahnen zu beiden Seiten des Terminals. Dieser Aufbau aus der Vorkriegszeit ist heute noch immer tauglich.*

Die allgemeinen Flughäfen sind auch heute noch meist klein und haben vielleicht nur Rollbahnen aus Gras oder Asphalt. Die militärischen Luftfahrtstützpunkte und die internationalen Flughäfen haben dagegen eine oder mehrere riesige Rollbahnen. Im Allgemeinen haben die Start- und Landebahnen der modernen Flughäfen parallele Rollbahnen, optimiert nach der Windrichtung. Ältere, propellerbetriebene Flugzeuge profitierten von dem Auftrieb durch den Gegenwind, der die Startzeit verkürzte und verhinderte, dass man bei der Landung Seitenwind hatte oder ein Flügel niedriger stand. Die Achse kann man jedoch durch eine erhöhten Bereich verändern.

Die Richtung der Rollfelder wird mit einem zweistelligen Code angegeben. Die Rollfeder am Londoner Flughafen Heathrow werden als 28L/10R und 28R/10L definiert. 28 bedeutet eine Abweichung von 280° Nord, also 10° nördlich des genauen Westens. Die Gegenrichtung ist 100° oder 10° über dem genauen Osten. Mit diesem System können Sie die Ausrichtung des Los Angeles International Airport bestimmen, dessen Rollfelder 06L/24R und 06R/24L bzw. 07L/25R und 07R/25L lauten. Diese Anordnung stammt aus den 30er Jahren und ist ein Beweis für die zukunftsweisende Planung beim Flughafenbau.

Es überrascht, dass die britischen Planer kaum an stärkeres Verkehrsaufkommen in der Zukunft dachten. LHR (London Heathrow) war ursprünglich ein riesiges Dreieck mit drei unterschiedlich ausgerichteten

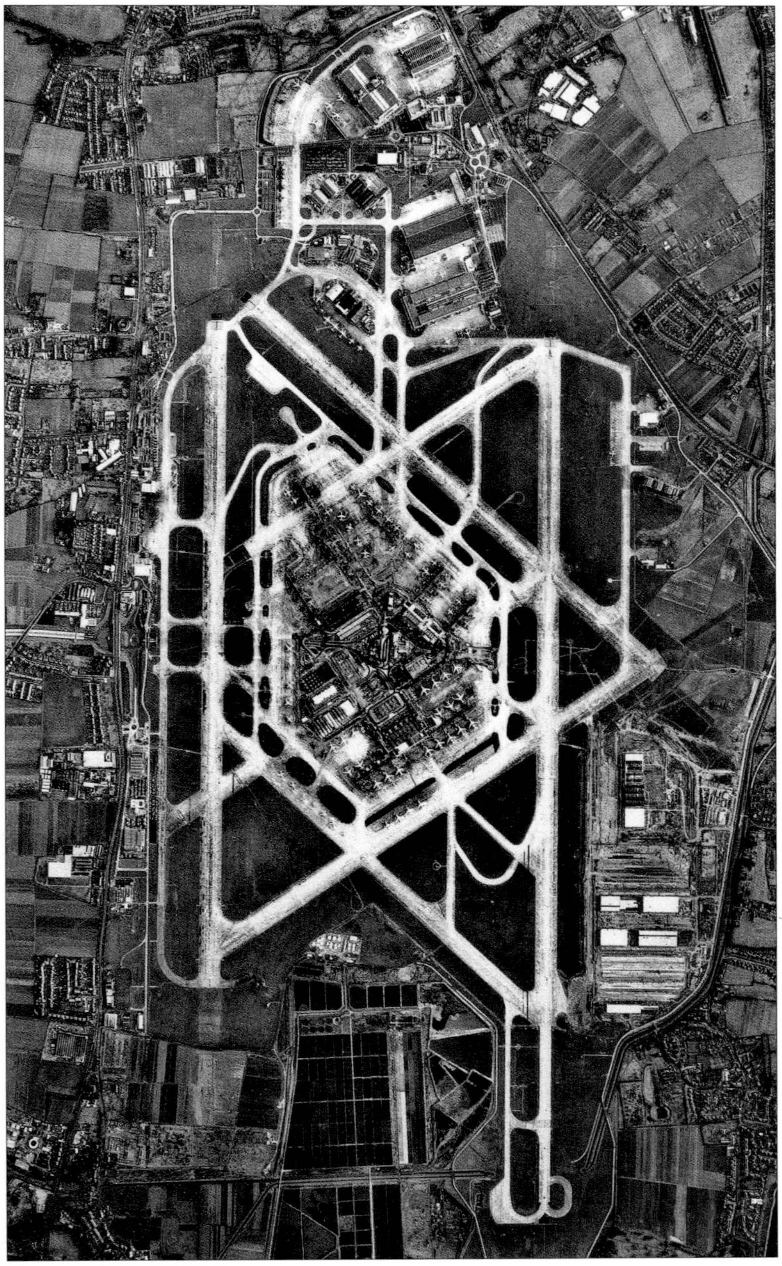

Landebahnen. Schließlich wurden eine zweite Ost-West-Startbahn gebaut und die beiden ursprünglich diagonalen Startbahnen stillgelegt. Jetzt ist kein Platz für zwei weitere Ost-West-Startbahnen. Viele internationale Flughäfen haben nur eine Startbahn. Der Bau einer zweiten oder gar dritten wird von Jahr zu Jahr schwieriger, weil die Umgebung verbaut ist.

Landesysteme

Als man in den 20er Jahren die Kerosinbeleuchtung durch elektrische Beleuchtung ersetzte, musste man zwischen Start- und Landebahnen, Rollfeldern und Parkflächen unterscheiden. Die meisten größeren Flughäfen halten sich an ein Farbsystem, doch gibt es lokale Abweichungen. Die hellen Lichter sind in den Boden eingelassen, nur die Anflughilfen stehen oft auf erhöhten Pfeilern. Bis in die 60er Jahre hatten die Flughäfen in abgelegenen Gebieten Leuchtpfade für Notfälle bei Stromausfall.

Bald wurde klar, dass die Passagiermaschinen zwischen Start und Landung einer vorgegebenen Route folgen mussten, um Zusammenstöße zu vermeiden. Die Entwicklung des amerikanischen VOR-Systems *(siehe Seite 78–79)* erleichterte die Festlegung der Flugrouten. Flugrouten sind wie Straßen am Himmel. Sie haben Namen wie Amber One, die den Piloten angeben, wie hoch und in welche Richtung die Flugzeuge dort fliegen.

War das Flugzeug nach dem Start sicher auf seiner Flugroute am Zielflughafen angekommen, musste es in Landeanflug gehen. Vor dem 2. Weltkrieg machten die Piloten den Landeanflug auf Sicht (vielleicht mit etwas Unterstützung durch den Tower). Als die Flüge aber länger wurden, konnte man nicht mehr garantieren, dass das Flugzeug bei Tageslicht landete. So war nicht mehr nur die Landebahn von weißem Licht gesäumt, es entstand das Landeanfluglicht. Der Anflugweg weist dem hereinkommenden Piloten den Weg zur Landebahn, oft auch das Ende der Landebahn, indem die Querstreifen immer enger werden, je näher das Ende kommt. Technologisch komplexere System werden auf Seite 78–79 beschrieben.

Oben rechts: *Diese Luftaufnahme aus dem Jahr 1968 zeigt London Heathrow aus 10.000 Meter Höhe mit den komplexen Rollfeldern, Start- und Landebahnen. Das Bild blickt ungefähr zum Zentrum von London.*

Rechts: *Im Februar 1947 landete diese Dakota mit Unterstützung des neu installierten Ground-Controlled-Approach-Radarsystems.*

Die Luftwaffe

Nach dem 1. Weltkrieg und dem Vertrag von Versailles, der am 28. Juni 1919 unterzeichnet wurde, durften die Deutschen keine Luftwaffe besitzen. In der Folge versank die deutsche Militärluftfahrt in Bedeutungslosigkeit, weil die Hersteller ihre Werke außerhalb Deutschlands bauten. So produzierte Junkers etwa in Schweden und Russland.

Unten: *Die Fieseler Fi 156 Storch besaß ausgeprägte Eigenschaften für Kurzstarts und -landungen. Als Otto Skorzeny Mussolini rettete, landete er auf einer winzigen Hotelterrasse in 2700 Meter Höhe und flog mit* Il Duce *an Bord davon.*

Ganz unten: *Kompassschwung bei einer der ersten von über 15.000 Ju 88.*

Das änderte sich mit der Machtergreifung der Nazis im Januar 1933. Die luftfahrtbegeisterten Deutschen veranstalteten riesige Flugwettbewerbe und Segelfliegertreffen und bauten eine Luftwaffe auf, die immer weiter wuchs.

Adolf Hitler und sein Reichsmarschall Hermann Göring gaben am 9. März 1935 die Existenz der Luftwaffe bekannt. Zu jener Zeit erzeugte man bereits über 190 He-51-Jäger, Do-23-Bomber und Ju-52/3m-Transportflugzeuge im Monat. 1939 produzierte man von den völlig neuen Flugzeugen – wie den Jägern Messerschmitt Bf 109 und Bf 110 und den Bomberm Do 17, He 111 und Ju 88 – 700 Stück pro Monat. Das geschah ohne Eile mit einer einzigen Schicht in den Fabriken. Während des spanischen Bürgerkriegs hatte sich die Dominanz der Luftwaffe gezeigt, deren Flugzeuge dem Kampfgeist und der Taktik der Piloten entsprachen.

Blitzkrieg in vollem Gang

Im Sommer 1939 fühlte sich Hitler stark. Die Luftwaffe würde die Politik des Blitzkrieges umsetzen. Anders als bei den Grabenkämpfen würde man die Feinde einfach mit den motorisierten Waffen – vor allem den Panzern – und der Stärke in der Luft überrennen. Nachdem Hitler das Rheinland zurückerobert, Österreich, das Saarland und das Sudetenland annektiert hatte und schließlich in die Tschechoslowakei einmarschiert war, war es Zeit für einen Krieg. Um 4.34 Uhr am 1. September, elf Minuten vor der Kriegserklärung an Polen, drehte Oberleutnant Bruno Dilley seine Ju 87B Stuka (Sturzkampfbomber) auf den Rücken, stürzte vertikal nach unten und ließ seine 550-kg-Bombe direkt auf die Dirschau-Brücke fallen. 36 Tage später war Polen Teil des Großdeutschen Reichs.

Oben links: *Eine Junkers Ju 87B-2 im Jahr 1940. Ihre Nase schmückt ein vierblättriges Kleeblatt auf einem weißen Diamanten.*

Oben: *Obwohl die Heinkel He 111 praktisch veraltet war, wurde sie während des Krieges weiter erzeugt.*

Unten: *Die Messerschmitt Bf 110 setzte sich gegen kleinere Jäger nicht durch, doch war sie ab 1942 ein bedeutender Nachtjäger mit Radarausrüstung.*

Am 9. April 1940 waren Dänemark und Norwegen an der Reihe. Dänemark kapitulierte in 24 Stunden. Großbritannien sandte See- und Luftstreitkräfte nach Norwegen, wo der erbitterte Kampf fortgeführt wurde. Alte Gloster-Gladiator-Doppeldecker operierten von einem gefrorenen See aus, waren aber bald vernichtet. Ein Blackburn-Skua-Sturzkampfbomber des Fleet Air Arm kam von den Orkney-Inseln, um bei Bergen einen deutschen Kreuzer zu versenken – was auch gelang. Am 8. Juni begann der Träger *Glorious* mit der Evakuierung der Überreste von zwei RAF-Jägergeschwadern aus Norwegen. Er wurde ohne Eskorte von zwei deutschen Kampfkreuzern erwischt und versenkt. Flugzeuge und Piloten waren verloren.

Am 10. Mai griff Deutschland im Westen an. He 111 zerstörten Rotterdam, die Holländer kapitulierten am 15. Mai. Belgien kämpfte bis zum 28. Mai, als auch der französische Widerstand bereits bröckelte. Die RAF hatte 29 Geschwader, ausgerüstet mit Hurricane-Jägern sowie Fairey-Battle- und Bristol-Blenheim-Bombern, nach Frankreich geschickt. Die Bomber wurden vernichtet. So sandten am 14. Mai die fünf Blenheim-Geschwader 37 Flugzeuge aus, von denen 28 nicht zurückkamen.

Am 31. Mai warfen Lysanders der RAF über der belagerten Garnison Calais Versorgungskisten ab. Am folgenden Tag begannen zahlreiche kleine, meist private

Schiffe Dünkirchen zu evakuieren. Am 4. Juni waren 338.000 Menschen gerettet. Die RAF bekam nur 66 von mehr als 261 Hurricanes zurück, die sie nach Frankreich geschickt hatte. Großbritannien und sein Empire kämpften alleine gegen einen übermächtigen Gegner.

Links: *Die Focke-Wulf FW 200C-0, die erste von vier, die von der Luftwaffe übernommen wurden.*

Die Schlacht um England

Die Luftschlacht um England war die erste, die einen großen Krieg entschied. Einige Jahre früher wäre ein britischer Sieg undenkbar gewesen.

Hauptfoto: *Die Hurricanes der 245 Squadron über Südengland. Die vorderste (P3101) stürzte am 29. August 1940 ab.*

Kleines Bild: *Die Hurricanes der 601 Squadron werden rasch aufgetankt. Sie waren zum Glück mit Propellern mit konstanter Drehzahl ausgerüstet.*

Unten: *Diese Messerschmitt Bf109E wurde am 24. August 1940 vom 56. Geschwader abgeschossen. Es überrascht, dass die Flügel mit MG17-, nicht mit MG-FF-Kanonen bestückt sind.*

Noch 1937 waren fast alle britischen Jäger traditionelle Doppeldecker mit Stoffabdeckung. Zum Glück konnten die britischen Konstrukteure gerade rechtzeitig mit bahnbrechenden technologischen Neuerungen aufwarten, um die Nation vor Hitler zu retten.

Die Hawker Hurricane war der erste der neuen Jäger. Der berühmte Konstrukteur Sydney Camm hatte einen Fury-Eindecker entworfen, ihn dann jedoch verworfen. Er ersetzte ihn durch einen neuen Jäger, der mit einem neuen Merlin-12-Zylinder-Rolls-Royce-Motor mit 1000 PS ausgerüstet war. Da Camm die Vorhersage des Fliegermajors Ralph Sorley aus dem Jahr 1934, dass in Zukunft in der Schlacht acht Maschinengewehre nötig wären, sehr ernst nahm, installierte er auf jedem Flügel vier amerikanische Browning-Maschinengewehre. Diese feuerten weit vor dem Propeller, sodass Synchronisation nicht mehr nötig war. Jedes Gewehr hatte 334 Schuss Munition. Der neue Hawker-Jäger war nicht nur ein Eindecker (den die RAF noch kaum kannte), er war auch mit Hydraulik für die Klappen und das einziehbare Fahrwerk *(siehe Bild auf Seite 49)* sowie einer zurückklappbaren Cockpitabdeckung ausgestattet. Die Hurricane ging mit Stoffbespannung und Holzpropeller mit fixer Neigung in Produktion.

Die Firma Supermarine in Southampton war Teil des

großen Vickers-Armstrong-Konzerns geworden. Hier setzte der Konstrukteur Reginald Mitchell seine Erfahrungen aus dem Schneider-Wettkampf bei der Entwicklung der Spitfire um, deren Prototyp er am 5. März 1936 zu testen begann. Die Spitfire hatte denselben Motor wie die Hurricane, denselben Festpropeller und dieselbe Bewaffnung. Allerdings war sie kleiner und hatte eine moderne Schalenbauweise. Außerdem hatte sie dünnere Flügel, obwohl man das erst 1943 bemerkte. Die Spitfire wird mit der Luftschlacht um England assoziiert, doch war es in Wahrheit die Hurricane, die den Sieg errang. Hawker Aircraft hatte mutig beschlossen, 1000 Flugzeuge zu produzieren, bevor noch ein Auftrag eingegangen war. Die Hurricanes gingen 1936 in Produktion und wurden Anfang 1939 auch von Gloster Aircraft in Kanada erzeugt. Die Spitfire wurde erst ab 1938 gebaut und war aufgrund der ungewohnten Struktur schwieriger zu bauen. Als die Luftschlacht um England im August 1940 begann, waren 30 RAF-Geschwader mit Hurricanes (von denen 386 in Frankreich verloren gingen) und nur 19 mit Spitfires ausgerüstet.

Der unsichtbare Verbündete

Nach den Siegen im restlichen Europa hatte die mächtige Luftwaffe einen leichten Sieg über die Briten erwartet. Der Geheimdienstchef der Luftwaffe, „Beppo" Schmidt, rechnete, dass alle Jäger der RAF in zwei Monaten zerstört werden könnten. Der Oberbefehlshaber der Luftwaffe, Hermann Göring, versicherte Hitler, dass es schneller gehen würde. Die Luftschlacht war der Schlüssel zur Invasion. Hitler würde nicht in Großbritannien einmarschieren, solange die Briten noch die geringste Überlegenheit in der Luft hatten.

Der wichtigste Faktor der Schlacht befand sich auf dem Boden, nicht in der Luft. 1936 war der schottische Wissenschafter Robert Watson Watt gefragt worden: „Gibt es so etwas wie einen Todesstrahl?" Er antwortete: „Nein, aber man könnte ein Funksystem zur Entdeckung und Auffindung von Flugzeugen erfinden." Das Ergebnis war das erste defensive „ra(dio) d(etecting) a(nd) r(anging) system" oder Radarsystem, das an Englands Ost- und Südküste errichtet wurde.

Zwischen August und Oktober 1940 schossen die RAF-Jäger 1219 Angreifer der Luftwaffe ab. Davon konnten 34 keinem Geschwader zugeordnet werden. Von den restlichen wurden 656 von Hurricanes und 529 von Spitfires abgeschossen. Von den deutschen Flugzeugen waren 473 Bomber, 504 Bf 109 und 208 Bf 110.

Die Deutschen waren überrascht, dass die RAF Ende September stärker als je zuvor war, obwohl sie 814 Jäger verloren hatte. Daraufhin gaben sie die Tagbombardements auf und begannen eine lange und schreckliche Bombardierung bei Nacht. Dieser „Blitz" hielt an, bis Deutschland im darauf folgenden Sommer die UdSSR angriff.

Oben: *Piloten der 504 Squadron laufen zu ihren Hurricane Mk I – Vorbereitung der „Festung Großbritannien" auf eine Invasion von jenseits des Ärmelkanals, zu der es nie kam.*

Unten links: *Die verlassenen Strände und Wiesen der englischen Südküste gewöhnten sich an den Anblick von abgeschossenen Bf 109.*

Unten: *Die Spitfires wurden zum Sargnagel der Luftwaffe. Schließlich änderten die Nazis ihre Taktik, hörten mit dem Bombardement der Flugplätze der RAF auf und begannen mit dem „Blitz" auf London.*

RAF-Bomber

Für den „Vater der RAF“, Sir Hugh Trenchard, war der Bomber die dominierende Waffe. Premierminiser Baldwin dachte, dass „der Bomber immer durchkommt“. Das waren aber eher theoretische Ansichten, als die RAF kein Geld bekam. Ab 1937 setzte die Massenproduktion von neuen, effizienten Eindeckern ein, darunter Fairey Battle (ein Merlin-Triebwerk), Bristol Blenheim (zwei Mercury-Motoren), HP Hampden (zwei Pegasus), Vickers Wellington (zwei Pegasus) und AW Whitley (zwei Merlin).

Am 18. Dezember 1939 sandte man 24 Wellingtons zu einem sinnlosen „bewaffneten Aufklärungsflug“ nach Wilhelmshaven. Der britische Geheimdienst wusste nicht, dass die Deutschen ebenfalls Radar besaßen. Die Bomber wurden von Bf 109 und Bf 110 abgefangen. Innerhalb weniger Minuten schossen sie zwölf Flugzeuge ab. Nur zwei kehrten unbeschädigt heim. Im Mai 1940 erlitten die Battles und Blenheims eine vernich-

Links: *Eine Formation von Vickers-Wellington-Bombern der No. 9 Squadron der RAF fliegt über England.*

Rechts: *Der erfolgreichste schwere Bomber der Briten, die Avro Lancaster, auf einem Foto vom 9. September 1942.*

Kleines Bild links: *Der Fairey-Battle-Bomber.*

Oben: *Experten wollten nicht glauben, dass ein unbewaffneter Bomber aus Holz nützlich sein konnte. Dennoch siegte die de Havilland Mosquito in allen Situationen, darunter bei Präzisionsangriffen, Nachtkämpfen, Transporten, Angriffen mit schwerem Geschütz und Langstreckenaufklärungsflügen. Von dieser B.IV wurden 7781 erzeugt.*

Links: *Eine riesige Stirling wird am 16. Januar 1942 mit Bomben bestückt. Sie war eine von vielen, die Bremen, Emden und Hamburg angriffen.*

Rechts: *Die Short Sunderland wurde von der Luftwaffe „Stachelschwein" getauft. Eine schoss bei einem Angriff von drei Ju 88 zwei ab.*

tende Niederlage. Deshalb beschloss die RAF, bei Nacht anzugreifen. Nach einer Mission meinte ein Navigator: „Wir waren verloren, als wir den Flugplatz verließen."

1940 bekam die RAF viel stärkere viermotorige Bomber. Es hieß, dass die riesige Short Stirling (vier Hercules-Motoren) der größte Bomber würde. Mit einer Spannweite von unter 30 Metern konnte sie nicht über die meisten Flak (Flugabwehrkanonen) steigen und wurde schwer getroffen. Die HP Halifax (vier Merlin-Motoren) flog höher. 1943 lag ihre Flügelspannweite bereits bei 32 Metern, und die Hercules-Motoren waren stärker. Von der Halifax wurden insgesamt 6178 Stück produziert.

Das beste Flugzeug war wohl die Avro Manchester. Sie war schneller, in der Herstellung günstiger und hatte eine Bombenzelle, die 1812, 3624 oder 5436 kg Bomben aufnehmen konnte. Die Spannweite des Prototyps betrug 23 Meter, erzeugt wurden Bomber mit 31 Metern. Sie war mit zwei Rolls-Royce-Vulture-Triebwerken ausgestattet, die später gegen vier zuverlässigere Merlin-Motoren ausgetauscht wurden. Die Spannweite erhöhte man auf 34 Meter. Von dem Bomber wurden 7377 Stück erzeugt.

Die Dambuster

Einige spätere Lancaster wurden für Spezialwaffen adaptiert. Die berühmte 617 Squadron wurde mit einer riesigen Trommel ausgerüstet, die auf einem kreisenden Schaft montiert war und vor dem Abschuss mit hoher Geschwindigkeit rotierte. Als die Bomben am 17. Mai 1943 aus nur 18 Meter Höhe abgeworfen wurden, rasten sie über die Wasseroberfläche bei den gigantischen Dämmen Möhne und Eder, überquerten die schützenden Stahlnetze und explodierten direkt vor den Dämmen, die brachen. Am 12. November 1944 trugen andere Lancaster 5436-kg-Bomben, die das riesige Kriegsschiff *Tirpitz* versenkten. 1945 wurden riesige Viadukte von 9966 kg schweren „Earthquake"-Bomben zerstört.

Im Dezember 1940 flog de Havilland den Prototyp Mosquito. Experten meinten, dass ein Bomber aus Holz ohne Waffenstände zur Verteidigung lächerlich wäre. De Havilland versicherte jedoch, dass der Bomber mit zwei Merlin-Motoren schneller wäre als die feindlichen Jäger. Bald darauf ließ die Mosquito IV Bomben mit 906 kg Gewicht bei Tag punktgenau fallen, und auch die radarbestückten Nachtjäger waren bald tödlich. Spätere Mosquitos hatten 1812 kg Bomben geladen, andere machten Aufklärungsflüge in ganz Europa. Es wurden insgesamt 7781 Stück erzeugt.

Auch die großen Sunderland-Wasserflugzeuge der RAF konnten Bomben aufnehmen. Sie wurden im Rumpf gelagert und bei Bedarf auf Schienen unter den Flügeln mit Winden gehoben. Meist führten die Wasserflugzeuge große Minen, U-Boot-Abwehrbomben und Wasserbomben mit.

Barbarossa

1941 knackten die Briten den Enigma-Code der Deutschen. Nachdem sie viele geheime Nachrichten über die geplante Invasion der Sowjetunion (Codename „Barbarossa“) entschlüsselt hatten, warnten sie Stalin. Die Warnungen wurden großteils ignoriert. Am 22. Juni 1941 zerstörte die Luftwaffe mehr als 1800 Flugzeuge der Sowjets.

Links: *Die ersten Lawochkin La-5, LaGG-3, hatten den hervorragenden 1600 PS starken ASh-82FN-Kreiskolbenmotor.*

Fast alle sowjetischen Flugzeug- und Motorenfabriken lagen westlich von Moskau. Bei ihren Vorstößen kreisten die Deutschen immer wieder sowjetische Truppen ein. In wenigen Wochen standen die Panzer vor Moskau. Die UdSSR schien verloren zu sein. In der Luft waren die noch vorhandenen I-15- und I-16-Jäger und die SB- und TB-3-Bomber zu schwach. In nur drei Wochen waren die sowjetischen Truppen halbiert. Durch übermenschliche Anstrengungen verlegten die Sowjets Fabriken, Arbeiter, Rohstoffe und Geräte über den Ural nach Osten, obwohl es keine Schienen oder Straßen gab. Langsam lief die Produktion von neuen Yak-1- und LaGG-3-Jägern, taktischen Pe-2-Bombern und der Il-2-Stormowik an, die vor allem Panzer zerstören sollte. In der Folge wurden von der Il-2 mit 36.163 Stück mehr Exemplare erzeugt als von jedem anderen Flugzeug.

Unten: *Die Il-2 Stormowik war das verbreitetste Flugzeug der Geschichte. Hier ist eine zweisitzige Il-2M3 zu sehen.*

Oben: *Der verbreitetste sowjetische Jäger, die Yak-9, war ein kleines Flugzeug aus Holz mit großem Motor. Hier sind 9D-Langstreckenflugzeuge eines Garderegiments abgebildet.*

Einige Jäger waren mit 37- oder 45-mm-Gewehren bestückt. Außerdem hatte man fast unbemerkt vom Rest der Welt drallstabilisierte Raketen mit 82 und 132 mm entwickelt, die großteils zur Panzerabwehr dienten. Diese Raketen wurden neben anderen ungewöhnlichen Waffen wie kleinen Streubomben, die in Schächten unter den Flügeln mitgeführt wurden, immer effektiver von sowjetischen Kampfflugzeugen eingesetzt.

Links: *Die Focke-Wulf Fw 190 war der Bf 109 fast in jeder Hinsicht überlegen. Dennoch wurde sie in kleinerer Zahl erzeugt (etwa 20.000). Diese Fw-190G-3-Angreifer flogen Anfang 1944 über Rumänien.*

Links: *Diese Henschel Hs 129B wurde nach ihrer Erbeutung fotografiert; sie führt ihre Riesenbomben nicht mit.*

Rechts: *Zwei Ansichten der riesigen Messerschmitt Me 323. Das obere Flugzeug war der zweite Prototyp, ein umgebauter Me-321-Lastensegler. Unten ist eine 323D-2 mit französischen GR14N-Triebwerken und Festpropellern zu sehen.*

Unten: *Diese He 177A-3/R1 flog mit KG40 von Chateaudun in Frankreich gegen England. Der DB-606-Doppelmotor fing leicht Feuer.*

Die Russen schlagen zurück

Die neueren sowjetischen Jäger wie die Yak-9 und die La-5 waren relativ klein, doch mit ihren riesigen Motoren äußerst leistungsstark. Allerdings waren sie sehr schwierig zu fliegen. Die Landung mit hoher Geschwindigkeit auf unbefestigten Landebahnen (oder, wenn es zu sumpfig war, auf eng gelegten Tannenstämmen) war nichts für schwache Nerven. Dennoch brachten die sowjetischen Flugschulen, die mit dem Po-2-Doppeldecker und vor allem dem UT-2-Eindecker ausgestattet waren, immer mehr Piloten hervor. Die hastig errichteten Fabriken in Sibirien erzeugten die stark überlegenen neuen sowjetischen Jäger *(siehe Seite 72)*. 1943 war Russland bereit.

Die riesige Luftwaffe, die ursprünglich den Himmel über der 2880 km langen Ostfront dominiert hatte, erhielt ebenfalls Panzerabwehrflugzeuge mit riesiger Kanone. Dazu zählten die Ju 87G und die neu konstruierte Henschel Hs 129B. Wie die Ju-88P-Serie und einige He-177-Bomber waren sie mit 75-mm-Hochgeschwindigkeitsgewehren ausgerüstet. Trotz dieser Entwicklungen und der Bemühungen der Bodentruppen stagnierte die Frontlinie.

Die östlichste Stadt, in die die Deutschen einmarschierten, war Stalingrad an der Wolga. Nach kleinen Erfolgen waren hier über 250.000 Deutsche eingeschlossen. Sie erhielten Lufthilfe, doch konnte die Luftwaffe nicht die 500 Tonnen Hilfsgüter liefern, die täglich nötig waren. Im Januar 1943 ergaben sich die Überlebenden. Das war die größte Niederlage der Deutschen im Krieg. Mehr als 490 Transportflugzeuge wurden in Stalingrad verloren. Darunter waren 266 Ju 52/3m und viele riesige Me 323. Außerdem verloren die Deutschen Bomber wie die He 111. Stalingrad zeigte noch deutlicher als die Luftschlacht um England, dass die scheinbar unbesiegbaren deutschen Truppen verwundbar waren.

Die aufgehende Sonne

Obwohl Japan in den 30er Jahren große Luftschlachten austrug, ignorierte der Westen die Luftstärke der Japaner. Zu Beginn des 2. Weltkriegs dachte man, dass die japanischen Flugzeuge minderwertige Kopien der westlichen Modelle seien. Das war ein Fehler. Die japanischen Kampfflieger, die im Pazifik verheerenden Schaden anrichteten, zählten zu den besten der Welt.

Unten: *Die Kawasaki Ki-45 war ein guter Nachtjäger; einige Exemplare hatten Radar. Dieses hier hat zwei Kanonen, die nach oben schießen.*

Rechts: *Eine erbeutete Mitsubishi G4M2a, ein weiteres Beispiel für den Verzicht auf Schutz, in diesem Fall zugunsten einer außergewöhnlichen Reichweite.*

Unten: *Die Nakajima Ki-43 war der verbreitetste Jäger der Armee, die auch hier ihrer Philosophie treu blieb, Leistung, Bewaffnung und Panzerung einer außerordentlichen Wendigkeit zu opfern.*

Die japanischen Luftstreitkräfte bestanden aus Kaiserlicher Armee und Marine. Jede Gruppe hatte ihre eigenen Flugzeuge und testete neue Modelle selbst. Generell zeichnete sich die japanische Luftfahrt jener Zeit durch moderne Eindecker in Schalenbauweise mit freitragenden Flügeln und den Radialmotoren mit Luftkühlung aus. Die japanischen Jäger sollten wendig sein und reduzierten Bewaffnung und Panzerung, um so leicht zu bleiben wie die Konstruktionen der Alliierten. Aufgrund der riesigen Entfernungen im Pazifik war für die Bomber der Armee Reichweite wichtig, während die Marine hervorragende Wasserflugzeuge und größere Flugboote wollte und bekam, von denen einige so gut wie Jäger waren.

Ende der 30er Jahre war der wichtigste Jäger der Armee die Nakajima Ki-27. In der Marine herrschte die Mitsubishi A5M vor *(siehe Foto auf Seite 40)*. Beide waren kleine Eindecker in Schalenbauweise mit 650 PS starken Motoren, einem offenen Cockpit und zwei synchronisierten Maschinengewehren. Mit einer Geschwindigkeit von 450–467 km/h waren sie schneller als alle europäischen Jäger jener Zeit. Aufgrund ihres geringen Gewichts waren sie so wendig wie die kleineren Doppeldecker, auf die sie in China trafen.

Unten links: *Die Mitsubishi Ki-67 Hiryu (Flugdrache) war wohl der beste Armeebomber. Die viermotorigen Modelle wurden nie produziert.*

Unten rechts: *Die Japaner verwendeten die Wasserjäger gerne. Die Kawanishi N1K Kyofu (Mächtiger Wind) zählte zu den besten. Aus ihr ging ein ebenso hervorragender Landjäger hervor.*

Langstreckenbomber

Mitsubishi erzeugte auch die zwei wichtigsten Bomber jener Zeit. Die Ki-21 der Armee ging 1938 mit zwei 1000 PS starken Motoren in Produktion; 1940 erhöhte man auf 1500 PS. Die G3M der Marine war gleich stark, doch langsamer, und sie flog weiter. Die verschiedenen Modelle hatten anfangs eine Reichweite von 4345 km, Ende 1941 bereits von 6276 km. Keiner der Bomber besaß einen elektrischen Gewehrstand. Zur Verteidigung dienten von Hand bediente Maschinengewehre und bei den meisten G3M eine 20-mm-Kanone.

Im Dezember 1941 war die britische Royal Navy von der großen Reichweite der G3M2 schockiert. Sie hatte die mächtige *Prince of Wales* und die *Repulse* aus der Reichweite der schützenden Jäger geschickt. Die beiden großen Kriegsschiffe wurden von G3M mit der Unterstützung von 26 neuen G4M versenkt. Diese waren so groß wie die G3M, doch hatten die G4M1-Motoren mit 1530 PS, später mit 1825 PS. Die Bewaffnung wurde durch eine 20-mm-Kanone an der Seiten- und Heckflosse ergänzt. Wie die G3M konnte die G4M anstatt der Bomben einen Torpedo aufnehmen. Der größte Nachteil der G4M, die von den Alliierten „Betty" genannt wurde, war das Fehlen von Panzerschutz und selbst versiegelnden Tanks. Deshalb nannten sie die amerikanischen Piloten „ehrenwertes Ein-Schuss-Feuerzeug".

Im September 1940 trat der neue Jäger der Marine, die Mitsubishi A6M, über China in Aktion. Sie war größer als die A5M, hatte einen 1000-PS-Motor, ein einziehbares Fahrwerk und zwei Maschinengewehre sowie eine 20-mm-Kanone an jedem Flügel. Die Alliierten entdeckten sie 1942 und tauften sie Zeke, doch jeder nannte sie Zero. Bald merkte man, dass die leichte Zero im Nahkampf gegen alliierte Flugzeuge wie die P-40 und die Hurricane tödlich sein konnte.

Durch Pearl Harbor hatte der Westen Respekt vor den japanischen Flugzeugen. Dieser Respekt galt bald auch Modellen wie der H8K (Emily), die als bestes großes Flugboot des Krieges gilt.

Unten rechts: *Ein weiteres hervorragendes Modell war das Flugboot Kawanishi H8K, mit einer Bestückung von fünf Kanonen und fünf Maschinengewehren.*

Lins und unten: *Die Geißel des Pazifiks, die Mitsubishi A6M, „Zero".*

Die Jäger der USAAF

Nach dem Schock und der Zerstörung von Pearl Harbor rüsteten die USA auf. Die Flugzeugindustrie lernte wichtige Lektionen aus der Katastrophe im Pazifik und aus den Erfahrungen der Briten mit der deutschen Luftwaffe. Eilig begannen die amerikanischen Flugzeugfirmen mit der Entwicklung einer neuen Generation von Jägern und Bombern.

Oben: *Die Curtiss P-40 und ihr Zwilling, die Tomahawk, flogen für die britische RAF (links), die Kittyhawk für die US Air Force (rechts).*

In den Tagen der stoffbedeckten Doppeldecker produzierten vor allem Boeing und Curtiss für die US Army. Boeing lieferte den ersten Eindecker für die Armee, die P-26, die aber verdrahtet war und ein fixes Fahrwerk hatte. Das erste Modell in Schalenbauweise mit einziehbarem Fahrwerk, Klappen, geschlossenem Cockpit und einem 1000 PS starken Motor mit Gehäuse war die Curtiss Hawk 75 oder P-36. 1937 wurde sie für mehrere Länder produziert.

Aus der P-36 entstand die P-40 mit einem 1150 PS starken Allison-Motor mit Flüssigkeitskühlung. Dieses Flugzeug kaufte die RAF als Tomahawk, in späteren Modellen als Kittyhawk. Spätere P-40 mit Packard-V-1650-Motor (Merlin) waren mit sechs 1,3-cm-Gewehren bestückt. Sie waren harte Jäger-Bomber und trugen später drei 227-kg-Bomben. Von der P-40 wurden insgesamt 13.738 Stück produziert. Nach einigen Fehlschlägen verschwand Curtiss vom Flughimmel.

Curtiss wurde rasch ersetzt. Von Beginn an konzentrierte sich Seversky auf schnelle Eindecker mit freitragenden Flügeln. Unter dem Namen Republic erzeugte die Firma 1940 die P-43. Um diese Zeit arbeitete man an einem beträchtlich größeren, stärkeren Jäger, der P-47. Nach den Erfahrungen mit den Luftkämpfen über Frankreich und Großbritannien war der Jäger mit einem 2000 PS starken Pratt-&-Whitney-R-2800-Double-Wasp-Motor mit einer Leitung zu einem Turbosuperlader unter dem Heckrumpf ausgestattet. Die P-47 war mit acht Furcht einflößenden 1,27-cm-Kalibern bestückt. Von der P-47 Thunderbolt wurden mehr Stück erzeugt als von jedem anderen amerikanischen Jäger. Die späteren Modelle hatten eine Glashaube und konnten schwere Bomben oder zehn 12,7-cm-Raketen tragen.

Rechts: *Bei der Bell P-39 Airacobra lag der Motor hinter dem Piloten.*

Unten: *Ein Flug der Republic P-47.*

Kampfflugzeuge für die Alliierten

Anfang der 30er Jahre baute Consolidated schlanke ein- und zweisitzige Jäger für die Armee und Flugboote für die Marine. 1935 zog die Firma vom kalten Buffalo ins sonnige San Diego um, doch blieb Larry Bell zurück und gründete seine eigene Firma. Er konzentrierte sich auf unkonventionelle Jäger. Die P-39 Airacobra ging in Produktion. Sie hatte ein Dreibein-

fahrwerk und den Allison-Motor in ihrem Schwerpunkt hinter dem Cockpit, um die Manövrierfähigkeit zu steigern. Viele der 9558 Airacobras gingen nach Russland, ebenso 2421 der 3303 P-63 Kingcobras.

Im April 1940 erteilte Großbritannien der North American Aviation (NAA) den Auftrag, die P-40 für die RAF zu produzieren. Die NAA meinte, sie könnte noch bessere Jäger bauen. Ergebnis war die Mustang, die in Aerodynamik und Struktur die Nachfolgegeneration der P-40 darstellte. Angetrieben wurde sie von einem Allison-Motor, der schwächer war als der Merlin der Spitfire V, doch war sie 56 km/h schneller, obwohl sie mehr als die doppelte Treibstoffkapazität hatte. 1943 hatte die US Army Air Force (USAAF) die Mustang als P-51 gekauft, die mit Merlin-Motor von Packard in Produktion ging. Daraus entstand einer der besten Jäger mit Kolbenmotor, der die Luftwaffe sogar über Berlin besiegte. Von der Mustang wurden 15.586 Stück gebaut.

Im Jahr 1936 begann Lockheed mit der Entwicklung eines Hochleistungsjägers – der P-38 Lightning. Pilot und Gewehre befanden sich in einer Zelle in der Mitte, das Heck ruhte auf langen Zwillingsauslegern hinter den beiden Allison-Motoren. Spätere Modelle wurden von Radiatoren in den Auslegern gekühlt und mit Turbosuperladern ausgerüstet, die den Flug der P-38 unheimlich ruhig machten. Einschließlich der F-5-Fotomodelle wurden insgesamt 10.037 Stück der Lightning erzeugt.

Oben: *Die höchst erfolgreiche P-51D Mustang aus Nordamerika.*

Unten: *Der Lockheed-P-38-Langstreckenjäger war erstaunlich leise (da die Abgase durch Turbosuperlader auf den Bugauslegern entwichen). Dieses Flugzeug war leicht zu erkennen. Bei dieser P-38H ist ein Allison-V-1710-Motor ausgefallen.*

USAAF-Bomber

In den 20er und 30er Jahren lagen nur Kanada und Mexiko in Reichweite der USAAF. Da keines dieser Länder angreifen würde, konzentrierte man sich auf die Invasion einer „feindlichen Flotte" – auch nicht wahrscheinlicher als ein Bombardement durch die Nachbarn. 1935 kamen Aktivitäten in Gang, die die Bombergeschwader zu den mächtigsten der Welt machten.

Oben: *Die Boeing B-17C Fortress und* (kleines Bild) *die spätere B-17G starten von einem britischen Flugplatz zu einem Bombenangriff.*

Unten: *Die Consolidated B-24 Liberator zeigt ihre Höhenflosse.*

Die riesige Boeing XB-15 blieb ein Prototyp. Von der B-17 Fortress verkaufte dieselbe Firma eine geringe Stückzahl (obwohl die meisten Bestellungen für die Douglas B-18 eingingen, die auf der DC-2 basierte). Sie wurde von vier 1200 PS starken Wright-R-1280-Cyclone-Motoren mit Turbosuperladern angetrieben und flog schnell und hoch. Trotz der Kosten wurden verbesserte Versionen bestellt. 1941 kaufte die RAF einige. Die Erfahrungen zeigten, dass schwere Bewaffnung nötig war, wenn die USAAF-Politik der massiven Bombardierung bei Tag Erfolg haben sollte. 1942 war die B-17E mit zehn 1,27-cm-Gewehren in Produktion.

Ihr Nachfolgemodell war die B-17F mit noch schwereren Geschützen. Trotz gelegentlicher Verluste drangen riesige Formationen der B-17 aus der 8th Air Force in Nazideutschland ein und griffen hunderte wichtige Ziele an. Andere Modelle der B-17, von der 12.731 Stück produziert wurden, flogen in aller Welt.

Im Dezember 1939 startete die völlig anders konstruierte Consolidated B-24 Liberator. Sie hatte einen 1200 PS starken Pratt-&-Whitney-R-1830-Twin-Wasp-Motor mit Turbolader, einen kompakten Rumpf, eine erstaunlich hohe Höhenflosse (schlankes Design), ein Dreiradfahrwerk und zwei ovale Seitenflossen. Obwohl Geschwindigkeit, Feuerkraft und Tragekapazität keine Verbesserung zu der B-17 darstellten, wurden von der B-24 noch mehr Stück bestellt. Zählt man die Transport-, Foto- und anderen Versionen hinzu, kommt man auf eine Stückzahl von 19.203. Sie flogen überall, vor allem aber im Pazifik, wo sie durch ihre Reichweite entferntere Ziele erreichten als die B-17.

Abwurf der Atombomben

Ab 1938 erzeugte die rasch wachsende amerikanische Industrie eine Vielzahl von hervorragenden zweimotorigen Bombern. Douglas nahm von Frankreich Bestellungen für die 480 km/h schnelle DB-7 entgegen. Die Bomber gingen jedoch an die RAF, die sie Boston taufte. Die spätere A-20 Havoc enthielt Nachtjäger mit Radarausrüstung und Bomber mit einem Waffenstand auf der Seitenflosse. Das Marinewerk in El Segundo konstruierte für die USAAF die hervorragende A-26 Invader mit 600 km/h (später in B-26 umbenannt). Für die RAF erzeugte Martin die Maryland und die

Oben: *Im Dienst der RAF hieß die Douglas DB-7 bei britischen Piloten Boston.*
Links: *Später wurde sie auf A-20 Havoc umgetauft.*

Dieses Bild:
Im April 1942 kam die North American B-25 Mitchell in die Schlagzeilen, als eine kleine Truppe unter der Leitung von Jimmy Doolittle vom Deck der USS Hornet *abhob, um Tokio zu bombardieren. Dieses Foto zeigt die viel spätere B-25J.*

Unten: *Sobald die Piloten die Martin B-26 Marauder fliegen lernten, war das Flugzeug gut. Allerdings mussten die Piloten aufmerksam bleiben.*

Ganz rechts: *Die Boeing B-29 Superfortress bot der Crew die Vorteile einer Druckkabine.*

Unten: *Die B-29* Enola Gay *warf am 6. August 1945 die Atombombe auf Hiroshima ab. Auf diesem Foto parkt die* Enola Gay *ein Jahr später auf dem Flugplatz La Guardia in New York.*

Baltimore, für die USAAF 5157 Stück der B-26 Marauder. Sie war schwierig zu fliegen, doch stürzten auf der Maschine ausgebildete Piloten kaum ab. North American lieferte 9816 B-25 Mitchells. Dieses tolle Flugzeug trug nicht nur Bomben, sondern auch 14 Gewehre mit 12,7-mm- und eines mit 75-mm-Kaliber.

1942 testete Boeing den Prototyp des fortschrittlichsten Flugzeugs. Die B-29 Superfortress war mit 2200 PS starken Wright-R-3350-Motoren mit je zwei Turbos ausgerüstet. Die Crew saß bequem in den Druckkabinen. Bei Geschwindigkeiten von 480 km/h und einer Höhe von 11.600 Metern war die B-29 schwer abzufangen. So kamen auch nur wenige Jäger mit ihren fünf Gewehrständen in Kontakt. Die B-29 warfen im August 1945 die Atombomben auf Japan ab und beendeten so den 2. Weltkrieg. Danach erzeugte Boeing die B-50, eine B-29 mit 3500 PS starken Pratt-&-Whitney-R-4360-Wasp-Major-Motoren.

US Navy und Marines

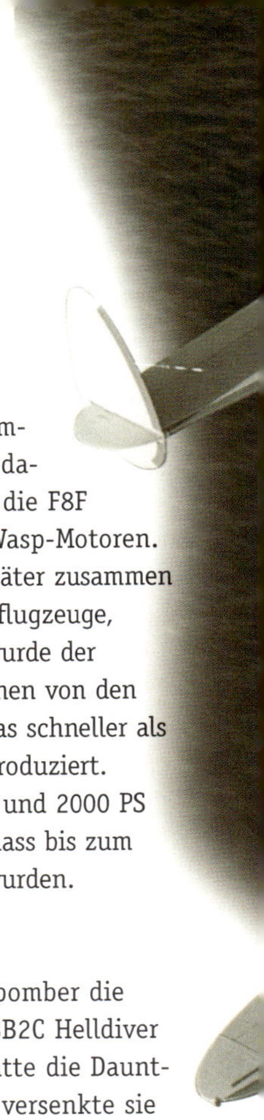

Ab den 20er Jahren bestand die Luftstärke der Navy aus zwei Teilen. An der Küste waren Flugzeuge jeder Größe sowie große Wasser- und Landflugzeuge stationiert. Diese wurden zum Transport und zur Patrouille, also zu bewaffneten Aufklärungsflügen vor der Küste, eingesetzt. An Bord der Flugzeugträger befanden sich relativ kleine einmotorige Flugzeuge wie Jäger, Sturzkampfbomber und Torpedobomber.

Mitte der 30er Jahre wurden die stoffbedeckten Doppeldecker langsam durch stromlinienförmige Eindecker ersetzt. Die Motorleistung stieg von 500 auf 1000 PS, in den Entwürfen sogar auf 2000 PS. Seit der Gründung 1929 hatte sich Grumman auf leistungsfähige Jäger für Marineträger konzentiert. Meist handelte es sich dabei um Doppeldecker mit einziehbarem Fahrwerk. 1936 wurde die F4F rasch zu einem Eindecker umgebaut. Daraus entstanden 7896 Wildcats, die 1942 zu den wenigen Flugzeugen der Alliierten zählten, die gegen japanische Jäger bestanden.

1942 flog Grumman die F6F Hellcat (2000-PS-Double-Wasp-Motor), die endlich die Japaner vom Himmel holte. Grumman lieferte in 30 Monaten 12.275 F6F, danach die zweimotorige F7F Tigercat und die F8F Bearcat. Alle Flugzeuge hatten Double-Wasp-Motoren.

In den 30er Jahren lieferte Vought (später zusammen mit Sikorsky) verschiedene Beobachtungsflugzeuge, Aufklärer und Sturzkampfbomber. 1940 wurde der Prototyp des XF4U-Corsair-Jägers (abgesehen von den Rennflugzeugen) zum ersten Flugzeug, das schneller als 640 km/h flog. Ab 1942 wurde die F4U produziert. Dieses Ungeheuer mit gebogenen Flügeln und 2000 PS starkem Double-Wasp-Motor war so gut, dass bis zum Koreakrieg 12.571 Stück davon erzeugt wurden.

Sieg im Pazifikkrieg

Im 2. Weltkrieg standen als Sturzkampfbomber die Douglas SBD Dauntless und die Curtiss SB2C Helldiver auf den Flugzeugträgern bereit. Zwar hatte die Dauntless nur einen Motor mit 1200 PS, doch versenkte sie mehr japanische Schiffe als alle anderen Flugzeuge

Unten: *Die Grumman F4F Wildcat, aus einem Doppeldecker entstanden, war der erste Jäger, der gegen die Japaner bestehen konnte. Die Erfolge hielten bei der nächsten Generation, der F6F Hellcat,* **rechts**, *an. Hier fliegt sie mit zwei anderen Flugzeugen in Formation.*

Links: *Mit dieser Vought F4U Corsair der US Navy schoss Hauptmann Ira C. Kepford (an der Steuerung) im Südpazifik 16 japanische Flugzeuge ab. Kepfords Geschwader (mit den Insignien Totenkopf und überkreuzte Knochen) zerstörte 154 japanische Flugzeuge und versenkte fünf feindliche Schiffe und 16 Barkassen in 76 Tagen. Kepford wurde für „außerordentliche Leistungen" der Fliegerorden Distinguished Flying Cross verliehen.*

Links: *Aus diesem Winkel sieht man gut die gebogenen Flügel der Vought F4U Corsair.*

Unten links: *Aus der Lodestar Lockheed ging die Ventura mit R-2800-Motoren für die Briten hervor. Das Folgemodell PV-1,* **oben,** *wurde für die US Navy produziert.*

zusammen. Die ursprünglich ungeliebte Helldiver entwickelte sich rasch zu einer wertvollen Waffe im Kampf gegen die Japaner. 1941 flog die US Navy den Torpedobomber Douglas TBD. Diese empfindliche Maschine mit 800 PS wurde rasch durch die Grumman TBF Avenger mit einem Wright-R-2600-Motor mit mehr als doppelt so viel PS ersetzt. Die neuesten der 9939 Avenger dienten noch lange nach dem Krieg.

Unter den Landbombern und Patrouillenflugzeugen befanden sich viele zweimotorige Lockheeds, darunter die britische Hudson, die PV-1 Ventura und die PV-2 Harpoon. Alle PV waren mit 2000 PS starken Double-Wasp-Motoren ausgestattet.

In den 20er Jahren konstruierte und baute die Naval Aircraft Factory Wasserflugzeuge, von denen einige Privatfirmen zur Massenproduktion übergeben wurden. In den 30er Jahren bauten nur noch zivile Unternehmen Wasserflugzeuge. 1935 erhielt Consolidated einen Vertrag für ein Patrouillenwasserflugzeug. Daraus ging die PBY Catalina hervor, das weitaus wichtigste Wasserflugzeug des 2. Weltkriegs mit 3290 gelieferten Exemplaren. Der einzige nennenswerte Rivale war der Martin PBM Mariner, ein schwereres Gerät mit 1900 PS starken Wright-R-2600-Cyclone-Motoren. Davon wurden 1325 Stück erzeugt. Consolidated produzierte auch 216 große PB2Y-Coronado-Wasserflugzeuge mit vier Motoren und 739 PB4Y-Privateer-Langstreckenpatrouillenflugzeuge auf Basis der B-24.

Oben und unten: *Das bekannteste und wichtigste Wasserflugzeug des 2. Weltkriegs, die Consolidated PBY Catalina.*

Unten: *Martins Rivale zur Catalina war die PBM. Beachten Sie die Radar-„Hundehütte“ hinter dem Cockpit.*

D-Day

Ab 1942 hatten sich die kommunistischen Aktivisten in Großbritannien für eine zweite Front stark gemacht, um durch eine Invasion in Westeuropa den Druck von der russischen Armee zu nehmen. Zu dieser Zeit wäre das tödlich gewesen. Doch 1944 war die Armee durch den Aufbau der amerikanischen Streitkräfte in Europa stark genug, um eine Seeinvasion zu versuchen. Dafür mussten die Luftstreitkräfte verstärkt werden.

Hauptbild unten: *Vorbereitung auf die Rückkehr des Kampfes nach Europa: Die Hawker Typhoon der 183 Squadron flog Merrick Hyman. Die Typhoon wurde nur selten von den Bf 109G* **(kleines Bild oben)** *oder den Fw 190D-9* **(kleines Bild unten)** *der geschwächten Luftwaffe*

Im Mai 1944 wirkte ganz Südengland wie ein Parkplatz für Truppen, Fahrzeuge und Flugzeuge. Von 4. bis 5. Juni wurden auf über 15.000 Flugzeuge der Alliierten auffällige schwarze und weiße Streifen gemalt, damit sich die befreundeten Piloten erkannten. Am 6. Juni landeten schließlich britische und amerikanische Fallschirmjäger in der Normandie in Nordfrankreich. Gleichzeitig machten sich über 7000 Schiffe von britischen Häfen aus in die Normandie auf.

An den Kämpfen des ersten Tages nahmen 11.590 alliierte Flugzeuge mit „Invasionsstreifen" teil. Die Luftwaffe sah man kaum. 61 Spitfire-Staffeln, die meisten mit den schnellen Mk IX, zerstörten die meisten Bf 109G und Fw 190, die in ihre Nähe kamen. Tag und Nacht machten 22 Staffeln von Mosquito-Jägern dasselbe. Die 43 Gruppen der 9th US Air Force, von denen die meisten P-47, B-26 und C-47 flogen, beschossen

Oben: *Spitfire IX der 316 Squadron.* Kleines Bild: *Im Flug. Es handelte sich um ein polnisches Geschwader (beachten Sie die polnische Inschrift an der Nase).*

Ganz oben: *Die de Havilland Mosquito FB.VI trägt acht Raketen.*

Oben rechts: *Drei große Airspeed Horsas gleiten bei den Vorbereitungen auf den D-Day in Formation.*

taktische Ziele im gesamten Invasionsgebiet. Die Formationen der RAF flogen gefährlich niedrig. Sie warfen dünne Metallfolie ab, die sich langsam öffnete und auf den deutschen Radarschirmen wie eine riesige Invasion auf dem Weg zum Pas de Calais wirkte (hier erwarteten die Deutschen die Invasion).

Bald zeigte sich, dass die Typhoon das beste Flugzeug war. Sie flog hervorragend in geringer Höhe und die Panzerabwehrraketen vernichteten die deutschen Panzer. Erwischte man eine Panzerdivision wie die 2. SS-Division bei Tageslicht (was selten vorkam), wurde sie völlig vernichtet.

Landung der Alliierten

Viele tausende alliierte Fallschirmjäger landeten. Noch viele tausende mehr wurden mit Fahrzeugen und leichten Panzern mit Horsas und Hamilcars eingeflogen. CG-4-Segelflugzeuge wurden von Dakotas, Albemarles, Halifaxes und Stirlings gezogen. Mit dem Rückzug der deutschen Truppen konnten das RAF-Regiment, die US Army und die US-Marine die Flugfelder besetzen und benötigten nicht mehr die Landebahnen an den Stränden, die sie in den ersten Stunden rasch vorbereitet hatten.

Diese staubigen Bahnen beschädigten rasch die Ventile der Typhoon-Motoren. Die Firma Vokes in der Nähe von London erfuhr an einem Mittwoch von dem Problem und entwickelte bis zum Donnerstag einen Staubfilter, der am selben Tag nach Frankreich geschickt und angenommen wurde. Am frühen Morgen des darauf folgenden Montags war jede Typhoon der 26 operierenden Staffeln mit einem Filter augerüstet.

Die Alliierten beherrschten den Himmel so vollständig, dass kein deutsches Flugzeug die Vorbereitungen auf die Invasion fotografieren konnte. Nach dem 6. Juni war es für die Luftwaffe äußerst gefährlich, ins Invasionsgebiet einzudringen. Sie konnte aber anders zurückschlagen. Ab 1942 war bekannt, dass ein kleines Flugzeug ohne Pilot (heute würde man Marschflugkörper sagen) entwickelt wurde. Am 13. Juni kam schließlich die Raketenbombe mit dem Namen Fi 103 oder V1 oder „Doodlebug", wie sie die Alliierten nannten, zum Einsatz. Sie wurde von einem lauten Pulsstrahlmotor angetrieben und hatte bei 640 km/h eine Reichweite von 320 km. Man konnte sie kaum abschießen. Die 9250 Raketen, die auf England abgeschossen wurden, richteten vor allem in London viel Schaden an.

Rechts: *Hitlers neue Schreckenswaffe, die Fiesler Fi 103 (oder V1, wie sie die Briten nannten). Die hier abgebildete, die nach der Kapitulation Deutschlands von den Alliierten bewundert wird, ist ein Testmodell mit Pilot (beachten Sie das teilweise übermalte Hitlerkreuz hinten am Flugzeug).*

Rechts: *Eine V1 – den Londonern besser als Doodlebug bekannt – ist nach dem Krieg ausgestellt.*

Hintergrund: *Douglas C-47 zieht zwei CG-4A.*

Sowjetische Überraschungen

Für die westlichen Alliierten steckten die Russen voller Überraschungen. Ignoranz und Herablassung gegenüber sowjetischen Flugzeugen wichen nur langsam Wissen und Information, nachdem Hitler Russland angegriffen und Stalin sich mit Großbritannien und den USA verbündet hatte.

Oben: *Eine Staffel von Yakolev Yak-3 ist zum Abflug bereit.*

Rechts: *Eine Überraschung: Petlyokow-Pe-2-Bomber.*

Im Herbst 1942 war die Überraschung groß, als zwei Hurricane-Staffeln der RAF in Sibirien zu operieren begannen. Zu ihrem Erstaunen bemerkten sie, dass sie kaum schnell genug fliegen konnten, um die lokalen Pe-2-Bomber zu begleiten! Jeder britische Jägerpilot jener Zeit wäre erstaunt gewesen, hätte man ihm gesagt, dass die Piloten des Geschwaders Normandie-Niémen zu Kriegsende lieber mit russischen Yak-3-Jägern als mit westlichen Jägern nach Frankreich zurückfliegen würden.

Alle einmotorigen sowjetischen Jäger aus Massenproduktion waren kleiner als die westlichen Jäger. Am kleinsten war die Yak-3. Sie war so wendig, dass die Piloten der Luftwaffe den Befehl hatten, jeden Nahkampf zu vermeiden. Wie alle sowjetischen Jäger bestand sie großteils aus Holz, das als plastikverstärktes Furnierholz in mehreren Schichten einen starren Rahmen ergab. Da bei der Konstruktion lokale Materialien eingesetzt wurden, konnte man die Schäden an der

Oben: *Die französischen Piloten zogen die Yak-3 den westlichen Jägern vor. Diese wird von René Challe aus dem Geschwader Normandie-Niéman geflogen.*

Links: *Die BI-1 mit Raketenantrieb.*

Rechts und rechts oben: *Die Tupolew ANT-42/ TB-7, mit der Molotow zur Unterzeichnung des Vertrags zwischen der UdSSR und Großbritannien am 26. Mai 1942 aus Russland kam.*

Rechts unten: *Die Po-2 Doppeldecker aus den 20er Jahren wurden in der UdSSR während des Krieges in großer Zahl eingesetzt.*

Front reparieren. Diese kleinen Flugzeuge konnten nicht viele Waffen mitführen, doch waren die sowjetischen Waffen äußerst leistungsstark. Die meisten Yak-3 waren mit einer 20-mm-Kanone und zwei 12,7-mm-Kanonen bestückt.

Die Lawotschkin-Jäger verfügten über eine neue Metallstruktur. Bei der La-7 verwendete man Leichtmetall und Stahl für die Flügel. Sie war mit zwei bis drei B-20-Kanonen bestückt. Die La-9 bestand fast ganz aus Leichtmetall. Sie war mit vier VYa-23-Gewehren bestückt, von denen jedes die doppelte Schlagkraft hatte wie die Hispano der RAF. Sie waren oben auf dem Rahmen montiert. Mit einer Höchstgeschwindigkeit von 690 km/h konnte die La-9 jede Bf 109G oder Fw 190 im Zweikampf schlagen.

Die ersten Raketenantriebe

Ein sowjetisches Team unter der Führung von A. Lyulka arbeitete an Turbojets, die aber erst nach 1945 erhältlich wurden. Allerdings gab es eine Vielzahl von sowjetischen Raketentriebwerken mit Flüssigkeitsantrieb. Einige wurden als Hilfsmotor im Heck der bestehenden Maschinen montiert. Andere installierte man in speziell konstruierten Jägern wie der BI-1. Sieben von diesen Seglern waren im September 1941 fertig. Die Entwicklung wurde jedoch nach Problemen bei der Höchstgeschwindigkeit von 795 km/h eingestellt.

Von den riesigen TB-3-Bombern gab es kein Nachfolgemodell, obwohl eine kleine Zahl (nicht mehr als 149) von den Bombern der nächsten Generation geliefert wurde. Die ursprüngliche Tupolew TB-7 wurde später zu Ehren des Teamleiters Petlyakow auf Pe-8 umgetauft. Die Pe-8 war bedeutend größer als amerikanische oder britische Flugzeuge wie die B-17 oder die Lancaster. Sie wurde mit drei verschiedenen Motoren der 1400–1700-PS-Klasse erzeugt: dem AM-35A mit Flüssigkeitskühlung, dem Ash-82-Sternmotor und dem ACh-30B-Dieselmotor. Die späteren Modelle erwiesen sich bei den Polarexpeditionen als hervorragend.

Die Sowjetunion hielt noch mehr Überraschungen bereit. Im August 1941 transportierte man mit den alten TB-3 SPB-Kurzstreckensturzkampfbomber – unter den Flügeln. Jede dieser SPB war wiederum mit zwei 250-kg-Bomben bestückt, die eine wichtige Brücke über die Donau zerstörten. Noch seltsamer waren die vielen Po-2-Doppeldecker, die 1927 entwickelt worden waren, 150 km/h erreichten und an der Front gegen die Deutschen eingesetzt wurden. Im 588. Regiment flogen nur Frauen die Po-2 und nur bei Nacht.

Sieg in Europa

Hitler setzte auf den Blitzkrieg, doch erkannte der allzu siegessichere Göring nicht, dass die Luftwaffe von neuer Technologie, Treibstoffengpässen und der schieren Anzahl der alliierten Truppen besiegt werden könnte. Während die Rote Armee aus dem Osten vorstieß, bereiteten die westlichen Alliierten ihre Invasion in der Normandie mit immer größerer Luftüberlegenheit vor.

In Italien und auf dem Balkan verwickelten sich die Deutschen in immer verzweifeltere Nachhutgefechte. Die meisten *Experten*-Kampfpiloten waren tot. Ihre eilig ausgebildeten Nachfolger kämpften noch mit den Bf 109G, die rasch veraltet waren, und den späteren Versionen der Fw 190D-9 *(siehe Seite 70)*. Dazu zählte die Fw 190D-9 mit einem 2060 PS starken Jumo-213-Motor mit Flüssigkeitskühlung. In der Nacht waren die radargesteuerten Bf 110G und Fu 88G noch immer tödliche Waffen gegen die schweren RAF-Bomber. Diese hatten kein Fenster, durch das die Crew einen Jäger sehen hätte können, der sich mit aufwärts feuernder Waffe von unten näherte. Zwei schlimme Jahre lang konnte das Bomber Command diesen Angriffen nichts entgegensetzen, während Schützen vorne, oben in der Mitte und hinten überall sonst den Himmel absuchten.

Dennoch war die *Nachtjagd* nicht den Deutschen vorbehalten. Die hervorragende de Havilland Mosquito brachte 1812 kg Bomben nach Berlin, und die Nachtjäger dominierten bald den Himmel über Mitteldeutschland. Andere suchten über der Nordsee glücklose He 111, die mit 150 Knoten und der Last einer Raketenbombe unter der Flügelspitze dahinzogen. Ende 1944 kamen die Northrop P-61 Black Widows der USAAF hinzu, die trotz ihrer Größe schnell und wendig waren.

Oben: *Die Fairey Swordfish wurde bis zum Kriegsende in Europa eingesetzt. Diese ist mit Raketenträgern unter den Flügeln ausgerüstet.*

Unten: *Spätere Spitfires wie diese Mk XIV flogen mehr als viermal so schnell wie die behäbige Swordfish.*

Entwicklung der Spitfire

Dank der neuen Rolls-Royce-Motoren war die Spitfire gegen Ende des Krieges den feindlichen Flugzeugen überlegen. Spätere Versionen mit Griffon-Triebwerken mit zweiphasigem Superlader waren zwar viel schwerer, aber auch viel schneller. Ein Vergleich der Spitfire I mit dem Wasserflugzeug Seafire 47 überrascht: 990 PS gegen 2375 PS; Höchstgewicht 2620 kg gegen 5708 kg; Höchstgeschwindigkeit 571 km/h gegen 727 km/h; Bewaffnung mit acht 7,7-mm-Kanonen gegen vier 20-mm-Kanonen plus drei Bomben oder acht Raketen. Zufällig erlaubte das Flügelprofil der Spitfire und der Seafire, im Sturzflug bis zu Mach 0,92 zu erreichen. Das war bedeutend schneller als die ersten Düsenjäger!

Die Fairey Swordfish dagegen, die kaum je über 100 Knoten erreichte, war bis zum VE-Day am 8. Mai 1945

Oben: *Hitler setzte gegen Kriegsende große Hoffnung in die neue Technologie wie Jets und Raketen. Hier der Aufklärungsbomber Arado Ar 234B2.*

Rechts oben: *Die effektive Me 262, schwer bewaffnet mit vier 30-mm-Kanonen, war durch den unzuverlässigen Motor behindert.*

Links oben: *Die Me 163B Komet mit Raketenantrieb war ein sehr leistungsstarker Hochgeschwindigkeitsjäger mit kurzer Lebensdauer. Viele der Piloten starben beim Start oder der Landung.*

Links: *Die Heinkel He 162 Salamander (oder* Volksjäger*) wurde in nur zehn Wochen produziert und war gefährlich zu fliegen. Von diesem Flugzeug mit 900 km/h wurden tausende im Monat produziert. Nach Kriegsende wurde die Produktion eingestellt.*

im Fronteinsatz. Spätere Versionen wurden nicht nur mit Bomben oder Raketen bestückt, man ersetzte auch einen Torpedo durch ein Suchradar mit Scanner in einem großen Radom an der Unterseite.

Lächerlich war dagegen der Ersatz der Swordfish, die Blackburn Firebrand. Sie wurde 1940 mit einem Napier-Sabre-Motor betrieben, doch beschloss man 1942, diesen Motor für die Typhoon aufzuheben (mit ihren dünnen Flügeln wurde sie unter dem neuen Namen Tempest ein Raketenbombenabfangjäger). Die Firebrand erhielt als neuen Motor den Bristol Centaurus, verpasste den Krieg und trat im September 1945 in die Dienste des Fleet Air Arm. Das Ende dieser traurigen Geschichte war, dass der komplexe Sabre-Motor auch bei der Tempest durch den Centaurus ersetzt wurde. Mit diesem neuen Motor entstanden die Fury und die Sea Fury, die beide in Korea und sogar bei der Operation am Sueskanal viel eingesetzt wurden *(siehe Seite 86)*.

Rechts: *Eine Staffel von RAF Meteor III übt den Formationsflug für die große Parade in London am 22. Mai 1946.*

Sieg im Pazifik

1942 hielten die japanischen Truppen mehr als ein Viertel des Planeten besetzt. Drei Jahre später hatten die Alliierten sie in einem Krieg, der auf beiden Seiten große Verluste forderte, fast bis auf ihre Heimatinseln zurückgedrängt. Im Pazifikkrieg waren Langstreckenflugzeuge, verlässliche Motoren und hervorragende Manövrierbarkeit im Zweikampf erforderlich.

Das schafften fast ausschließlich amerikanische Flugzeuge. Die RAF begann eine lange Kampagne zur Unterstützung der Armee in Burma. Der Fleet Air Arm setzte Flugzeuge wie den zweisitzigen Jäger

Fairey Firefly und den Sturzkampfbomber Farey Barracuda gegen japanische Ziele ein.

Zwar hielt sich die US Navy vor allem an vertraute Jäger, doch setzte sie ab März 1945 auch die Ryan FR-1 Fireball ein. Sie hatte einen Kolbenmotor im Bug und (für den Kampf) ein Strahltriebwerk im Hinterrumpf. Aus der Mustang ging die Langstreckenmaschine P-82 Twin Mustang hervor, deren zwei Piloten die B-29 begleiteten. Keines dieser Modelle wurde im Pazifik vor dem V-J-Day eingesetzt. Nach dem Sieg wurden die Merlin-Motoren durch Allison-Triebwerke ersetzt. Die Person im rechten Cockpit wurde beim F-82-Nachtjäger im Korea-Krieg zum Radarmann *(siehe Seite 86)*.

Oben: *Die North American P-82 (später F-82) Twin Mustang war eine hervorragende Idee, doch versäumte sie den Weltkrieg.*

Unten: *Eine Ki-84 des 104. Jägerbataillons Sentai.*

Unten rechts: *Der vielleicht beste japanische Jäger war die Kawasaki Ki-100.*

Die neuen japanischen Jagdflugzeuge waren mit 2000 PS starken Motoren ausgerüstet und verbanden gute Manövrierbarkeit mit Panzerung und Feuerkraft. Der beste Jäger der Marine war wohl die Kwanishi N1K Shiden (Violetter Blitz), die Armee bevorzugte die Nakajima Ki-84 Hayate (Sturm). Der einzige Jäger mit Flüssigkeitskühlung war die Kawasaki Ki-61 Hien (Schwalbe) der Armee. 1945 warteten viele Ki-61 auf ihre Motoren. In dieser verzweifelten Situation verwendete man Ha-112-Sternmotoren mit 1500 PS. Diese Ki-100 war schneller, stieg rascher, war leichter zu manövrieren und einfacher zu bedienen – sie war vielleicht der beste japanische Jäger des Krieges. Im März 1945 wurde die Ki-100 fieberhaft produziert, doch es war bereits zu spät. Da de Havilland an Lockheed den Motor des zweiten Vampire-Prototyps schickte, konnte die XP-80 Shooting Star am 8. Januar 1944 abheben. Die F-80A wurde bald mit einem J33-Motor von General Electric (später Allison) produziert, doch formierte sich das erste AAF-Geschwader erst nach dem Sieg über die Japaner. Parallel dazu konstruierte Lockheed die P2V Neptune, das erste Flugzeug, das als landgestützter Patrouillenflieger und U-Boot-Abfangjäger konzipiert war. Sie hatte ihren Jungfernflug im Mai 1945 und wurde über 20 Jahre lang erzeugt.

Kamikaze-Flugzeuge

Während die Neptune im Jahr 1946 mit einem Nonstopflug über 18.082 km einen neuen Rekord erzielte, hatte die japanische Kyushu Q1W nur eine Reichweite von 1310 km. Wichtiger waren die Armeebomber, die Nakajima Ki-49 und die Mitsubishi Ki-67, die aber kaum gegen Jäger bestanden. 1944 konstruierte man aus diesen Flugzeugen und den G4M der Marine die MXY-7 Kamikaze (Heiliger Wind). Diese Selbstmordflugzeuge bestanden aus kaum mehr als einem Cockpit, einer Raketeneinheit und einem mächtigen Sprengkopf. Zwischen 21. März und 15. August 1945 flogen etwa 80 Kamikaze gegen die alliierten Schiffe. Sie verursachten Zerstörung, konnten aber am Ausgang des Krieges nichts mehr ändern.

Eine weitere Waffe gegen Kriegsende war die Nakajima Ki-115 Tsurugi (Säbel) der Armee. Bei diesem einfachen Jäger mit Sternmotor fiel das Fahrwerk nach dem Start ab, da er nicht mehr landen sollte. Wie die MXY-7 war die Ki-115 ein Kamikaze-Jäger, der aber zum Glück für die Alliierten nie zum Einsatz kam.

Oben: *Zwei Ansichten des Kamikazefliegers Yokosuka MXY-7 Baka nach der Erbeutung durch amerikanische Truppen im April 1945.*

Oben rechts: *Die Nachkriegszeit beginnt, als die Lockheed P-80 Shooting Star im Jahr 1944 abhebt.*

Hauptbild: *Viele Angriffe der Kamikaze schlugen fehl und die Flugzeuge stürzten ins Meer. Wenn sie aber ihr Ziel trafen, verursachten sie große Zerstörung. Am 11. Mai 1945 wurde die* USS Bunker Hill *vor Kyushu in Japan zweimal in 30 Sekunden von Kamikaze-Flugzeugen getroffen. Dabei starben 372 Menschen, 264 wurden verwundet.*

Moderne Flughäfen

Gegen Ende des 2. Weltkriegs gab es zehnmal so viele Flugplätze wie vor Kriegsbeginn. 1938 lag etwa die Zahl der militärischen und zivilen Flughäfen in Großbritannien bei 56. Davon hatten nur drei asphaltierte Start- und Landebahnen. 1945 gab es insgesamt 1037 Flughäfen, von denen 709 über asphaltierte Start- und Landebahnen verfügten.

Natürlich wurden viele Flugfelder der RAF schnell wieder zu Farmland. Einige der übrigen baute man aus. Wie auf Seite 53 beschrieben, hatten die meisten Flughäfen mindestens drei Start- und Landebahnen in Dreiecksform, sodass eine Bahn immer ungefähr in Windrichtung führte.

Mit zunehmender Geschwindigkeit beim Start und bei der Landung wurde der Wind relativ gesehen unbedeutender. Gleichzeitig wurden Länge und Belastung der Start- und Landebahnen größer. Das enorme Gewicht der modernen Flugzeuge (die A380 wiegt 580 Tonnen) verteilt sich auf einen großen „Fußabdruck“, der durch je zwei, vier oder sechs Räder gebildet wird. Start- und Landebahnen sowie Rollfelder müssen so gebaut sein, dass sie nicht nur jahrelange Benutzung, sondern auch die Auswirkung einer harten Landung gut überstehen. Der Bau der Start- und Landebahnen wurde eine große Aufgabe für die Zivilingenieure. Tiefe Fundamente mussten richtig trockengelegt werden und tausende Tonnen Membranen und Beton waren nötig, um eine gerade, ebene Fläche zu schaffen. Eine sichere Startbahn musste mindestens 3000 Meter lang und 100 Meter breit sein. Aufgrund des starken Verkehrs haben die meisten großen Flughäfen zwei Start- und Landebahnen, die fast parallel ausgerichtet sind.

Um den Menschen auszuweichen, werden viele neue Flughäfen, etwa in Hongkong, auf künstliche Inseln vor der Küste gebaut. Zwar sind die modernen Flughäfen architektonisch verschieden, doch gehören sie meist zu den schönsten Bauwerken. Sie sind auch sehr komplex: Sie benötigen eine gute Anbindung an

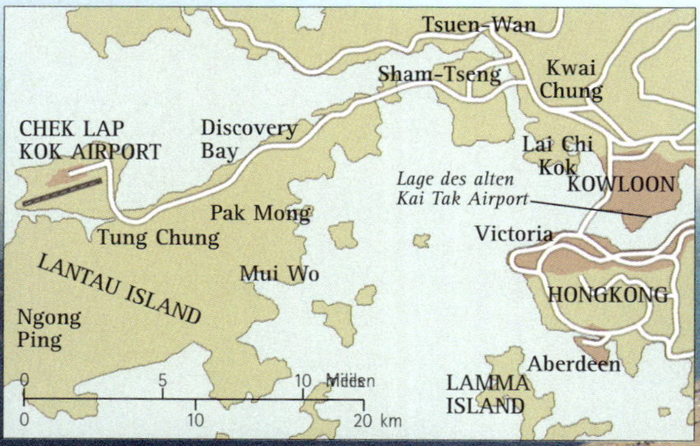

Unten: *Bauarbeiten in Chek Lap Kok (Hongkong) im Jahr 1996. Dieser neue Flughafen vor Lantau Island ist durch eine riesige neue Autobahn und mehrere große Brücken mit Hongkong verbunden. Auf diesem Luftbild sieht man rechts die Start- und Landebahn und in der Mitte die Terminals.*

andere Transportmittel; spezielle Einrichtungen für Fracht und für „Lebendtransporte", sei es nun Blut oder Elefanten; und sie müssen riesige Menschenmengen abfertigen können. Der Passagierverkehr ist aber nur ein Teil der Aufgaben eines modernen Flughafens. Sicherheit ist ein weiterer Bereich.

Sichere Landung

Bis zum 2. Weltkrieg war Nebel eine tödliche Gefahr. Das änderte sich mit der Entwicklung des ILS (Instrumentenlandesystem) durch das US Signal Corps. Seit vielen Jahren wird dieses System auf fast allen Flughäfen und Militärstützpunkten der Welt eingesetzt. Es besteht aus zwei Elementen. Das Landeführungsgerät lenkt das horizontal fliegende Flugzeug, der Gleitweg lenkt die Höhe. Meist wird ein Gleitweg von 3° bis zu einem Punkt knapp hinter der Instrumentenlandung gewählt.

Das Bodenkontrollsystem GCA lenkt den Piloten bei Nebel, der Lotse beobachtet das Flugzeug auf einem Präzisionsradar *(siehe Bild Seite 53)*. Einfacher (und wegen der geringeren Kosten in weniger nebligen Gebieten bevorzugt) ist der Sichtanflugneigungsanzeiger VASI. Er besteht aus einfachen Lichtern neben der Landebahn, die das Flugzeug anfliegt *(siehe Bild)*. VASI wurde gegen Ende der 50er Jahre in vielen Ländern eingeführt.

Zu den neueren Technologien, die derzeit erprobt werden, zählt das britische MLS (Mikrowellenlandesystem) und das zeitbezogene Abtaststrahlsystem, das die amerikanischen Behörden bevorzugen würden. Die Diskussion über die Vorteile der jeweiligen Systeme hat ihre Einführung verzögert und erinnert an ähnliche Debatten über das amerikanische VOR (UKW-Drehfunkfeuer) und das britische Flächendeckungssystem Decca in den 50er Jahren. In diesem Fall gewannen die USA. Seit damals muss jedes Flugzeug einem engen, überfüllten Luftkorridor folgen und wird von einem VOR zum nächsten geführt, obwohl ein Flugzeug mit der nötigen Hilfe direkte Routen fliegen kann.

Das kann sich mit der ständigen Verbesserung des hervorragenden GPS (globales Leitsystem) ändern. Einfach gesagt verwendet das GPS Daten von geostationären Satelliten, um die Position eines Flugzeugs auf einer Karte in einem kleinen Computer genau zu bestimmen. Damit können Flugzeuge frei fliegen. GPS ist heute in der Seefahrt weit verbreitet und wird sogar bei Autos getestet.

Oben: *Da Land in Japan wertvoll ist, werden die meisten modernen Flughäfen wie der von Nagasaki auf künstlichen Inseln errichtet.*

Unten: *Aus der Perspektive des Piloten im Cockpit sieht man nur wenige Meter über dem Boden die beiden Reihen der VASI-Lichter links von der Landebahn. Die hintere Reihe ist rot, die vordere weiß. Vom Flughafen erfährt der Pilot, welche Farbkombinationen verwendet werden.*

Links: *Dieses kompakte kleine Hand-GPS ist bei Piloten von Leichtflugzeugen weit verbreitet. Heute ersetzt das GPS traditionelle Navigationsgeräte, doch hat es auch Schwächen, weil sich die Piloten bei einem Computerausfall noch immer auf ihre Fähigkeiten verlassen müssen. In diesem Beispiel fliegt das Flugzeug (rot eingekreist) genau nach Norden. Außer Navigationsinformationen werden auch andere wichtige Angaben angezeigt.*

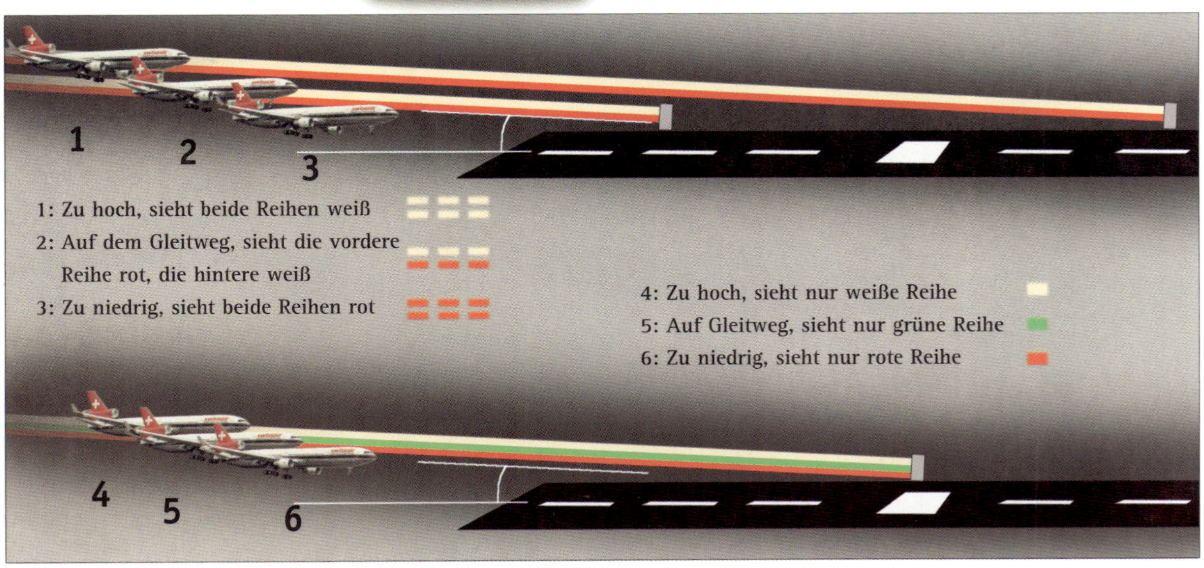

Oben links: *Bei zweifachen VASIs sind zwei Reihen von jeweils zwei bis drei Lichtern vor und nach dem idealen Landepunkt angebracht. Farbfilter liefern drei Arten von visuellen Signalen. Die Anordnung ist genau umgekehrt wie die oben.*
Links unten: *Beim einfachen VASI ist eine Reihe von Lichtern mit Rot- und Grünfilter angebracht. In beiden Fällen soll das Flugzeug zum Landepunkt geleitet werden.*

Amerikanische Fluglinien

Von 1930 bis Ende der 50er Jahre stieg der Passagierverkehr – außer im 2. Weltkrieg – stark an. Allerdings bot der Krieg die Möglichkeit zum Erproben neuer Technologien. Wer genug Weitblick bewies, konnte auf diesem Wachstumsmarkt das große Geld machen.

Oben: *Das stattliche Flugboot Boeing-314A war einst das größte Passagierflugzeug der Welt und das erste mit zwei Decks. Der erste Transatlantikflug (Postflug) fand am 29. Mai 1939 statt. Am Ende jenes Jahres hatten bereits mehr als hundert Flugzeuge zweimal wöchentlich den Atlantik überquert. Während des Krieges transportierten PanAm und BOAC über 60.000 Passagiere nach Europa und Afrika.*

Anfang der 30er Jahre änderte sich das Design der Flugzeuge dramatisch – und zugleich auch das Schicksal der Hersteller. Über Nacht waren die Fokker-Verkehrsflugzeuge in den USA vernichtet, weil der Baseballstar Knute Rockne in einer Fokker ums Leben gekommen war. Ford Trimotors machte weiter, doch war die Wellblechhaut ein Hindernis. Die Vega und die Orion von Lockheed waren kompakt, aber aus Holz. Schließlich baute Martin den Martin-123-Bomber *(siehe Seite 37)*, und Boeing setzte dieselbe Schalenbauweise bei der 247 ein. Northrop leistete mit Alpha, Gamma und Delta weitere Pionierarbeit. In Kooperation mit Douglas entstand die höchst erfolgreiche Serie DC.

Ab 1935 waren Sikorskys Flugboote durch die Martin 130 *China Clipper* in Schalenbauweise mit Pratt-&-Whitney-Twin-Wasp-Motor (damals 830 PS) veraltet. Die Martin 130 wurde wiederum von der beeindruckenden Boeing 314A in den Schatten gestellt. Die 314A hate vier 1500 PS starke Wright-R-2600-Motoren und konnte mit 238 km/h 30 Stunden fliegen. Mit einer Reichweite von fast 7200 km war sie ideal für die Transatlantikflüge der PanAm und der British Overseas Airways Corporation (BOAC). Die Boeings flogen meist mit Schlafkojen für 40 Passagiere plus zehn Mann Besatzung. Die Reise mit dem Flugboot glich einer Fahrt mit einem Kreuzfahrtschiff.

Rechts: *Die wiederauferstandene deutsche Lufthansa bestellte am 27. April 1955 für ihre neue Route Hamburg–New York acht Lockheed Super Constellations. Gut ein Jahr später bestellte die Fluglinie Boeing-707-Jets. Seit damals ist sie die führende internationale Fluglinie.*

Links: *Obwohl die Boeing 377 Stratocruiser aus der B-50 Superfortress hervorging, verkaufte sie sich nicht gut. Einer der wenigen Käufer war Northwest – mit dem Wunsch nach quadratischen Kabinenfenstern.*

Unter Druck

1938 begann Howard Hughes Gespräche mit Lockheed über ein schnelles Langstreckentransportflugzeug für sein Unternehmen Trans World Airways (TWA) zu führen. Die Excalibur nahm an Größe und Gewicht zu. Sie wurde schließlich zur Constellation mit vier 2200 PS starken Wright-R-3350-Turboladern und graziös geschwungenem, druckbelüftetem Rumpf. Der Prototyp wurde von der USAAF als C-69 übernommen und flog am 9. Januar 1943 mit olivfarbener Lackierung. Ab 1945 wurde sie der Star der Langstreckenflüge. Mit Weiterentwicklungen wie der gestreckten Super Connie und erstaunlich vielen militärischen Aufklärungsfliegern wurde die Constellation bis 1958 produziert.

Boeing setzte eine riesige Druckkabine auf einen B-50-Bomber. Daraus entstand der Type 377 Stratocruiser, von dem aber nur 55 Stück verkauft wurden. Douglas erging es besser. Von der DC-4 wurden aufgrund der militärischen Varianten während des Krieges 1315 Stück verkauft. Daraus entstand die DC-6 mit gestrecktem, druckbelüftetem Rumpf und 2000 PS starken Double-Wasp-Motoren. Nochmals gestreckt hieß sie DC-6B. In den 50er Jahren galt sie als Verkehrsflugzeug mit den niedrigsten Kosten pro Platz und Kilometer der Welt. Es wurden 704 Stück verkauft. Für Kurzstreckenflüge wurde die DC-3 Dakota in der zivilen Version Standard. Sie war in vielen aufstrebenden Ländern beliebt.

Für wettbewerbsfähige, reiche Luftlinien hieß die neuere Alternative Convair-Liner. Die erste CV-240 flog im März 1947. In dem druckbelüfteten Rumpf war Platz für zehn Reihen zu vier Sitzen. Zudem erreichte sie mit Double-Wasp-Motoren und breiten Propellern 480 km/h. Aus der 240 entstanden die 340 und die 440. Trotz der Konkurrenz der schnelleren, ruhigeren und leiseren Turboprop Viscount wurde sie bis 1958 produziert. Von der Convair-Liner entstanden inklusive der militärischen und der Ausbildungsvarianten 1068 Stück.

Zur Deckung des regionalen und des Pendlerbedarfs, die ab den 20er Jahren überall in den USA stiegen, entwickelten die Hersteller unzählige kleinere Flugzeuge. Aber erst in den 50er Jahren wurde die Erzeugung von Geschäftsflugzeugen ein Thema. Zuerst setzte man großteils umgebaute Bomber ein, die aber trotz Druckkabine und großzügiger Ausstattung eng und mit ihren klopfenden Kolbenmotoren laut und somit wenig attraktiv blieben.

Unten: *Im Lauf der erfolgreichen Serie verlängerte Douglas die DC-4 und baute eine Druckkabine. Daraus entstand die DC-6, die in den 50er Jahren als Verkehrsflugzeug beliebt war.*

Unten links: *Trotz der Konkurrenz durch die britische Turboprop Viscount verkauften sich die Convair-Liners in der ganzen Welt wie warme Brötchen. Ein Trick war die Anordnung der Auspuffrohre des Kolbenmotors, die „Schub" gaben.*

Unten rechts: *Die DC-3 flog erstmals 1935 und fand Bewunderer in der ganzen Welt.*

Britische Verkehrsflugzeuge

Die Weite des amerikanischen Kontinents beförderte die Entstehung von Fluglinien. Die meisten Europäer flogen um diese Zeit noch nicht: Für kürzere Distanzen waren Flüge einfach zu teuer. Doch für das britische Empire war der Flugverkehr ein Segen. Strecken, für die die Verwaltungsbeamten vorher Wochen oder Monate gebraucht hatten, bewältigten sie jetzt in wenigen Tagen. Bald profitierte auch der Normalbürger.

Oben: *Ab 1934 war die de Havilland Dragon Rapide bei Fluglinien in aller Welt beliebt.*

Rechts oben: *Die Armstrong Whitworth Ensign.*

Links unten: *BEA bestellte 20 Ambassadors. Als de Havilland den Hersteller Airspeed kaufte, kamen keine Bestellungen mehr.*

Rechts unten: *Die elegante Avro Tudor war wirtschaftlich eine Katastrophe.*

Ab 1924 operierte in Großbritannien die Fluglinie Imperial Airways. Sie war im ganzen Empire vor allem mit Postversand und Regierungsaufträgen befasst. Da die meisten Passagiere Regierungsbeamte waren, war Sicherheit wichtiger als Geschwindigkeit. Deshalb bestand die Flugzeugflotte aus Landflugzeugen und stattlichen Flugbooten, die Geschwindigkeiten von 140–150 km/h erreichten. Es war das Zeitalter der Eleganz.

Imperial Airways bemerkte nicht, dass die neueren und schnelleren Flugzeuge viel sicherer waren als die Doppeldecker, die mit Verstrebungen und Draht zusammengehalten wurden. Die neue Fluglinie British Airways (nicht die heutige Fluglinie desselben Namens) erkannte dies und bestellte 1936 bei Lockheed in Kalifornien ihr wichtigstes Flugzeug. Doch auch Imperial dachte an schnellere Flugzeuge und bestellte 1935 28 Flugboote, die im gesamten Empire die Post ohne Aufschlag transportieren sollten. Die Short S.23 war das erste moderne Transportflugzeug Großbritanniens in Schalenbauweise aus Metall, mit einer Geschwindigkeit von bis zu 320 km/h und vier Bristol-Pegasus-

Motoren mit 930 PS. Einige spätere Modelle waren mit Perseus-Schiebermotoren ausgestattet.

Die entsprechenden Landflugzeuge waren riesige Armstrong Whitworth Ensigns und schlanke de Havilland Albatrosses. Erstere war ein Eindecker aus Metall, doch war sie ein Beispiel für ein Antiflugzeug. Die Albatross sah wunderbar aus, doch verfaulte die Holzstruktur innen auf irreparable Weise. Beide hatten unausgereifte, unverlässliche Motoren. Im Vergleich mit der DC-3 aus derselben Ära waren sie schlichtweg eine Katastrophe.

De Havillands Doppeldecker mit Stoffabdeckung wie die D.H.86B und die DH89 Dragon Rapide waren zwar älter, doch auch bei Exporteuren sehr beliebt. Nach dem 2. Weltkrieg produzierte de Havilland mit dem Nachfolgemodell D.H.104 Dove einen wirklich modernen Zehnsitzer für den regionalen Transport. 542 Stück wurden verkauft (um etwa 500 Stück mehr als von allen früheren britischen Transportflugzeugen). Diese Flugzeuge waren mit D.H.-Gipsy-Motoren ausgestattet.

Links: *Die de Havilland Dove wurde bei bequemen Kurzstreckenflügen, vor allem im Commonwealth der Nachkriegszeit, eingesetzt.*

Unten: *Die Handley Page Hermes 4 sah zwar hervorragend aus, konnte aber mit der DC-6B nicht mithalten.*

Fehlschläge nach dem Krieg

In den letzten vier Kriegsjahren überlegten einflussreiche britische Komitees, welche Verkehrsflugzeuge nach Kriegsende gebaut werden sollten. Außer der Dove hätten die bestellten Modelle kaum schlimmer ausfallen können. Die riesige Bristol Brabazon und Saro Princess blieben Prototypen, die bald verschwanden *(siehe Seite 85)*. Die Avro Tudor ging zwar auf einen erfolgreichen Bomber zurück, war aber ebenfalls eine Enttäuschung, weil sie unsicher, unökonomisch und kurzlebig war. Die Handley Page Hermes 4 war ein wenig besser und diente der BOAC zumindest zwei Jahre, kleineren britischen Fluglinien noch 14 weitere. British European Airways (BEA) entstand 1946 aus dem 110 Wing der RAF. Sie begann mit einer zusammengewürfelten, unökonomischen Flotte (abgesehen von den DC-3), baute aber bald eine starke britische Transportflotte aus Vickers-Armstrong Vikings (mit zwei 1690 PS starken Bristol-Hercules-Motoren mit Schiebersteuerung) auf. Das Nachfolgemodell war die Airspeed Ambassador (zwei 2625 PS starke Bristol-Centaurus-Motoren mit Schiebersteuerung), ab 1953 kamen die Vickers-Armstrong Viscounts (vier 1900 PS starke RR-Dart-Turboprops). Durch das Vertrauen der BEA erfuhr die Welt von der Viscount. Erstmals hatte Großbritannien ein Verkehrsflugzeug von Weltklasse, von dem 444 Stück verkauft wurden. Das war die Grundlage für die nächste Generation, die Vanguards der BEA (vier 5730 PS starke RR-Tyne-Turboprops). Leider wurden nur 43 Stück dieses Flugzeugs verkauft, da die Turboprops um diese Zeit als veraltet galten. Das war aber ein Irrtum.

Unten: *Triumph der Briten: Die Viscount war hervorragend.*

Ein Irrweg

Gigantomanie scheint ein Ausdruck des menschlichen Strebens zu sein und „Größer und besser" der Leitspruch der Flugzeugbauer. Zu Beginn des 20. Jahrhunderts versuchten alle Atlantikreedereien, das größte, luxuriöseste und schnellste Schiff zu bauen. In der Luft war das nicht anders. Dabei ging es nicht nur um Passagiere, sondern auch um die Bombenbestückung.

Unten: *Beim riesigen Barling-Bomber mit sechs Liberty-Motoren, der im August 1923 startete, waren Flug- und Landegeschwindigkeit fast gleich niedrig.*

In diese Kategorie fielen eindeutig der Doppeldecker von Maxim und einige Riesen des 1. Weltkriegs. Um diese Zeit baute Großbritannien die Tarrant Tabor, einen Monsterdreidecker, der bei seinem ersten Start zerschellte. Vier Jahre später konstruierte die US Army die XNBL-1, besser bekannt als Barling-Bomber. Dieser Dreidecker hatte eine Reisegeschwindigkeit von 96 km/h und eine Landegeschwindigkeit von 88 km/h. Auf dem Flug nach Washington kam er nicht einmal über die Appalachen!

1929 bewies das Dornier-Do-X-Wasserflugzeug, dass man sogar ein Flugzeug mit zwölf Motoren bauen konnte, das kaum auf 150 km/h oder eine Höhe von 300 Meter kam. Im selben Jahr begann Andrej Tupolew in Moskau mit der Konstruktion von Bombern mit einer Flügelspannweite von 219 Metern. (Das hatten die Deutschen bereits 1918 geschafft!) Die größten Flugzeuge wurden nie gebaut, doch war die relativ kleine ANT-20 *Maxim Gorki* im Juni 1934 fertig. Sie hatte acht 830 PS starke Motoren und eine Spannweite von fast 69 Metern. Sie wurde bei der Kollision mit einem Jäger zerstört. Sieben Monate zuvor kämpfte die ähnliche Kalinin K-7 mit sieben Motoren mit Strukturproblemen im Flug. Stalin ließ Kalinin später wegen angeblicher Spionage hinrichten.

Um diese Zeit baute Boeing in den USA die XB-15, die Douglas 1941 mit der XB-19 übertrumpfte. Beide Monster blieben ebenso Eintagsfliegen wie Howard Hughes' Hercules. Im Mai 1942 stellten deutsche U-Boote im Nordatlantik eine tödliche Gefahr dar. Hughes begann, für die Alliierten riesige unsinkbare Schiffe zu bauen. Mit eigenem Geld (und etwas Unterstützung durch die Regierung) konstruierte er ein riesiges Flugboot. Mit einer Spannweite von 97,5 Metern und einer Höhe von 24 Metern übertrumpfte es die An-225 und die A380 als größtes Flugzeug aller Zeiten. Am 2. November 1947 flog Hughes den Riesen etwa 1,5 km weit und danach nie wieder: Der Milliardär war zu sehr mit anderen Dingen beschäftigt.

Unten: *Die Dornier Do X auf der zweiten Teilstrecke des Transatlantikflugs von 1930. Sie kommt von Amsterdam nach England.*

Links unten: *Bei Tupolew war das Nachfolgemodell der ANT-20 die ANT-20bis mit nur sechs Triebwerken. Ihre Laufbahn war lang und hart.*

Unten: *Eines der erstaunlichsten Flugzeuge überhaupt war die Kalinin K-7. Die riesigen Waffenstände und Bombenschächte wirkten beinahe wie Schwimmer.*

Vom Triumph zum Schrott

1942 begann der britische Flugzeughersteller Bristol mit dem Bau eines 100-Tonnen-Bombers, aus dem die zivile Brabazon entwickelt wurde. Das wunderschöne Flugzeug flog erstmals am 4. September 1949. Eines der vielen ungewöhnlichen Merkmale waren acht in den Flügeln untergebrachte Centaurus-2650-PS-Motoren, die vier koaxiale Propeller antrieben. Die Brabazon II erhielt paarweise angeordnete Bristol-Proteus-Turbopropeller. Die gleichen Motoren hatte auch das noch größere Flugboot Saro Princess, dessen Erstflug im August 1952 stattfand. Man hätte auf bessere Motoren, wie Orion oder Tyne, warten können, doch als das Budget erschöpft war, ließ die Regierung die drei Princesses (wie die Brabazon II) verschrotten.

Sogar die Amerikaner und die Russen können sich irren. Es ist schwierig, ein Langstreckenüberschallflugzeug zu entwerfen, weil sich das Verhältnis von Luftwiderstand zu Auftrieb bei Geschwindigkeiten über Mach 0,95 rapide verschlechtert. Ein frühes Beispiel war die Myasishchyev M-50, mit deren Entwurf man im Januar 1953 begann. Der Deltaflügler (57 Meter lang) ähnelte der viel kleineren MiG-21 und war bei seinem Erstflug am 27. Oktober 1959 der stärkste Düsenjet. Er wurde bald verworfen.

Amerikanische Designer litten wie ihre britischen Kollegen unter Wünschen, die weit über das technisch Machbare hinausgingen. So wurden Triumphe zu Niederlagen. Die North American XB-70 Valkyrie war noch größer als die russische M-50. Von diesem schönen, für Mach 3 entwickelten Flugzeug aus Spezialstahl wurden nur zwei Stück gebaut. Der cobraförmige Rumpf mit Vorflügeln hatte gewaltige Deltaflügel, die im Flug an den Seiten eines Gehäuses für sechs General-Electric-J93-Düsenmotoren mit Nachbrenner nach unten schwenkten. Eine XB-70 wurde bei einer Kollision in der Luft zerstört, die andere befindet sich im US Air Force Museum.

Hauptbild: *Die außergewöhnliche XB-70 1965 am Luftwaffenstützpunkt Edwards. Sie sollte 23.000 Meter Höhe bei einer Spitzengeschwindigkeit von 3200 km/h erreichen.*

Oben: *Das innovative Design der Triebwerke machte die schwache Motorleistung der schönen Bristol Brabazon nicht wett.*

Oben links: *Die Hughes H-4 Hercules am 1. November 1947 in Los Angeles Harbor. Hughes und seine Assistenten stehen auf dem Flügel. Der Schatten stammt von dem Flugzeug, von dem aus das Foto gemacht wurde.*

Oben rechts: *Das beeindruckende zehnmotorige Saunders-Roe-Princess-Flugboot – dem Untergang geweiht.*

Der Kolbenmotor auf dem Höhepunkt

Ende des 2. Weltkriegs wurde der Viertaktkolbenmotor, der seit Beginn der Luftfahrt als Antrieb gedient hatte, außer bei leichten Privatflugzeugen durch die Gasturbine verdrängt. Damals wurden die stärksten Kolbenmotoren zunehmend kompliziert. Trotz ihres Gewichts von mehreren Tonnen wurden sie mit der Präzision eines Uhrwerks hergestellt.

Unten: *A-1 Skyraiders auf dem Flugfeld Bien Hoa nahe Saigon vor einem Bombenangriff während des Vietnamkriegs, am 17. Oktober 1968.*

Sogar anspruchslose Motoren in der 2500-PS-Klasse, wie der Pratt & Whitney R-2800 Double Wasp, hatten 18 Zylinder und mehrere tausend Teile. Der britische Bristol Centaurus war etwas einfacher, weil er Muffenventile besaß. Im Gegensatz dazu wurde der Wright R-3350 Duplex Cyclone mit Turbolader entwickelt – ein System, bei dem drei kleine Turbinen die Abgasenergie dazu nutzten, die Startleistung zu erhöhen, in diesem Fall von 2700 auf 3500 PS.

Eines der wichtigsten Flugzeuge mit 'Turbolader war die P-2 Neptune *(siehe Seite 100)*. Das RAF-Pendant, die Avro Shackleton, hatte vier Rolls-Royce-Griffon-Motoren zu je 2455 PS, die gegenläufig rotierende Propeller antrieben. Sogar der relativ kleine Merlin lieferte 1945 über 2000 PS für Flugzeuge wie die de Havilland Hornet. Diese erreichte, ebenso wie die P-51H Mustang und die Spitfire mit Griffon-Motor, über 765 km/h, wodurch sie zu den schnellsten Maschinen mit Kolbenmotor zählte.

Kolbenmotoren in den 50er Jahren

In großer Eile entwarf Ed Heinemann 1944 im Douglas-Werk in El Segundo die XBT2D Skyraider mit dem 2700 PS starken R-3350. Später wurde sie als AD überarbeitet und schließlich als A-1 das wichtigste der späten Kampfflugzeuge mit Kolbenmotor. Obwohl sie zuerst als trägergestützter Sturzkampfbomber agierte, flog sie später Torpedos, beförderte Frühwarnsysteme oder diente als Plattform für elektronische Abwehrmaßnahmen (ECM). Trotz Kriegsende wurden 3180 Stück gebaut. Sie spielten in Korea und Vietnam eine bedeutende Rolle.

Im 2. Weltkrieg verließ sich Schweden hauptsächlich auf Motoren aus Deutschland. Die Saab J21 war ein ungewöhnliches Jagdflugzeug, bei dem der Daimler-Benz-DB605-Motor und der Druckpropeller

Links: *Eine frühe Kolbenmotorversion der Northrop XB-35 Flying Wing. Sie erhielt später Turbodüsenmotoren.*

hinter dem Piloten eingebaut waren, damit im Bug schwere Waffen Platz hatten. Damit der Pilot im Notfall aussteigen konnte, ohne im Propeller zu landen, entwickelte Saab einen der ersten Schleudersitze. 1947 begann Saab mit der Umstellung dieses Flugzeugs auf Düsenantrieb, ein Entwicklung, die auf den nächsten Seiten detaillierter beschrieben wird.

Der komplizierteste Kolbenmotor aus Serienproduktion, der P&W R-4360 Wasp Major, hatte 28 Zylinder in vier Reihen zu je sieben Stück (er wurde „Maiskolben" genannt). Die Martin Mauler beförderte 4842 kg Waffen und 1785 kg Treibstoff mit nur einem R-4360. Das große Martin-P4M-Mercator-Patrouillenflugzeug hatte zwei „Maiskolben" und zwei Turbodüsenantriebe, die mächtige B-36 *(siehe Seite 92)* hatte sechs plus vier.

Northrops XB-35, ein reines Nurflügelflugzeug, war der glücklose Nachfolger der B-36. Anfangs angetrieben von vier R-4360 für Druckschrauben, erhielt sie später acht Turbodüsenantriebe in zwei Gruppen zu je vier und letztlich sechs stärkere Turbojetmotoren, zwei davon in Gehäusen unter den gewaltigen Flügeln.

Der stärkste Kolbenmotor war der russische Dobrynin VD-4K. Geschätzt auf 4300 PS und sowohl mit großem Turbolader als auch mit Vorverdichter ausgestattet, trieb er die Tupolew Tu-85 an, einen stark weiterentwickelten Abkömmling der Boeing B-29 (mit 641 km/h).

Links: *Die de Havilland Hornet war kaum größer als die Hurricane, aber viermal stärker. Der Nachfolger dieser einsitzigen RAF-Version war ein zweisitziger Nachtjäger für Flugzeugträger der Royal Navy. Heute gibt es keine einzige Hornet mehr.*

Links unten: *Die Saab J21 erhielt einen Druckschraubenantrieb, damit der Bug für Waffen frei blieb. Keiner dachte, dass sich dieses Flugzeug dadurch ideal für den Umbau auf Düsenantrieb eignete.*

Unten: *Obwohl die Tu-85 nicht viel anders aussah als ihr Vorgänger, die Tu-4 (entstanden aus der B-29), unterschieden sie sich doch sehr. Jeder Motor war doppelt so stark, und während die B-29 ein Bruttogewicht von 54.800 kg aufwies, konnte die Tu-85 mit 107.150 kg starten.*

Düsenjäger

Der Düsenantrieb war nicht allein bereits der Schlüssel zu hohen Geschwindigkeiten. Motoren und Tragflächen mussten weiter modifiziert werden, um die Leistung der Düsenjäger zu steigern. Es entstanden ungewöhnliche Modelle mit und ohne Propeller.

Unten: *Erste Düsenjäger: die Heinkel He 280 (beim ersten Start, ohne Motorverkleidung), die Me 262A 1a und die Gloster Meteor I.*

Unten: *P-80 Shooting Stars der 94 Squadron auf dem Weg zum neuen arktischen Luftstützpunkt in Alaska, Dezember 1947.*

Die Erfindung des Düsenantriebs fegte die alten Geschwindigkeitsgrenzen hinweg. Einige der ersten Düsenjäger waren jedoch kaum schneller als solche mit Kolbenmotor. Die deutsche Heinkel He 280 flog am 2. April 1941 als weltweit erster Düsenjet. Als erste ausgeliefert wurde am 30. September 1943 eine Bell YP-59A Airacomet. Als erste in einem regulären Geschwader zum Einsatz kam eine Gloster Meteor I am 12. Juli 1944. Doch obwohl sie zwei Motoren hatten, konnte keines dieser Jagdflugzeuge 660 km/h überschreiten, und sie trugen wenig zum Krieg bei.

Im Gegensatz dazu erhielt das KG51 der Luftwaffe am 22. August 1944 die erste Messerschmitt Me 262A-1a. Sie war etwas ganz anderes. Mit 870 km/h war sie um mehr als 160 km/h schneller als alliierte Jäger, und ihre vier 30-mm-Gewehre waren verheerend. Außerdem stellte man sie in großen Stückzahlen in Dienst: Beim Zusammenbruch des deutschen Reiches waren 1433 Stück ausgeliefert. Zum Glück der Alliierten blieben viele wegen Treibstoffmangels auf dem Boden; einige stürzten durch Motorversagen ab.

Nach dem Krieg brachte Rolls-Royce die Meteor – einen eher fantasielosen Entwurf – auf 965 km/h, indem man den Schub der Motoren verdoppelte. Die de Havilland Vampire erreichte mit einem Antrieb dieselbe Geschwindigkeit wie die Me 262, ebenso die Lockheed P-80 Shooting Star. Ein großer Fortschritt war die Erkenntnis, dass das deutsche Schwenkflügelkonzept *(siehe Seite 42)* wirklich funktionierte. Die F-86 Sabre der USAF und die sowjetische MiG-15 flogen 1080 km/h mit um 35° geschwenkten Flügeln.

1946 wunderten sich die Einwohner von Los Angeles

Oben: *Die F-86F Sabre.*

Unten: *1951 boten die USA jedem MiG-15-Piloten, der mit seiner Maschine überlief, 100.000 Dollar. Der Fall trat bald ein.*

über laute Explosionen, bis sich herausstellte, dass es sich um die Druckwellen *(siehe Seite 136)* von Sabres im Sturzflug handelte. Diese berühmten Flugzeuge besaßen nur einen Antrieb mit Lufteinlass im Bug. Sie hatten sechs Maschinengewehre, die MiG-15 drei große Geschütze. Wenn sie im Kampf über Korea aufeinander trafen, zählte nur das Können des Piloten, doch es gab wenige echte Kämpfe. Die meisten Piloten der USAF waren Weltkriegsveteranen, doch die MiG wurden von chinesischen Piloten ohne Kampferfahrung geflogen. Erfolg hatten nur ihre russischen Lehrer: Das sowjetische Fliegerass Evgenii Pepelyayev schoss 19 F-86 ab.

USA und UdSSR werden führend

Britische Designer zogen erstaunlich langsam nach: Die Hawker Hunter wurde erst zehn Jahre nach Kriegsende in Dienst gestellt, als sowohl USA als auch Sowjetunion bereits Überschalljäger einsetzten. Die Flügel der North American F-100 Super Sabre waren um 45° geschwenkt, und ein Nachbrenner verlieh dem Motor auf Meeresniveau einen Schub von 6795 kg. Die Flügel der MiG-19 hatten einen Winkel von über 55°, ihre zwei Motoren je 3246 kg Schub. Beide erreichten eine Geschwindigkeit von etwa 1450 km/h oder Mach 1,45, wobei der Einlass im Bug, die Abgasdüse(n) im Heck lagen, was zu Verlusten in den Luftleitungen führte. Zur Vermeidung befestigte de Havilland das Heck der Vampire an zwei an den Flügeln montierten Auslegern.

1947 war die Saab J21A *(siehe vorhergehende Seite)* Schwedens wichtigster Jäger. Sie hatte einen deutschen Kolbenmotor, der einen zwischen Heckauslegern angebrachten Druckpropeller antrieb. Die Schweden erkann-

ten, dass sie diesen Motor durch einen Turbojetmotor von de Havilland ersetzen konnten. So erhöhte sich die Maximalgeschwindigkeit der J21A um 160 km/h.

Als einziger anderer Jäger aus dem 2. Weltkrieg wurde die kleine sowjetische Yak-3 umgebaut. Ihr großer Kolbenmotor mit Zugpropeller wurde durch einen erbeuteten deutschen Turbojetmotor so ersetzt, dass die heißen Abgase unter dem Bauch des Flugzeugs ausströmten. Das Fehlen von Propellern machte Motoranpassungen einfacher. Die Northrop F-89 Scorpion der USAF und die Douglas Skyknight der US Navy waren radarbestückte Nachtjäger mit nebeneinander unter dem Flugzeug angebrachten Turbojets. Die Canadian Avro CF-100 trug ihre Motoren seitlich am Rumpf über den Flügeln. Die vier Motoren der Curtiss XF-87 lagen paarweise unter den Flügeln.

Links: *Der mit Radar bestückte Nachtjäger Northrop F-89F Scorpion. Die großen Gehäuse an den Flügelspitzen enthielten 52 Raketen und Treibstoff.*

Rechts: *Die Flügel des Prototyps der North American YF-100 Super Sabre waren um 45° nach hinten geschwenkt, um Überschallgeschwindigkeit zu erreichen.*

Rechts: *In der Douglas F3D Skyknight, ebenfalls ein brillantes Design Heinemanns, saßen Pilot und Radaroffizier nebeneinander.*

Unten: *Wie bei der F-89 und der F3D enthielt der Bug der CF-100 Mk-4-Radarausrüstung.*

Unten: *Saab J21R mit Zwillingsheck.*

Düsenbomber

Links: *Eine weitere brillante Schöpfung Heinemanns, die Douglas A-3B Skywarrior an Bord der* USS Enterprise, *verlieh der Navy weltweite nukleare Schlagkraft.*

In den turbulenten letzten Kriegsmonaten brachte Deutschland hoch entwickelte Technologien hervor. Die Me 262 war ein bahnbrechendes Flugzeug, und solche Fortschritte des Reiches bereiteten den Alliierten schweres Kopfzerbrechen. Die Frage, wer die ersten einsetzbaren Düsenjäger und -bomber bauen würde, war für alle am Krieg beteiligten Nationen entscheidend.

Oben rechts: *Die RB-45C Tornado war die Aufklärerversion des ersten Düsenbombers der USAF.*

Unten: *Eine Formation aus vier englischen Electric-Canberra-B.2-Bombern. Sie schien wenig beeindruckend, doch durch ihre Einfachheit, Leistungsstärke und Wendigkeit auf 15.000 Metern verkaufte sich die Canberra weltweit.*

Auch wenn für Deutschland gegen Kriegsende die Defensive wichtiger war, entwickelte man weiterhin Düsenbomber. Die Arado Ar 234B – mit den gleichen Motoren wie die Me 262 – wurde in Dienst gestellt. Ihr Pilot musste das Flugzeug fliegen, bei 740 km/h navigieren, zwei 20-mm-Geschütze bedienen (sollte ein Jäger mithalten können) sowie 1500 kg Bombenlast abwerfen. Nur wenige der 210 gebauten Maschinen kamen zum Einsatz, doch zwei zerstörten die Brücke über den Rhein bei Remagen und verzögerten so den Vormarsch der Alliierten. Andere flogen Aufklärungsmissionen über England, was vorher als zu gefährlich galt.

Innerhalb eines Jahres nach Kriegsende flogen vier amerikanische Düsenbombertypen. Einer davon, die NAA B-45 Tornado, wurde bei der USAF stark eingesetzt. Wichtiger wurde jedoch die Boeing B-47 *(siehe Folgeseiten)*. Gegen diese Bedrohung wendete die UdSSR große Summen auf, nicht nur für Jetbomber, sondern auch für die Tu-95 mit Turbopropeller *(siehe Seite 96)*. Auch die US Navy blieb nicht untätig. Sie führte eine neue Klasse von Superflugzeugträgern ein *(siehe Seite 98)*. So konnten nuklear bestückte Düsenbomber jeden Ort der Welt erreichen. Unmittelbare Folge davon war die Douglas A3D (später A-3) Skywarrior.

Nach 1945 musste auch die britische Royal Air Force strategische Luftstreitkräfte mit den so genannten V-Bombern stationieren. Doch bis zum Koreakrieg interessierte sich die Regierung wenig für die Rüstung. Sechs Jahre lang flogen nicht einmal Prototypen dieser Flugzeuge. Damals konnte der Autor seinem Vorgesetzten nur schwer erklären, warum es keine britischen Gegenstücke zu XB-43, 45, 46, 47 und 48 gab. Als im Mai 1949 endlich ein britischer Düsenbomber auftauchte, war er klein und nicht sehr beeindruckend.

Oben: *40 Jahre lang wurde die nukleare Schlagkraft der französischen Armée de l'Air durch die Dassault Mirage IVA sichergestellt. Für alle Versionen war die Bugvorrichtung zum Betanken im Flug extrem wichtig.*

Links: *Ein eindrucksvoller französischer Überschallbomber, die SO4050 Vautour. Dies ist eine II.1B, mit dem Bombenschützen im verglasten Bug.*

Unten, von oben nach unten: *Eine Ilyushin Il-28 der indonesischen Luftwaffe; die Tupolew Tu-89 (dreimotoriger Prototyp der Tu-14); und eine Tu-14 der sowjetischen AV-MF, mit Heckgefechtsstand.*

Höher hinaus

Die English Electric Canberra war tatsächlich klein, niedrig gebaut und mit nur zwei Rolls-Royce-Avon-Motoren zu je 2950 kg Schub bestückt. Flügel und Heck waren nicht pfeilförmig wie bei der B-47 zwei Jahre zuvor. Doch bei genauerer Prüfung erwies sich die Canberra als außergewöhnliches Flugzeug. Wenn nötig, konnte sie Angriffe mit sechs 453-kg-Bomben auf einer Höhe von über 15.000 Metern fliegen, wo keine andere zeitgenössische Maschine hinkam. Ebenso wichtig war, dass die Canberra auf allen Höhen ebenso wendig war wie ein Jagdflugzeug. Insgesamt wurden 925 Exemplare in Großbritannien und weitere 49 in Australien gebaut. Gleichzeitig baute Martin in den USA 403 ziemlich überarbeitete B-57-Versionen.

Aufgrund der größeren Dringlichkeit wurden die sowjetischen Maschinen dieser Klasse früher fertig. Von Tupolews Tu-14-Bomber und Torpedoflugzeug für die Marine mit zwei Düsenantrieben wurden einige Stück produziert, doch der große Gewinner war S. V. Ilyushin. Die Il-28, die erstmals am 8. Juli 1948 flog, war ein konservatives Flugzeug (wie die Canberra), auch wenn sie pfeilförmige Heckflügel besaß. Die Motoren, zwei VK-1-Zentrifugalkompressor-Turbodüsenjets, basierten auf dem Rolls-Royce Nene. Doch anders als die unbewaffnete Canberra war sie mit Zwillingskanonen im Heckgefechtsstand bestückt. Es wurden etwa 6000 Stück gebaut, Rekord für einen Düsenbomber.

In weiterer Folge bauten auch andere Nationen Düsenbomber. Frankreich begann mit der SO4000, die man am besten vergisst. Das gilt jedoch nicht für ihre Nachfolgerin, die SO4050 Vautour (Geier). Sie hatte zwei SNECMA-Atar-Axialturbojets und sah aus wie eine kleine B-47. Einschließlich der Nachtjägerversion wurden davon 140 Stück fertig gestellt.

Strategische Lufthoheit

Während die USA in den 30er Jahren kaum bedroht wurden, stellte die UdSSR – die Nuklearwaffen früher produzierte als irgendjemand für möglich gehalten hatte – nach dem 2. Weltkrieg eine klare Bedrohung dar.

Trotz kleinster Budgets wurde am 21. März 1946 das Strategic Air Command (SAC) gebildet, als unabhängige Stelle innerhalb dessen, was später die USAF werden sollte. Sein Motto, „Friede ist unser Beruf", zeugt von der Hoffnung, dass die Drohung „massiver nuklearer Vergeltung" jeden Aggressor abschrecken würde.

Zuerst waren die SAC-Geschwader mit B-29 ausgestattet, dann mit B-50. Im August 1947 wurden Einheiten mit der Convair B-36 bestückt. Als größtes jemals in Dienst gestelltes Militärflugzeug hatte dieser Bomber eine Spannweite von 70 Metern, bis zu 22 Mann Besatzung und 16 20-mm-Bordkanonen. Frühe Versionen hatten sechs 3500-PS-Wasp-Major-Motoren, die hinter den Flügeln liegende Propeller antrieben. Spätere Versionen hatten vier General-Electric-J47-Turbojets in Zwillingsgehäusen unter den Außenflügeln.

Das Werk in Fort Worth lieferte 385 dieser Monster aus, deren Knurren man in aller Welt vernahm. Von einem anfänglichen Bruttogewicht von 126.000 kg wurde die B-36 bis zu einem Startgewicht von 185.730 kg weiterentwickelt. Bei den vielen Tests wurden zur Verteidigung kleine XF-85-„Parasitenjäger" aus dem Bombenschacht abgeworfen. Später verwendete man die viel größeren GRF-84F. Schließlich sah man ein, dass es zu schwierig und zu gefährlich war, sich wieder an einem Trapez an der B-36 einzuhaken.

In den 50er Jahren kamen die ersten Boeing-B-47-Stratojets zu SAC-Einheiten. Dieses anmutige Flugzeug hatte sechs J47 in Zwillings- und Einzelgehäusen unter den schlanken, 35° schrägen Flügeln. Trotz seiner Geschwindigkeit von über 965 km/h besaß er 20-mm-Zwillingsheckgeschütze, obwohl die dreiköpfige Besatzung in der vorderen Druckkabine saß. Treibstoff füllte jeden freien Raum; man konnte sogar 5678-Liter-Abwurftanks unter den Flügeln mitführen. Trotzdem war die B-47 auf Luftbetankung angewiesen, wobei sie Boeings Methode benutzte, bei der der Tanker mittels Teleskopschlauch in einer Öffnung am betankten Flugzeug andockt. Man baute beachtliche 2272 B-47.

Oben: *Die Convair B-36 war der größte jemals in Dienst gestellte Bomber. Diese B-36D hatte als erste Zwillingsjetgehäuse unter den Außenflügeln.*

Unten: *Eine Boeing B-47E mit klar sichtbaren Zwillingsheckkanonen. Das Nachfolgemodell B-52* **(ganz oben)** *besaß acht statt sechs Antriebe. Diese B-52C flog erstmals 1956.*

Rechts: *Die KC-135A-Stratotanker war nötig, damit die Convair B-58A ihre Überschalleinsätze fliegen konnte.*

Rechts: *Zu den einzigartigen Merkmalen der B-58 zählen Fluchtkapseln für die Mannschaft und ein riesiges Gehäuse für Treibstoff und die Nuklearwaffe unterm Rumpf.*

Unten rechts: *Der olivfarbene Rockwell B-1B Rapier Schwenkflügelbomber (variable Pfeilflügel)* (siehe auch Seite 180) *war über Bosnien und dem Irak im Einsatz.*

Unten links: *Während Großbritannien das Sonde-Trichter-System der Luftbetankung übernahm, entwickelte Boeing eine Methode, bei der ein Bediener an Bord des Tankers einen starren Teleskoparm in eine Fassung auf dem betankten Flugzeug „fliegt". Boeing lieferte 888 KC-97G-Tanker.*

Unten: *Dann folgten 732 Boeing-KC-135A-Tanker; hier einer beim Betanken eines B-1A-Prototyps.*

Von der B-52 zur Stealth-Technologie

1956 flog Convair den Prototyp B-58 Hustler, der vier General-Electric-J79-Turbojets mit Nachbrenner hatte. Dieser dreisitzige Bomber und Raketenträger hatte sehr

dünne Deltaflügel und ein kombiniertes Höhen- und Querruder anstelle des Leitwerks. Unter Verwendung von Luftbetankung stellte die B-58 viele Interkontinentalrekorde bei Geschwindigkeiten nahe Mach 2 auf. Aufgrund von geringer Reichweite und hohen Kosten dienten die 116 gebauten nur von 1960 bis 1970 beim SAC.

Im Gegensatz dazu flog die große Boeing B-52 erstmals 1952 und fliegt vielleicht noch bis 2020. Frühe Versionen hatten vier Paar Pratt-&-Whitney-J57-Turbodüsenantriebe, doch gegenwärtige B-52H haben TF33-Turbofans mit je 7700 kg Schub. Bei einem Maximalgewicht von 256.400 kg haben verschiedene Versionen Hound-Dog- oder ALCM-Marschflugkörper, SRAM-Angriffsraketen und bis zu 38.000 kg Bomben befördert, einschließlich diverser Nuklearwaffen.

Als die XB-70 *(siehe Seite 85)* storniert wurde, begannen die Arbeiten an der B-1, mit schwenkbaren Pfeilflügeln für Mach-2-Flüge. Sie reifte schließlich zur Rockwell B-1B heran, gebaut für Angriffe in geringen Höhen bei Mach 0,92. Das SAC hat seit 1985 100 Stück erhalten. Wie alle Düsenbomber des SAC sind sie auf Betankung durch Boeing KC-135 oder KC-10 angewiesen.

Sowjetische Jäger

Nach dem Sieg über die deutschen Invasoren war die Sowjetunion 1945 mit zwei unerwarteten technologischen Entwicklungen konfrontiert: Düsenantrieb und Nuklearwaffen. An beiden Fronten setzte eine rasante Aufholjagd ein.

Unten: *Die Yak-15 war der kleinste und leichteste Jäger, der jemals in Dienst gestellt wurde.*

Hauptbild: *Das Konstruktionsbüro Mikoyan/Gurevich erzielte bei Jägern mit Kolbenmotor nur beschränkten Erfolg, doch die MiG-15 machte es in aller Welt berühmt.*

Unten rechts: *Frühe MiG-21F-13 beim Start. Sie waren genau das, was viele Luftstreitkräfte wollten.*

Zunächst wurde die deutsche Düsenantriebstechnologie ausgeschöpft. Die sowjetischen Ingenieure adaptierten vorhandene deutsche Strahltriebwerke und gaben diese in Produktion. Yakovlev ging sogar noch weiter. Er konnte eine Düsenversion der in Massen produzierten Yak-3 herstellen, mit einem einzelnen RD-10 (Jumo 004B) mit unter dem Flugzeug gelegener Düse. Im Gegensatz dazu war die konkurrierende MiG-9 ein neuer Entwurf mit zwei RD-20(BMW-003A)-Triebwerken im Bug, wobei die kurzen Düsen auch hier unter dem Rumpf endeten. Am 24. April 1946 wurden beide Prototypen getestet. Es wurden 280 Yak-15 und 604 MiG-9 in Auftrag gegeben.

Stalin hatte es auf den starken Rolls-Royce Nene abgesehen und befahl, ihn zu kopieren. Als man vorschlug, er möge doch bei den Briten anfragen, erwiderte er zornig: „Welcher Narr würde seine Geheimnisse *verkaufen*?" Die Antwort war: ein britischer Narr. Die Labour-Regierung schickte dem sowjetischen Alliierten 30 Derwents und 25 Nenes. Als Folge davon begann Viktor Yuganov am 30. Dezember 1947 mit den Tests an einem Schwenkflügeljäger, genannt S-01. Bereits nach wenigen Monaten ging er als MiG-15 in Produktion. Sowjetische Fabriken bauten 11.073 Stück, Polen unter Lizenz 727, die Tschechoslowakei 3485 und China über 1000.

MiG gegen amerikanische Jäger

Die MiG-15 war in jeder Hinsicht außergewöhnlich. Im Nahkampf war sie der F-86 zumindest ebenbürtig. Die rasch nachzumunitionierenden Waffen (eine 37-mm- und zwei 23-mm-Kanonen) wirkten verheerend. Sie war ein Schock für die Piloten der USAF über Korea und konnte nur durch deren weit größere Erfahrung in Schach gehalten werden.

Ganz links: *Die MiG-27 war eine vereinfachte, aber schwer bewaffnete Weiterentwicklung des MiG-23-Abfangjägers. Von beiden Modellen wurden über 6300 gebaut.*

Links: *Aus der Yak-120 (Erstflug im Juni 1952) entwickelte Yakolev über 80 Überschallflugzeugtypen mit Zwillingstriebwerk für jeden taktischen Zweck. Doch nur wenige gingen in Serie, und die Produktion blieb eher bei hunderten als bei tausenden. Hier eine Yak-28U.*

Die MiG-15 wurde rasch zur MiG-17 entwickelt, von der in der UdSSR 7999 und in Lizenz 2825 produziert wurden. Danach kam die MiG-19, mit 60°-Pfeilflügeln und zwei Axialtriebwerken. Von ihr wurden nur 2069 hergestellt. Die Chinesen bauten mehr und exportierten viele. Dann starteten die MiG-Konstrukteure durch. Aufgrund der Erfahrungen in Korea kreierten sie Pfeilflügel- und Deltaflügelmodelle. Von Letzteren produ-

zierten sie 10.158 Stück als MiG-21. Die Tschechen bauten 194, Indien 657 und China über 2400.

Danach folgte der radarbestückte Schwenkflügelabfangjäger MiG-23 und das Bodenangriffsflugzeug MiG-27, die ebenfalls an viele Luftstreitkräfte verkauft wurden (29 von 56 Luftmächten dieser Zeit kauften MiG-Flugzeuge). Die Bedrohung durch die B-70 der USAF führte zur MiG-25, die 3000 km/h (Mach 2,83) flog und große Raketen mitführte. Einschließlich der MiG-25R-Aufklärer wurden 1186 Stück gebaut.

Um den Bedarf an einem Langstreckenabfangjäger mit starkem Radar zu decken, entwarf Yakovlev die Yak-25 mit Gewehren, gefolgt von vielen Versionen, die in der überschallfähigen Yak-28P mit Raketen kulminierten. Diese zweimotorige Familie brachte viele Versionen von Yak-26/27/28 hervor, einschließlich der Yak-25RV mit einer Dienstgipfelhöhe von 20.500 Metern.

Bevor die MiG-25 verfügbar war, hatte Tupolev die IA-PVO (bemannte Abfangjäger) mit einem der größten jemals in Dienst gestellten Jagdflugzeug beliefert. Die Tu-128M hatte eine Spannweite von 17,7 Metern und war knapp über 30 Meter lang. Mit der Kraft von zwei AL-7F- oder VD-19-Motoren erreichte sie 1915 km/h; sie besaß ein enormes Radar und vier Langstreckenraketen.

Unten: *Mit 30 Metern war die Tu-128 der längste jemals in Dienst gestellte Jäger. Dieser Abfangjäger mit extrem großer Reichweite führte Paare von R-4R- und R-4T-Raketen mit, Erstere radargesteuert, Zweitere mit Infrarot.*

Sowjetische Bomber

Im 2. Weltkrieg hatte die UdSSR die Notwendigkeit von strategischen Flugzeugen ignoriert. Doch als die USA im Besitz von Nuklearwaffen waren, erschien die Nachkriegszeit gefährlich. Man versuchte, eine ADD (Langstreckenluftfahrt) mit globaler Reichweite zu schaffen. Gleichzeitig entwickelte die UdSSR, wie die USA auch, Interkontinentalraketen (ICBM).

Rechts: *Einer der ersten Tu-95-Prototypen wurde zur Tu-95SM-20 umgebaut, um die gewaltige SM-20-Mittelstreckenrakete zu befördern. Die Serienversion hieß Tu-95K-20.*

Unten: *Die Tu-95RT war eine Langstreckenaufklärerversion.*

Oben rechts: *Ansichten der Tu-142M, Multisensoraufklärungs- und Unterwasserabwehrflugzeug der AV-MF (Marine).*

Rechts: *Die Tu-16KS, eine frühe Variante der Tu-16, führte unter jedem Flügel eine MiG-KS-1-Mittelstreckenrakete mit. Die Aufklärungsversion hieß Tu-16R* **(kleines Bild).**

Der Schöpfer des strategischen Flugzeugs war eindeutig Tupolew. Aus der B-29 wurde die Tu-4 entwickelt, mit sowjetischen 2400-PS-Motoren und Kanonenbewaffnung. Dies führte zur Tu-85 mit 4300-PS-Motoren, doch schon 1951 testete Kuznetsov die NK-12-Turbopropellertriebwerke mit potenziellen 15.000 PS. Ergebnis war die erstaunliche Tu-95 mit vier NK-12 auf ihren Pfeilflügeln. Abkömmlinge der Tu-95 und der maritimen Tu-142 blieben 40 Jahre lang in Produktion. Kein anderes Flugzeug vereinte die Fähigkeiten dieser Giganten: Sie konnten eine Atombombe mit fünf Megatonnen laden, ein Ziel in 10.000 km Entfernung mit 910 km/h in 12.500 Meter Höhe überfliegen und mit nur einer Betankung zurückkehren. Parallel dazu schufen Tupolews Konstrukteure eine zweimotorige Maschine mit Fähigkeiten, für die andere Nationen vier Motoren benötigten. Aus dem Prototyp 88 mit Erstflug im April 1952 wurde im Dezember 1953 die Tu-16. In den darauf folgenden elf Jahren wurden 1515 Exemplare dieses außergewöhnlichen Flugzeugs in 25 Versionen ausgeliefert. Fast alle hatten zwei RD-3M-500-Triebwerke mit 9490 kg Schub. Die meisten Angriffsvarianten hatten eine sechsköpfige Besatzung, drei ferngesteuerte Gefechtsstände mit 23-mm-Zwillingsgeschützen und entweder eine Bombenlast von 8990 kg oder diverse Marschflugkörper unter Rumpf

oder Flügeln. Eine späte Version, die Tu-16K-26, hatte einen Operationsradius von 7450 km bei Beladung mit zwei Überschallraketen vom Typ KSR zu je 5942 kg.

Der Westen erhascht einen Blick

Einer von Tupolews Seniorkonstrukteuren war in den 30er Jahren V. M. Myasishchev gewesen. Wie Tupolew selbst ließ Stalin auch ihn inhaftieren. Er entwarf viele gute Flugzeuge, doch seine größte Schöpfung war das Projekt 25, das als Prototyp am 20. Januar 1953 flog. Es führte zum strategischen Düsenbomber M-4, der ab Ende 1955 produziert wurde. Wie bei britischen Düsenbombern waren die vier Düsentriebwerke am Ansatz der um 35° geschwenkten Flügel untergebracht, doch hier waren es RD-3M-500A- oder VD-7B-Turbostrahltriebwerke in der 10.900-kg-Klasse. Wie bei der B-52 wurden die Haupträder in den Rumpf eingezogen.

Oben und kleines Bild: *Zwei Ansichten der ersten zehn Serienversionen der Tu-22, hergestellt im riesigen Kazan-Werk, ausgestattet mit VD-7M-Motoren; spätere Versionen hatten den verbesserten RD-7M-2-Motor mit 16.480 kg Schub.*

Rechts: *Zwei Ansichten der Su-24M, Angriffsjagdflugzeug mit Schwenkflügeln. Bestückt mit AL-21F-3A-Motoren zu je 11.235 kg Schub, beförderten sie 8154 kg an Waffen und einziehbaren Sonden zur Luftbetankung.*

Rechts: *Eine Myasishchev 3MD mit Betankungssonde am Bug. Aufgrund des SALT-Abkommens aus den 70ern (strategische Abrüstung) wurden alle verschrottet.*

Das Resultat war ein Flugzeug, das am 1. Mai 1953 über dem Roten Platz einer Valiant sehr ähnlich sah. Doch durch die vier MiG-17-Geleitmaschinen konnten westliche Analytiker erkennen, dass das unbekannte Flugzeug viel größer war; die Spannweite betrug über 50 Meter. Spätere Flugzeuge, bezeichnet als 3MS, 3MN und 3MD (die letzten beiden mit VD-7-Motor), hatten eine Spannweite von über 53 Metern. Mit 191.746 kg ähnelte das Bruttogewicht dieser Versionen eher dem der B-52, verglichen mit den 63.420 kg der Valiant.

Ebenso erstaunlich war die Überschallmaschine Tu-22. Sie flog erstmals am 2. September 1959 und hatte zu beiden Seiten der Heckfinne je ein VD-7M-Düsentriebwerk mit Nachbrenner. Wie bei der Tu-16 war das Fahrwerk in stromlinienförmigen Gehäusen an der Flügelvorderkante untergebracht. Westliche Experten unterschätzten diese Maschine, die in Wahrheit schwerer und stärker war als die viermotorige B-58. Einige dienten als Raketenträger oder Aufklärer. Sie wurden im Tschad, im Irak und in Afghanistan eingesetzt.

Superflugzeugträger der US Navy

Nach dem 2. Weltkrieg führten Spannungen zwischen den Alliierten zum Kalten Krieg, einem Kampf zwischen Ost und West, zwischen unterschiedlichen (großteils ökonomischen) Ideologien. Ein Strategisches Luftkommando (SAC) schien den USA wichtiger als Boden- oder Seestreitkräfte, und so wurden auch die finanziellen Mittel verteilt.

Links: *Die F/A-18 Hornet basierte auf einem Entwurf von Northrop, wurde von McDonnell Douglas gebaut und ist heute ein Boeing-Produkt. Diese frühe Version ist im Werk in St. Louis der größeren und stärkeren F/A-18E Super Hornet gewichen.*

Die US Navy betrachtete die Bildung des SAC 1946 als Bedrohung für ihr Budget. Sie kämpfte um die knappen Mittel gegen die B-36, verlor jedoch, und ein geplanter Superflugzeugträger, die USS *United States*, wurde storniert. Nach weiterem Kampf stimmte der Kongress im April 1950 der Finanzierung eines Superträgers, der CVA-59 *Forrestal*, zu. Die Navy blickte nie zurück, und ihre seegestützten Luftstreitkräfte sind weiterhin auf einer mächtigen Trägerflotte stationiert.

Alle Superträger der Forrestal-Klasse sind heute außer Dienst gestellt. Die erste atomgetriebene CVN-65 Enterprise ist noch im Einsatz, zusammen mit drei Schiffen der Kitty-Hawk- und acht der atomgetriebenen Nimitz-Klasse, wobei noch zwei gebaut werden.

Sie sind die größten Kriegsschiffe der Geschichte, mit einer Verdrängung von 78.000 bis (bei den neuesten Nimitz-Schiffen) 102.000 Tonnen. Jedes ist eine schwimmende Stadt mit einer Bevölkerung von etwa 6000 Menschen, die Hälfte davon für die Flugzeuge zuständig. Obwohl die Flugzeuge an Bord viel größer sind als früher, werden meist über 60 mitgeführt.

In den 50er Jahren waren die Grumman F9F Panther/Cougar und die McDonnell F2H Banshee als Jäger an Bord, als Angreifer die North American AJ Savage (das erste trägergestützte Flugzeug mit Atomwaffen) und die Grumman S-2 Tracker zur U-Boot-Abwehr (ASW). Am Ende des Vietnamkriegs waren als Jäger die McDonnell F-4 Phantom und die Grumman F-14A Tomcat im Einsatz. Zu den Angriffsflugzeugen gehörten die Grumman A-6 Intruder und die Vought A-7 Corsair; die Unterwasserabwehr übernahmen die Lockheed S-3 Viking und Hubschrauber. Grumman lieferte das luftgestützte Frühwarn- und Kontrollflugzeug E-2 Hawkeye. Die Rockwell-A-5-Vigilante-Angriffsbomber hatten den RA-5C-Multisensoraufklärungsflugzeugen Platz gemacht. Mit fast 36.300 kg war diese Mach-2-Plattform die stärkste, die jemals auf

See geflogen wurde. Die nicht überschallfähige Douglas A-3 Skywarrior war mit 37.150 kg schwerer, ihre Schwenkflügel hatten eine ungefaltete Spannweite von 22 Metern.

Neueste Technologie

Die Fähigkeit zum Einsatz solcher Flugzeuge beruhte nicht nur auf der reinen Größe des Flugdecks – mit einer Länge von über 300 Metern und einer Breite von über 75 Metern –, sondern auch auf drei britischen Erfindungen. Das Dampfkatapult ersetzte das mit Kordit betriebene, wodurch schwerere und schnellere Flugzeuge in rascher Folge starten konnten. Das Spiegelvisier ersetzte den Landesignaloffizier bei der Anleitung der Landung auf Deck, sogar bei schlechtem Wetter. Durch das schräge Landedeck konnten Starts und Landungen getrennt von einem großen vorderen Parkareal stattfinden; dadurch war keine Barriere mehr erforderlich und es gab nahezu keine Unfälle mehr auf Deck.

Die heutigen Jagdflugzeuge heißen Boeing F/A-18C Hornet (meist 36 an Bord) und Grumman F-14D (meist 20). Für Angriffe werden bald F-18E (20) verfügbar sein, aufgerüstete EA-6B, E-3C und S-3B bleiben im Dienst. Als Hubschrauber ist der Sikorsky H-60 Seahawk im Einsatz, meistens der SH-60F für ASW-Missionen, der ultrapräzise Navigation in Verbindung mit Tauchsonarsensoren einsetzt, sowie der HH-60H für Angriffs-, Rettungs- und Spezialunterstützungseinsätze.

Ab 1966 erhielt die Navy den Grumman-C-2A-Greyhound-Transporter, der auf dem E-2 beruht, aber einen größeren Rumpf für Spezialfrachten oder bis zu 39 Passagiere aufweist (der aber noch immer vom Katapult starten und mit Fanghaken landen kann). Heute bietet Northrop Grumman den Greyhound 21 an, bei dem die Turboprops durch Turbofans ersetzt wurden; es wird noch geprüft, ob er in Dienst gestellt wird.

Oben: *Eine frühe F-14 Tomcat* **(links)** *mit sechs Phoenix-Raketen und maximal geschwenkten Flügeln und eine neuere Tomcat* **(rechts)**, *die eben die Flügel zum Katapultstart spreizt.*

Rechts: *Der Prototyp RA-5C beim Test 1962; an der Unterseite das lange seitlich gerichtete Radar.*

Links oben: *Eine Lockheed S-3A Viking an Bord der* USS Nimitz *im Juni 1978.*

Links unten: *Grumman-E-2C-Hawkeye-Frühwarn- und Kontrollflugzeug.*

Rechts: *Eine F/A-18A der Marines, die aber bei VFA-125 stationiert war, wo alle Hornet-Piloten ausgebildet wurden. Beachtenswert der 1250-Liter-Zusatztank.*

Landgestützte Flugzeuge der US Navy

Hört man die Worte „Flugzeuge“ und „US Navy“, so denkt man unweigerlich an das Deck eines Flugzeugträgers. Trotzdem sind landgestützte Lufteinsätze ein wichtiger Bestandteil der Operationen der US Navy.

Mit landgestützten Flugzeugen sind hier auch maritime gemeint. Früher operierte die US Navy mit vielen großen Wasserflugzeugen. Vor 50 Jahren gehörte ein eindrucksvoller Tanker/Transporter dazu, die Convair RY-3 Tradewind mit Allison-Turbopropellerantrieb. Die 965 km/h schnelle Martin P6M SeaMaster wurde nie in Dienst gestellt. Das letzte große Wasserflugzeug war die Martin P-5 Marlin mit zwei 3450 PS starken R-3350 Cyclone-Motoren, die von 1951 bis zum Abzug aus Vietnam diente.

Oben: *Lockheeds zivile Constellation militärisch lackiert als EC-121K.*

Mit dem Vietnamkrieg endete auch die Ära der militärischen Lockheed Constellation. Mit vier R-3350-Motoren, ähnlich denen der P-5, wurde der berühmte Frachter 1945 bei der Navy in Dienst gestellt. Bald waren auch spezielle Frühwarnversionen mit riesigen Radarkuppeln im Einsatz. In Vietnam flogen 160 WV-2 (nach 1962 EC-121) Warning Stars, bestückt mit 20 Arten von Sensoren, viele Überwachungsmissionen.

Auch eine andere Lockheed, die verdienstvolle P-2 Neptune, war auf vielerlei Arten im Vietnamkrieg im Einsatz. Doch bei Ozeanpatrouillen und U-Boot-Abwehr war sie längst durch die P-3 Orion desselben Herstellers ersetzt worden. Sie besaß vier T56-Turbopropellerantriebe mit 4910 PS von Allison (heute Rolls-Royce). Entstanden aus der Electra-Verkehrsmaschine, wurde sie 40 Jahre lang produziert, wobei die letzten 110 Stück 1998 von Kawasaki in Japan gebaut wurden. In den letzten 35 Jahren war sie das Standardflugzeug für landgestützte Ozeanpatrouillen aller Küstennationen.

Bei dieser Aufgabe haben die meisten P-3 eine fünfköpfige Flugmannschaft und eine taktische Besatzung von fünf Mann, die eine außergewöhnliche Sensoren- und Waffenphalanx bedient. Zu Letzterer gehören Bomben, Minen, Wasserbomben, Raketen und Harpoon-Langstreckenraketen. Die US Navy prüfte in den 80ern eine P-3 mit neuen Motoren und Propellern. Auch wenn dies nicht weiterverfolgt wurde, könnte eines Tages wieder ein ähnliches Flugzeug eingeführt werden.

Hauptbild und kleines Bild links: *Die P2V-7 war die letzte von Lockheed gebaute Neptune-Version. Das Hauptbild zeigt die erste von 16 2V-7, die Lockheed für Japan baute, wo weitere 48 produziert wurden, gefolgt von 83 P-2J mit japanischem Turbopropellerantrieb.*

Kleines Bild rechts: *Die Martin P4M Mercator hatte zwei Kolbenmotoren und zwei Düsentriebwerke.*

Oben: *Der Sikorsky MH-53E Sea Dragon ist der mächtigste Hubschrauber außerhalb Russlands; er hat drei T64-Motoren und führt in riesigen Seitentanks Zusatztreibstoff mit* (siehe Seite 133).

Links: *Zwei Ansichten der Lockheed (heute Lockheed-Martin) P-3 Orion. Das obere Bild zeigt ein schwieriges Manöver: die Staffelformation beizubehalten, während man die T56-Motoren von Allison (nun Rolls-Royce) in Segelstellung bringt. Der „Stachel" am Heck ist der MAD-Sensor (für magnetische Abweichung), mit dem getauchte U-Boote aufgespürt werden können. Mit voller Kraft (links) setzt eine weitere P-3 Orion zur Landung an.*

Mehrzweckflugzeuge

Zu den unzähligen landgestützten Maschinen zählt auch die Douglas C-9B Skytrain II, ein Frachter und medizinisches Rettungsflugzeug. Sie basiert auf der DC-9 und ist voll für Fracht- und/oder Personenbeförderung ausgestattet, auch für Verwundete, die im Flug medizinisch versorgt werden müssen. Die Skytrain II kann 107 Personen oder 15 Tonnen Fracht laden.

Heute gehört Douglas zu Boeing. Das ursprüngliche Boeing-Werk baut heute den Nachfolger der C-9B, die C-40A. Sie basiert auf der kommerziellen 737-700IGW und kann entweder 121 Passagiere, 70 Passagiere und drei Frachtpaletten oder acht Paletten transportieren.

US Navy und Marine Corps waren Pioniere beim Einsatz von Hubschraubern, und heute sind viele landgestützt. Unter den stärksten sind Versionen des Sikorsky H-53 mit drei GE-T64-Motoren und siebenblättrigem Hauptrotor. Der CH-53E Super Stallion mit 4380 PS starken T64-416-Motoren ist eine Marines-Variante, die für amphibische Angriffe, zur Bergung abgestürzter Flugzeuge und anderes eingesetzt wird. Er kann diverse Waffenkombinationen oder eine Last von 16.300 kg befördern. Im Inneren können 55 „absturzsichere" Martin-Baker-Sitze montiert werden. Der MH-53E Sea Dragon ist eine Navy-Variante mit T64-419-Motoren zu 4750 PS, die über Minenabwehrsysteme und seitliche 1000-Liter-Zusatztanks verfügt. Der geschleppte Schlitten kann alle Arten von Unterwasserminen aufspüren.

Flugzeuge der RAF

1945 wurde Kriegspremier Winston Churchill durch Wahlen von einer Labour-Regierung abgelöst, die die Notwendigkeit militärischer Bereitschaft ignorierte. Daher machte sich beim Ausbruch des Koreakrieges im Juni 1950 Panik breit. Dringende, unökonomische und nicht durchdachte Befehle ergingen wahllos im so genannten Superprioritätssystem.

Superpriorität bedeutete, dass alle Flugzeuge bezüglich Personal und Material Vorrang vor allem anderen hatten. Ergebnis war ein bürokratischer Alptraum, aus dem einige dubiose Flugzeuge hervorgingen.

Die Canberra wurde nicht nur bei English Electric bestellt, sondern auch bei Avro, Handley Page und Short. Der Supermarine-Swift-Jäger wurde mit Superpriorität in Produktion beordert, obwohl er völlig unausgereift und fehlerhaft war. Die Hawker Hunter, die erstmals im Juli 1951 flog, schien als Einzige für Jagdeinsätze geeignet. Sie sollte Ende 1952 in Dienst gestellt werden. Damit das Fighter Command der RAF etwas in der Klasse der MiG-15 hatte, lieferte Canadair in Montreal rasch 430 North American Sabres. Fünf Jahre nach der USAF hatte auch die RAF einen Pfeilflügler.

Oben: *Die Shackleton, aus einem Avro-Bomber von 1936 entstanden, war noch 1962 im Einsatz.*

Unten: *Zwei Ansichten eines viel späteren Avro-Designs, der Vulcan.*

Jedenfalls wurde die Hunter erst 1955 in Dienst gestellt, und selbst dann wies sie noch eklatante Mängel auf. Nach und nach gab man ihr einen stärkeren Rolls-Royce-Avon-Motor, „Hundszahnfortsätze" an den äußeren Flügelvorderkanten sowie große Behälter zum Auffangen der Patronenhülsen von den vier 30-mm-Aden-Gewehren. (Diese hatten zuvor die Luftbremse beschädigt, die nachträglich unter dem Heckrumpf außen eingebaut worden war.) 1958 war die Hunter F6 endlich ein brauchbares Flugzeug. Leider wurden da bereits die MiG-21 und die Phantom für Mach 2 getestet. Außerdem verkündete der Verteidigungsminister in all dem Chaos, dass die bemannte Luftfahrt überholt wäre und die RAF daher ohnehin keine neuen Jagdflugzeuge brauche …

Fehlerkatalog

Großbritanniens letzter Bomber aus Kriegszeiten, die Avro Lincoln, wirkte schon 1945 veraltet. Damit das Bomber Command etwas zu fliegen hatte, lieferten die USA über 70 B-29. Diese dienten als Boeing Washingtons von 1950 bis 1956. Ein neuer Düsenbomber war so dringend nötig, dass man sowohl Avro (die hecklose Deltaflügler-Vulcan mit Bristol-Olympus-Motoren) als auch Handley Page (die Victor, mit Halbmondflügeln und vier AS-Sapphire-Motoren) beauftragte. Für den Fall, dass diese versagten, wurde bei Vickers-Armstrong ein angeblich einfacheres Flugzeug (die Valiant mit vier RR-Avon-Motoren) bestellt. Für den Fall, dass *dieses* versagte, baute Short die Sperrin (vier Avons).

Es folgte ein Lehrstück, wie man einen Düsenbomber nicht entwickelt. Die Sperrin war ein ausgezeichnetes Flugzeug, ging aber nie in Produktion. Die Valiant wurde in der Mk-2-Form getestet, mit einem strukturellen Design für Vollgas auf Meeresniveau. Sie blieb ein Prototyp, während 108 Mk 1 in Dienst gestellt wurden. Dann stellte sich heraus, dass es eine Boden-Luft-Rakete gab, die Bomber zum Angriff auf Meeresniveau zwang (deshalb hatte Vickers die Valiant 2 gebaut), wobei die höhere strukturelle Belastung zu Brüchen bei den Valiants

führte, sodass sie Startverbot erhielten. 1956 waren sowohl Vulcans als auch Victors zum Einsatz bereit. Weil man sich nicht entscheiden konnte, wählte man beide.

Um den dringenden Bedarf an Nacht- und Allwetterjägern zu decken, baute Gloster 302 weit unter Schall fliegende Javelins, Armstrong Whitworth fügte weitere 133 hinzu. English Electric überwand den offiziellen Widerstand gegen die Entwicklung der einsitzigen, Mach-2-fähigen Lightning, und verkaufte entgegen der Vorhersage von Verteidigungsminister Sandys 338 Stück. Die Lightning war ein aufregendes, ausgezeichnetes Flugzeug, doch stümperhafte Budgetplanung und Geiz stellten sicher, dass ihr die Ausstattung ihrer amerikanischen und sowjetischen Pendants versagt blieb.

Oben: *Ein Vickers-Valiant-Bomber vom 214. Geschwader flog 1959 nonstop von London nach Kapstadt, mit nur einer Luftbetankung durch eine Valiant über der Sahara.*

Links oben: *Obwohl sie A.-S.-Saphire-Motoren hatte, kam die Gloster Javelin außer im Sturzflug nicht über 1000 km/h hinaus.*

Links: *Hier eine mit vier Tanks beladene Hawker Hunter FGA.9, ein exzellentes Flugzeug. Die ähnliche Hunter F.1* **(rechts)** *war ziemlich nutzlos; diese vier vom 54. Geschwader konnten nicht einmal ihre Gewehre abfeuern.*

Unten: *Das Ergebnis des V-Bomber-Programms war, dass das 57. Geschwader Lufttankflugzeuge von der Handley Page Victor B.2 erhielt. Die Schlauchrollen befanden sich unter den äußeren Flügeln.*

Flugzeuge der Royal Navy

Mehr als sieben Jahre, nachdem das erste Düsengeschwader der RAF einsatzfähig wurde, verfügte der Fleet Air Arm (FAA) bloß über Seafire und Sea Fury – beides Jäger mit Kolbenmotor.

Anfang der 50er Jahre standen zwei 23.000-Tonnen-Flottenträger beim FAA im Dienst (*Implacable* und *Illustrious*), zwei waren im Bau (*Ark Royal* und *Eagle*) und vier in Reserve, ebenso zehn leichte Träger zu 14.000 Tonnen (davon fünf geliehen) und weitere fünf im Bau. Einige waren am Koreakrieg beteiligt, während andere im Sueskonflikt zum Einsatz kamen.

Ab August 1951 erhielt die FAA die Supermarine Attacker, einen Düsenjet mit Heckrad und Tragflächen, die auf denen der kolbenmotorigen Spiteful beruhten. Zwei Jahre später wurde die Hawker Sea Hawk ausgeliefert, eine weitere Maschine ohne Pfeilflügel, dafür

Rechts: *Supermarine Scimitars vom 807. Geschwader bei einem Looping in Formation.*

Unten: *Eine Hawker Siddeley Sea Vixen FAW2.*

Unten: *Die Hawker Siddeley Buccaneer war eines der ersten Flugzeuge, die für Tiefflugangriffe unter der Radarerfassung entworfen wurden.*

Oben: *Jetstreams waren die letzten von Handley Page gebauten Flugzeuge; der Fleet Air Arm verwendete sie zur Ausbildung von Flugzeugbesatzungen (im Unterschied zu Piloten).*

mit Zentrifugalkompressormotor (Rolls-Royce Nene mit 2265 kg Schub), doch sie hatte ein Bugradfahrgestell. Spätere, von Armstrong Whitworth gebaute Sea Hawks hatten elektrische Querruder, etwas stärkere Motoren sowie Aufhängungen für Bomben oder Raketen.

Ebenfalls 1951 testete de Havilland die D.H.110, einen potenziell außergewöhnlichen Nacht- und Allwetterjäger mit zwei Rolls-Royce-Avon-Axialmotoren, Pfeilflügeln und starkem Radar, in dem Pilot und Radarmann nebeneinander saßen. Die erste stürzte 1952 ab, worauf man sieben Jahre brauchte, um eine trägergestützte Version zu entwickeln. Mit Avons mit 18.105 kg Schub reifte sie im Juli 1959 zur Hawker Siddeley Sea Vixen. Sie hatte keine Gewehre, dafür vier Firestreak-Raketen. Die Vixen FAW.2 hatte mehr Treibstoff und Red-Top-Raketen.

Verschiedene Typen

In der Zwischenzeit benötigte Supermarine 13 Jahre, um die zweimotorige Avon 508 über den Pfeilflügler 525 und die maritime 541 bis zur Scimitar zu entwickeln, die im Juni 1958 in Dienst trat. Die Scimitar war ein Einsitzer mit zwei starken Triebwerken, flog jedoch unter Schall und konnte, weil sie kein Radar besaß, nur einfache Angriffe bei Tag fliegen.

Im Vergleich dazu führte die zweisitzige Blackburn NA39, mit Erstflug im April 1958, im Juni 1962 zur Hawker Siddeley Buccaneer. Sie verfügte über Flugelektronik für Allwettertiefflüge und einen internen Waffenschacht, der eine Atombombe, vier 453-kg-Bomben, ein Kamerapaket oder einen großen Tank aufnehmen konnte. Spätere Versionen hatten RR-Spey-Turbofans mit 5100 kg Schub und Unterflügelstationen zu je 1360 kg.

Das einzige ASW-Flugzeug der frühen 50er Jahre war die Fairey Firefly AS6 und 7 mit Kolbenmotor. Da sie keine Waffen besaß, war ihre Kampffähigkeit begrenzt. Endlich erreichte 1955 die Fairey Gannet die Geschwader, ein einzigartiges Flugzeug mit kompaktem Faltflugrahmen, drei Mann Besatzung, Unterwasserradar, einem großen Waffenschacht für Wasserbomben, Torpedos oder Minen, 16 Raketen und einem Armstrong-Siddeley-Double-Mamba-Turbopropellerantrieb mit zwei unabhängigen 1500-PS-Sektionen, die je einen vierblättrigen

Links: *Weil hier beide Propeller in Betrieb sind, kann man nicht erkennen, dass die Fairey Gannet (hier eine AS.4-U-Boot-Abwehrversion) tatsächlich zwei Motoren besaß.*

Koaxialpropeller antrieben. Zur Reichweitenvergrößerung wurde jeweils ein Antrieb abgeschaltet.

Die Entscheidung von 1958, alle Kampfflugzeuge der RAF zu stornieren, half dem FAA kaum weiter, doch am problematischsten war der Beschluss von 1979, alle Flugzeugträger zu verschrotten. Schließlich benötigten die Flugzeuge für den Einsatz entsprechende Schiffe. Der Verteidigungsminister bestand darauf, dass die Träger „große Kosten verursachen, aber … keine strategische Aufgabe erfüllen, denn nicht einmal der größte könnte nukleare Langstreckenabschreckung aufrechterhalten“. Die Entscheidung erwies sich als falsch, als Argentinien 1982, nachdem der letzte Träger *(Ark Royal)* eingemottet war, auf den Falklandinseln einmarschierte. Plötzlich brauchte man trägergestützte Flugzeuge am anderen Ende des Ozeans. Zufällig hatte man die Sea Harrier *(siehe Seite 175)*, die keinen großen Träger benötigte.

Unten: *Der Westland Sea King HAS.6 wurde wegen des auf dem Dach montierten Radars „Kamel“ genannt; 112 Stück wurden in verschiedenen Versionen an die Royal Navy geliefert.*

Indochina

Die Eroberung des Fernen Ostens durch Japan in den 40er Jahren hatte gezeigt, dass die europäischen Kolonialmächte nicht unbesiegbar waren. Doch gegen die Besetzung bildete sich lokaler Widerstand, den die Alliierten im 2. Weltkrieg unterstützten.

In den ersten Nachkriegsjahren zwangen die lokalen Streitkräfte in ihrem Unabhängigkeitsstreben langsam, aber doch die europäischen Besatzer zum Abzug. 1945–1947 herrschte in Niederländisch-Indien Chaos. Eine brutale lokale Rebellenarmee, die Black Buffaloes, wurde von der britischen Armee mit Unterstützung Japans in Schach gehalten. 1946 kämpften die lokalen Streitkräfte gegen die zurückkehrenden Holländer. Schließlich akzeptierten diese den Verlust des ganzen großen Gebietes, das 1950 zur Republik Indonesien wurde und heute die fünftgrößte Bevölkerung der Welt hat.

In Indochina war der Krieg noch länger und blutiger. Das große und bevölkerungsreiche Gebiet umfasste einen großen Teil Südostasiens, das China mit Siam (heute Thailand) verbindet. Die Rückkehr der französischen Armee 1945 war das Signal für den bewaffneten Widerstand. Der Guerillakrieg gegen die Japaner war von einer mächtigen kommunistischen Gruppe, dem Vietminh, angeführt worden. Frankreich hatte angenommen, dass es seine Herrschaft nach Kriegsende wieder errichten könnte. Doch nur fünf Tage nach der Rückkehr der Franzosen trafen von der RAF über einer Enklave des Vietminh abgesetzte Fallschirmjäger auf erbitterte Gegenwehr. 1944/45 hatten die USA den Vietminh als dominante antijapanische Streitmacht angesehen und ihn mit Waffen unterstützt. Einen Monat nach Kriegsende proklamierte er die Demokratische Republik Vietnam mit Hanoi als Hauptstadt. Sie wurde von Frankreich im März 1946 als „freier Staat innerhalb der französischen Union" anerkannt.

Während einer Säuberungsaktion in kommunistischen Gebieten zwischen Haiphong und Hanoi 1954 zieht ein französischer Fremdenlegionär am Rande eines Reisfeldes in den Krieg.

Verworrene Situation

Die Franzosen verstärkten eiligst ihre Präsenz, obwohl die USA auf Seiten des Vietminh standen. Frankreich griff auf britische, gaullistische und Vichy-Truppen (Letztere waren ständig hier präsent gewesen) zurück, um ein Südvietnam mit Saigon als Hauptstadt zu errichten. Ein langer Krieg kündigte sich an.

Die französische Luftwaffe verfügte über britische, amerikanische, deutsche und japanische Flugzeuge. Bis die Ersatzteile ausgingen, war die Nakajima Ki-43 (von den Alliierten „Oscar" genannt) einer der wichtigsten Jäger. Sie machte britischen Spitfires und, in der Aéronavale, amerikanischen F4U Corsairs und F8F Bearcats Platz. Unter den Bombern fanden sich Martin B-26 Marauders sowie Curtiss Helldivers für die Marine. C-47 (Dakotas) und AAC1 Toucans (von den Franzosen gebaute Ju 52) bildeten Luftbrücken, während zivile Frachter wie die Armagnac und die Boeing 307 Stratoliner die Verbindung nach Frankreich sicherstellten.

Im April 1947 wurde der Luftkrieg ernst. Politisch wurde der Herrscher Bao Dai, eine Marionette der Franzosen, von seinem Premierminister Ngo Dinh Diem kontrolliert. Um die Verwirrung komplett zu machen, besaß das neu entstandene Südvietnam nicht eine Armee, sondern drei. Die Kämpfe spitzten sich zu, bis auf dem Höhepunkt 11.000 französische Soldaten in der Dschungelfestung Dien Bien Phu eingekesselt wurden. Es gab viele heldenhafte Versuche, den Außenposten aus der Luft zu unterstützen, einige davon mittels Fairchild C-119 Boxcars der Central Intelligence Agency (CIA), die mit den Kennzeichen der Civil Air Transport bemalt waren, eine Tarnung der CIA. Doch vergeblich. Die erniedrigende Kapitulation in Dien Bien Phu am 7. Mai 1954 bedeutete das Ende der französischen Herrschaft in Indochina.

Seite 106, oben rechts: *Die Nakajima Ki-43 diente in Indochina, bis die japanischen Jäger 1946 durch die Spitfire IX ersetzt wurde.*

Oben links: *Die Vought F4U-7 war die letzte Version dieses mächtigen Knickflügeljägers.*

Unten: *Als größtes Flugzeug beförderte die SE.2010 Armagnac 11,8 Tonnen Lasten und 100 Soldaten. Sie hatte Wasp-Major-Motoren.*

Oben rechts: *Von der USAAF außer Dienst gestellt (die die Bezeichnung B-26 an die für Indochina weit wichtigere Douglas Invader weitergab), diente die Martin B-26 Marauder in Indochina bei der Groupe de Transport 1/34, bis sie durch die alte Ju 52/3m ersetzt wurde.*

Unten: *Obwohl gegen die Japaner entwickelt, wurde die Grumman F8F Bearcat zuerst gegen den Vietminh eingesetzt. Ein anderes ehemaliges US-Navy-Modell, die Curtiss SB2C-5 Helldiver,* **rechts,** *diente bei der Flottille 3F.*

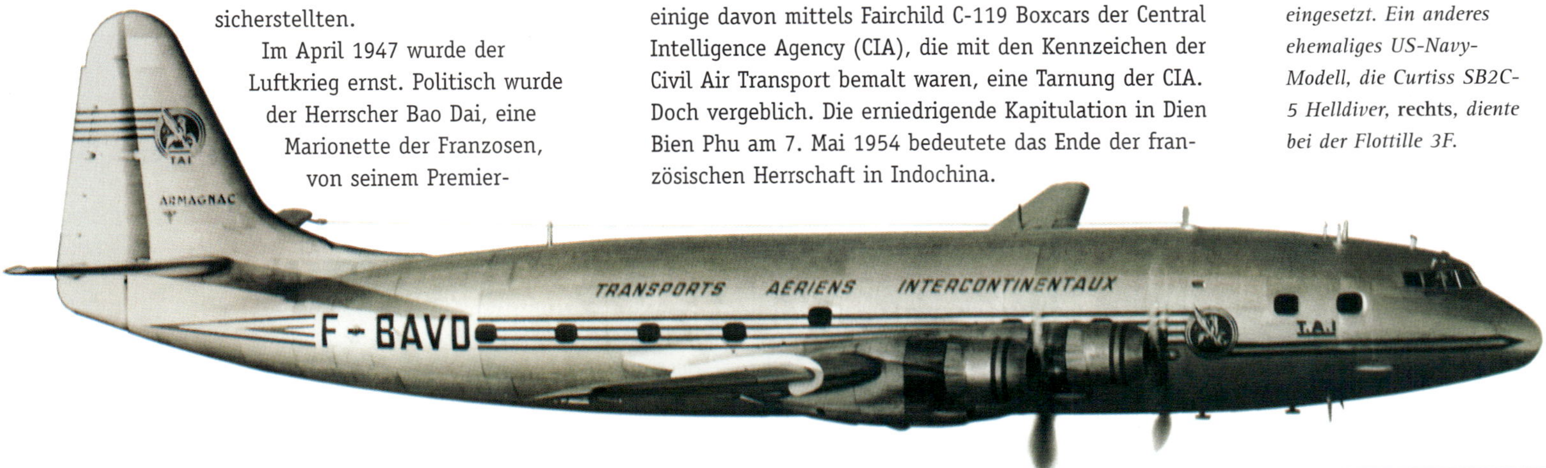

Sues

Der von Briten und Franzosen verwaltete Sueskanal stellte eine wichtige wirtschaftliche und militärische Verbindung zwischen Mittelmeer und Indischem Ozean dar. Die Briten verteidigten ihn, bis sie ihre Streitkräfte aufgrund eines Abkommens im Juli 1954 nach Zypern verlegten. Am 26. Juli 1956 verstaatlichte der ägyptische Präsident Nasser die Kanalgesellschaft.

Oben: *Die Westland Wyvern AS.4 war viel größer, als sie aussah, und verfügte über einen 4100-PS-Armstrong-Siddeley-Python-Turbopropantrieb. Sie beförderte 16 Raketen oder drei 453-kg-Bomben.*

Hauptbild, rechts oben: *Meteor F Mk 8 vom 56. RAF-Geschwader bei Wattisham, England, Anfang der 50er Jahre.*

Da sowohl britische als auch französische Interessen bedroht waren, musste jeder militärische Eingriff eine größere Operation sein. Großbritannien, Frankreich und Israel begannen sofort mit der Planung. Am 2. August wurden Canberras der RAF auf Zypern zusammengezogen, der Truppentransport mit Hastings, Yorks und Shackletons begann am 12. August. Am 29. August gestatteten die Briten die vorübergehende Stationierung französischer Truppen auf Zypern. Dies war Teil eines Plans, der mit dem Absprung von israelischen Fallschirmjägern aus französischen Noratlases über dem Mitlapass beginnen sollte. Nach einer Reihe von Ultimaten – während derer die drei beteiligten Luft- und Seestreitkräfte ihre Flugzeuge mit Invasionsstreifen bemalten (im Unterschied zu 1944 waren sie schwarz und gelb) – brach der Konflikt am 29. Oktober 1956 aus. Die Israelis taten den ersten Schritt, doch beim Absetzen der Fallschirmspringer wurde das Flugzeug, das angeblich den ägyptischen Oberbefehlshaber an Bord hatte, von „unidentifizierten" Jets abgeschossen (tatsächlich flog er unbemerkt in einem zweiten Flugzeug). Am zweiten Tag staunte die RAF, als Canberras von MiG-15 abgefangen wurden. Außerdem geriet der Kapitän einer Valiant der 207 Squadron der RAF in Verlegenheit, weil ihm der Tower des ägyptischen Flughafens, den er soeben bombardieren sollte, hilfreiche Zielinstruktionen gab.

Feuerkraft gegen Hartnäckigkeit

Bis zum 1. November waren alle ägyptischen Flughäfen westlich von Sinai attackiert worden. Das taktische RAF-Luftkommando setzte vor allem die D. H. Venom und die Gloster Meteor ein. Der Fleet Air Arm verwendete sechs Geschwader mit Hawker (Armstrong Whitworth) Sea

Rechts: *Die Handley Page Hastings diente bis in die 70er Jahre als Truppentransporter und Versorgungsflugzeug.*

Oben: *Der Nacht- und Allwetterjäger des Fleet Air Arm war die de Havilland Sea Venom FAW.21. Fünf Geschwader flogen damit Bodenangriffseinsätze.*

Hawks, fünf mit de Havilland Sea Venoms und zwei mit Westland Wyverns mit Turbopropantrieb. Man benützte auch Douglas-AD-4W-Skyraider-Frühwarnflugzeuge, die (geliefert von den USA im Rahmen des Beistandspaktes der NATO) in einem von den Vereinten Nationen nicht gebilligten Krieg gar nicht eingesetzt werden durften.

Die französische Armée de l'Air setzt Republic F-84F Thunderstreaks und Dassault Mystère IVA ein, während die Aéronavale hauptsächlich über kolbenmotorige Flugzeuge wie Grumman F6F-5 Hellcat, Vought F4U-5N und F4U-7 Corsair verfügte. Israel hatte eine

bunte Mischung, zu der Dassault-Jets, Mustangs, Spitfires und sogar B-17 gehörten.

Neben den MiG-15 verwendete Ägypten Il-28-Doppeldüsenbomber, Spitfires, Vampires und Meteor-NF13-Nachtjäger. Eine ägyptische Meteor traf mit ihren Kanonen sogar eine Valiant, die ihr an Geschwindigkeit und Höhe eigentlich überlegen hätte sein sollen. Zu dieser Zeit verstärkte Ägypten seine Luftmacht mit neuen und wirkungsvollen sowjetischen Lieferungen, am zahlreichsten vertreten waren die MiG-17. Zum Glück für die Briten und Franzosen verfügten die Einheiten aber kaum über geschulte Piloten.

Luft- und Bodenoperationen waren ein wüstes Durcheinander. Der Fleet Air Arm etwa verlor dreimal so viele Flugzeuge bei Unfällen auf Deck als durch Feindbeschuss, und bei Abu Ageila kämpften zwei israelische Einheiten gegeneinander. Schließlich führte internationaler Druck am 6. November 1956 zur Beendigung des Konfliktes. Ägypten behielt den Kanal.

Ganz oben: *Die Nord Noratlas, Frankreichs wichtigster Fallschirmjägertransporter, diente 40 Jahre.*

Oben: *Die Dassault Ouragan, Frankreichs erster Jäger in Serienproduktion nach dem 2. Weltkrieg.*

Unten links: *Der Jagdbomber des Fleet Air Arm bei Tag war die Armstrong Whitworth Sea Hawk.*

Unten: *Eine Fairey Firefly AS.5, zweisitziger Aufklärer und Angriffsflugzeug, landet auf der* HMS Glory.

Algerien

Nach 1945 machte Frankreich seinen „Provinzen“ Tunesien und Marokko einige Zugeständnisse, doch Algerien galt als integraler Bestandteil Frankreichs. Einige Algerier waren anderer Ansicht. Ermutigt durch die französische Niederlage in Indochina, bildeten sich 1954 FLN *(Front de Libération Nationale)* und ALN (die dazugehörige *Armée*). Ein langer, blutiger Konflikt begann.

Oben: *Mistrals, wie dieses Geschwader in Marignane, Frankreich, 1951, kämpften an vorderster Front gegen die Rebellen.*

Rechts: *Die Broussard mit dem importierten Wasp-Junior-Motor hatte zwei Heckflossen. Sie konnte zwei Tragen und Sanitäter befördern.*

Mitte der 50er Jahre war die Bevölkerung Französisch-Algeriens sehr gemischt: Berber, Araber, Nachkommen von Europäern, die sich im Mittelalter hier angesiedelt hatten. Der Konflikt mit Frankreich einte das gesamte Gebiet gegen die französischen Einwohner. Geführt wurde der Widerstand von Ahmed Ben Bella. Zwei Geschwader – eines mit Mistrals (Vampires mit Nene-Motor), eines mit veralteten Thunderbolts – waren anfänglich die einzigen Einheiten der Armée de l'Air in Algerien. In den folgenden acht Jahren transportierte man Flugzeuge, Soldaten und Ausrüstung über das Mittelmeer, um Männer zu bekämpfen, die als Rebellen galten, nicht als Freiheitskämpfer. Nach und nach wurden ausgezeichnete Luftstreitkräfte aufgebaut, in GATACs (taktischen Gruppen), EALAs und GALAs (mit leichten Flugzeugen). Die Armee bildete die ALAT (leichte Armeeluftfahrt), die zu einer der größten Luftmächte der Welt wurde.

Die ALAT brachte immer häufiger Hubschrauber zum Einsatz, zunächst Bell 47 und Sikorsky H-19 (als Eléphant Joyeux von Sud-Est in Lizenz gebaut). Wie alle Helikopter konnten diese ein Arsenal von Waffen mitführen, und so waren sie bahnbrechend für den taktischen Einsatz von Kampfhubschraubern. Bis 1956 wurden viele Piasecki (später Boeing-Vertol) H-21 Bananes (Bananen) geliefert, gefolgt von Sikorsky H-34. Sie transportierten zwölf Soldaten und trugen in der Piratenversion mehrere Geschütze von 13 bis 20 mm. Beobachtungs- und Verbindungsmissionen

übernahm der leichte Alouette (Lerche), der erste einsatzfähige Helikopter mit Turbinenantrieb.

Zu den wichtigsten Starrflüglern zählten die Piper L-4 und ihre Nachfolger, die L-18, Nord 3400 und NC856, die alte Sipa-S12-Familie, abgeleitet von der Arado 396, Morane-Saulnier MS500 und MS733 und – vielleicht die nützlichste von allen – die Max Holste MH1521 Broussard (Buschmann). Etwas stärker war die T-6 (Harvard), die 1956 über 60.000 Einsätze flog und mit der bis 1960 32 Geschwader ausgestattet waren.

Schwere Verluste auf beiden Seiten

Ein noch wichtigeres Angriffsflugzeug war 1960 die North American T-28, erzeugt von Sud-Aviation unter PacAero-Lizenz in ihrer von den USA entwickelten Nomad-Angriffsform als Fennec (Wüstenratte). Am schwersten von allen waren die Douglas Skyraiders bewaffnet, von denen 113 in Form der AD-4N angekauft wurden, und die noch stärkeren Douglas B-26 Invaders, die in diversen lokalen Modifikationen zum Einsatz kamen.

Solche Flugzeuge, die von über 30 nach 1955 hastig errichteten Flugfeldern aus eingesetzt wurden, hielten die FLN ständig auf Trab. Gewöhnliche Jäger wie Mistrals und Mystères waren weit weniger wirkungsvoll. Immer mehr wurde die ALN zur Guerillaeinheit, die vom Gebirge aus operierte. Als nahezu einzige Waffe gegen ihre Unterstände galt die ferngelenkte Nord-SS11-Rakete mit dem großen Sprengkopf (ursprünglich zur Panzerabwehr). Sie wurde von zweimotorigen NC702 Martinets und Dassault MD311 Flamants (Flamingos) abgefeuert und gesteuert. Ein Geschwader war für die taktische Arbeit bei Nacht mit MD315R mit Radar ausgestattet.

Schließlich waren die Kosten des Krieges an Menschenleben und Material für das französische Volk zu viel. 1962 informierte General de Gaulle Ben Bella, dass er Präsident eines unabhängigen Staates war.

Oben: *Der wichtigste Hubschrauber war der Eléphant Joyeux (in Lizenz gebauter Sikorsky S-58), der bis zu zwölf Soldaten befördern konnte.*

Oben links: *Die Dassault Flamant hatte Renault-12S-Motoren, entwickelt aus der deutschen As 411 (ganz oben), und wurde in vielen Versionen produziert, von denen einige SS11-Lenkraketen abfeuerten. Frankreich kaufte auch mehrere ehemalige Flugzeuge der US-Streitkräfte, wie den Mehrzweckbomber Douglas A-26 Invader (links).*

Links: *Die Douglas AD-1 Skyraider war das effektivste Angriffsflugzeug und wurde vor allem in der ehemaligen US-Navy-Version AD-4N eingesetzt.*

Ganz links: *Ein gefürchtetes Flugzeug war auch die Fennec, entwickelt aus der amerikanischen T-28.*

Konflikte im Dschungel

Nach sechs Jahren Krieg war Großbritannien in den 50er Jahren finanziell, industriell und militärisch erschöpft. Für die Untertanen des weitläufigen Reiches hatte der Krieg jedoch einen befreienden Effekt; Aufstände waren in vielen Kolonien und in den neuen Commonwealth-Staaten an der Tagesordnung.

Inspiriert durch die Kuomintang in China, schwelten seit 1927 im südostasiatischen Malaya und an der Straße von Karimata kommunistische Unruhen. 1942–1945 hatte Großbritannien kommunistische Guerillas im Kampf gegen Japan unterstützt, doch bis

1948 hatten sie sich zum Stachel im Fleisch der britisch gestützten Regierung von Malaya entwickelt.

Da etwa 80 % der lang gestreckten, hügeligen Halbinsel dichter Dschungel waren, waren die unzähligen kleinen Guerillagruppen nur schwer zu finden. In den Städten gab es weniger Probleme, doch

in ländlichen Gebieten wurden die Dorfbewohner terrorisiert, um den Guerillas Nahrung und Unterschlupf zu bieten. Während des Konfliktes überstieg die Zahl der Kommunisten keine 3000, doch sie hielten 40.000 Soldaten, 61.000 bewaffnete Polizeikräfte und 250.000 Angehörige der Bürgerwehr auf Trab. 519 Soldaten, 1346 Polizisten und 2473 Zivilisten wurden getötet.

Oben: *Die Avro Lincoln warf Bomben auf den Dschungel ab, wie 20 Jahre nach ihr die B-52 der US Air Force.*

Links: *Die Scottish Aviation Twin Pioneer mit 640 PS starken Alvis-Leonides-Motoren konnte alle freien Flächen von 30 Meter Länge verwenden. Sie zeichnete sich in Kenia und Borneo aus.*

► Wegen des akuten Geldmangels konnten die Briten Malaya nur schwer mit den angemessenen Abwehrmaßnahmen unterstützen; außerdem forderten der Koreakrieg und der Sueskonflikt das Militärbudget. Zunächst waren nur Spitfires, Beaufighters und Mosquitos sowie einige wenige Yorks und Dakotas verfügbar. Später wurden Bristol Brigands, de Havilland Hornets und Avro Lincolns ausgeliefert. Nützlicher waren die STOL (Kurzstarter) Pioneers und Austers sowie die Dragonfly-Hubschrauber. Nach zunehmend blutigeren Kämpfen wurden die letzten Terroristen 1960 eliminiert.

Kenia und die Mau-Mau

In Kenia führten Terroristen einen ähnlichen Guerillakrieg – wenngleich mit anderer ideologischer Ausrichtung – gegen die Kolonialherren. 1952 inhaftierten die Behörden Jomo Kenyatta, einen britisch erzogenen Anwalt, wegen Anstiftung eines Aufstandes des Kikuyu-Stammes. Darauf folgte eine Mordserie seitens der Mau-Mau, einer blutrünstigen Geheimgesellschaft.

Im April 1953 wurden zwölf Harvards vom rhodesischen Air Training Wing (einige vom Autor selbst ge-

flogen) nach Kenia entsandt und mit Geschützen sowie Splitterbomben bewaffnet. Sie operierten intensiv und effektiv. Später erhielten sie Unterstützung von Austers, Sycamore-Hubschraubern, Hastings-, Valetta- und Pembroke- Frachtern und sogar von Vampires und Lincolns. Die Aktivitäten der Mau-Mau endeten 1955. Ironischerweise sollte Kenyatta der erste Präsident des unabhängigen Kenia werden.

Während der Krise in Malaya hegte Großbritannien die Hoffnung, Malaya mit Sarawak und Brunei im Norden Borneos zu einem größeren Malaysien zu vereinen. Doch der Sultan von Brunei hatte kein Interesse daran, seine gewaltigen Ölvorkommen mit seinen Nachbarn zu teilen. Aber er wurde ernsthaft durch Indonesien bedroht (früher Niederländisch-Indien), das Brunei und Sarawak gewaltsam annektieren wollte. Nach der Bildung des Staates Malaya im September 1963 wurde Indonesien subversiv tätig. Dies führte schließlich zum Krieg, der durch die Tatsache erschwert wurde, dass das Gebiet an der umstrittenen Grenze zwischen den beiden britischen Protektoraten und Kalimantan (dem restlichen Borneo) dichte tropische Vegetation aufwies.

Bald waren Streitkräfte in beachtlicher Zahl involviert. Wichtig waren vor allem die Transportflugzeuge, wie Hastings, Blackburn Beverley, Valetta, Pembroke, RAAF Hercules, RNZAF Bristol 170 und besonders die Pioneer-, Westland-Belvedere- und Whirlwind-Hubschrauber. Kampfflugzeuge waren Hunters, Javelins, RAAF Sabres, Canberras und sogar Victors (in Sonderkommandos). Zwar fielen 1964 indonesische Anlandetruppen und Fallschirmjäger in Malaya ein, doch 1965 zog sich Indonesien zurück.

Hauptbild: *Zwei Soldaten auf Patrouille bedienen im Februar 1952 ein Geschütz in den Bergen von Malaya, wo die Aktivitäten der kommunistischen Guerilla im vierten Jahr des Konfliktes am stärksten waren.*

Oben links: *Die Valetta diente häufig als Ersatz für die Dakota.*

Oben rechts: *Geschwindigkeit und Reichweite der riesigen Blackburn Beverley waren nicht beeindruckend.*

Oben: *Ein Westland Belvedere des 66. Geschwaders befördert eine hängende Last.*

Unten: *Der allgegenwärtige Harvard-Trainer diente nach dem Krieg für taktische Aufgaben.*

Vietnam

1954 wurde das ehemalige Indochina entlang des 17. Breitengrades in Süd- und Nordvietnam (kommunistisch) geteilt. Als angebliche Bastion der westlichen Demokratie wurde Südvietnam von den USA gefördert. Weil Russland und China Nordvietnam unterstützten, waren die Fronten für einen Krieg gezogen, der die ganze Welt zu involvieren drohte.

Oben: *Die Stärke Nordvietnams lag eher im Bodenkampf als in der Luft. Ältere russische Flugzeuge wie die MiG-17 konnten mit der mächtigen US Air Force nicht mithalten.*

Oben rechts und kleines Bild: *Viele Fairchild C-119C Boxcars übernahmen Lufttransporte und Fallschirmeinsätze.*

Unten: *Die vierte Lockheed C-130E Hercules (von hunderten) wurde zu Testzwecken verwendet. Diese Version hatte stärkere Motoren und fasste mehr Treibstoff.*

Nach zögerlicher Betätigung als militärischer Berater begann die aktive Einmischung der USA 1964 nach einem Angriff auf US-Schiffe im Golf von Tonking. Der Vietnamkrieg zwang eine zunehmend widerstrebende amerikanische Jugend in die Uniform und zeigte die verheerendste Luftmacht, die die Welt je gesehen hatte. Doch gegen den leicht bewaffneten, aber zähen Vietcong, der beständig den Süden infiltrierte, nutzte alles nichts. 1968 waren 95 Flugfelder im Süden fertig, die US-Streitkräfte stationiert und der Sieg schien nahe. Tatsächlich stand jedoch ein Krieg bevor, in dem Waffen und Technik häufig keine Bedeutung hatten.

Große Einheiten aus F-100 Super Sabres, F-105 Thunderchiefs oder B-57 konnten Punkte im Dschungel bombardieren, die zuvor von einem FAC (Forward Air Controller) in einer Cessna O-1 Bird Dog markiert worden waren. Umgebaute Transporter wie die AC-47 und die AC-130 konnten in dunkler Nacht eine Stunde lang kreisen und einen Punkt auf dem Boden mit jedem Kaliber von 7,62 bis 105 mm beschießen. Viele Versionen der Super Constellation von US Air Force und Navy, jede mit bis zu 30 Antennen, flogen neun verschiedene elektronische Missionen. Die ebenso verdienstvolle P-2 Neptune desselben Herstellers verfolgte statt U-Booten nun Lastwägen im Dschungel des benachbarten Laos (eine Infiltrationsroute aus dem Norden), indem sie seismische oder akkustische Bojen mit einer Genauigkeit von wenigen Metern abwarf.

Fehlgeleitete Luftmacht

Nordvietnam baute mit MiG-17 und MiG-21 eine kleine „Volksluftwaffe" zur Verteidigung des eigenen Territoriums auf. Als die USA 1965 eine gewaltige Bombardierungsaktion, genannt Rolling Thunder, starteten, fielen die meisten abgeschossenen Flugzeuge nordvietnamesischen Fliegerabwehrgeschützen und primiti-

ven sowjetischen V-750-Boden-Luft-Raketen (SAM) zum Opfer. Eine große Rolle spielten bei dieser Kampagne A-4 Skyhawks und A-6 Intruders von Flugzeugträgern der US Navy und Flugfeldern der US Marines.

Aufklärung, häufig mit neuen Sensoren und Techniken, gewann große Bedeutung. Die Navy verwendete die RF-8 Crusader, die RF-4C Phantom und die RA-5C Vigilante. Die A-3 Skywarrior der US Navy und die ähnliche B-66 der USAF wurden für Aufklärung, elektronische Kriegsführung und Luftbetankung eingesetzt. Die Grumman OV-1 Mohawk mit zwei Turbopropantrieben flog Schlachtfeldüberwachungsmissionen, während der Sikorsky CH-54 Tarhe abgestürzte Flugzeuge barg. Zu den umstrittensten Einsätzen der Fairchild C-123 Provider der USAF gehörte die Zerstörung des Waldes durch Besprühen mit Chemikalien, um dem Vietcong Nahrung und Deckung zu rauben; am bekanntesten war das Entlaubungsmittel „Agent Orange".

Während die Soldaten im vietnamesischen Dschungel eine neue Bedeutung des Wortes „Hölle" fanden, brachte der Krieg den US-Flugzeugherstellern Milliarden Dollar. McDonnell in St. Louis baute zum Beispiel 5157 F-4 Phantoms statt der geplanten 1200, die meisten für die Air Force. Die letzte Version, F-4E, hatte ein 20-mm-Bordgeschütz und Flügelschlitze zwecks besserer Steuerung bei Bombenlast. 1972 zerstörten B-52 und F-111 den wichtigen Hafen Haiphong, was die Nordvietnamesen im Dezember desselben Jahres zurück an den Verhandlungstisch brachte. Erleichtert zogen die US-Streitkräfte im März 1973 ab. 1975, nach fortgesetzten Verstößen gegen den Friedensvertrag, flammten die Kämpfe wieder auf. Ohne US-Unterstützung brach der Widerstand Südvietnams zusammen, Saigon wurde erobert. Am 30. April verließ der letzte Evakuierungshubschrauber in Schande das Dach der US-Botschaft. Saigon wurde zu Ehren des nordvietnamesischen Führers in „Ho-Chi-Minh-Stadt" umbenannt.

Oben rechts: *Eine Grumman A-6A Intruder zeigt bei der Landung die einzigartigen Luftbremsen an den Flügelspitzen.*

Rechts: *Die Republic F-105 Thunderchief war ursprünglich ein Bomber und viel größer und stärker, als sie aussah. Sie wurde zum Elektronikabwehrflugzeug Wild Weasel, doch die Verluste waren hoch.*

Rechts: *Die Martin B-75 mit Wright-J65-Motoren (Sapphire) wurde aus der britischen Canberra entwickelt.*

Unten: *Die USAF erkannte mit fast beispielloser Geste an, dass die F-4 der Navy das beste verfügbare Jagdflugzeug war und schaffte sie bald in noch größeren Stückzahlen an.*

Flugzeuge für alle

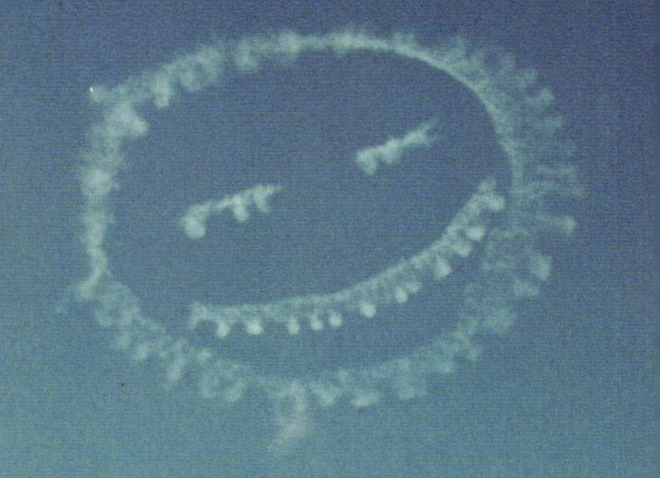

Angesichts der Möglichkeit, große Entfernungen zu überwinden, erkannten visionäre Amerikaner zu Beginn des 20. Jahrhunderts, welche Freiheit der Besitz eines Automobils oder eines Flugzeuges bedeuten würde. Manche dachten, dass bald in jeder Garage ein Flugzeug stehen würde. In Europa diente das neue fliegende Spielzeug eher zur Unterhaltung der jungen Reichen.

Unten: *Zwei Versionen der legendären D.H. Moth, beide mit aufrechten Gipsy-Motoren. Die D.H. 60G (links) wurde in England gebaut, the 60M (rechts) in den USA.*

Nach dem 1. Weltkrieg wurden tausende Flugzeuge zu Schleuderpreisen verkauft. Die meisten waren kostspielig im Betrieb, doch in England trugen einige mächtige Kriegsflugzeuge sogar zur zivilen Unterhaltung bei. Zum Beispiel trugen S.E.5a-Jagdflugzeuge ein Äquivalent des traditionellen Bootsrennens auf der Themse zwischen den Universitäten Oxford und Cambridge in der Luft aus. Der private Flugzeugmarkt war geboren, als eigenständige Einheit, unabhängig von militärischer oder kommerzieller Luftfahrt.

Indem er den Abgasen Chemikalien beimischte, konnte der britische Pilot Major Jack Savage mit umgebauten Flugzeugen Werbebotschaften in den Himmel über New York „schreiben". Ein Werbefachmann sah die neue Modeerscheinung und verpflichtete Savage vertraglich, Slogans für seinen Klienten in die Luft zu schreiben. „Skywriting" ist heute viel seltener, doch das Ziehen von Werbebannern ist noch verbreitet.

Zu Beginn der 20er Jahre wurden hunderte Piloten demobilisiert und gleichzeitig hunderte Flugzeuge außer Dienst gestellt. Viele davon waren Curtiss JN-4 „Jenny", deren Motor nur 90 PS hatte. Weil sie nur 50 Dollar kosteten, starteten viele beschäftigungslose Piloten mit ihren eigenen Maschinen. Über 150 benutzte die neue Berufsgruppe der fliegenden Teufelskerle, die ihr Geld damit verdienten, atemberaubende Flugkunststücke vorzuzeigen und Passagiere auf Rundflügen mitzunehmen. Es war üblich, dass der Pilot oder ein lokaler Tagelöhner, dem man einen Dollar zahlte, in der Stadt Plakate aufhängte und lautstark eine Show für den Nachmittag oder den nächsten Tag ankündigte. Die Jenny war so billig, dass man sie für Filme sogar absichtlich abstürzen ließ, und viele Teufelskerle verdienten ihr Geld als Stuntflieger beim Film. Es war ein hartes Leben, doch viele machten Karriere (Lindbergh war einer von ihnen).

Unten: *Diese Kuriosität tauchte im Juli 1935 aus Jersey auf dem Heston-Flugplatz in England auf. Die Mignet HM-14 erhielt den Spitznamen Flying Flea (Fliegender Floh).*

Von Stunts zur Massenproduktion

Sogar die Blauäugigsten erkannten, dass die Annahme von 1919, jeder würde bald ein Flugzeug in der Garage haben, Unsinn war (kaum jemand besaß ein Auto). Trotzdem veranstalteten viele Kaufhäuser Shows mit leichten Flugzeugen und teurer Pilotenkleidung. Das Pariser Kaufhaus Galeries Lafayette engagierte sogar

Links: *Obwohl Zeichnen am Himmel heute weniger verbreitet ist als bei seiner Erfindung in den 20er Jahren, fasziniert es noch immer. Dieses sonnige Lächeln wurde für einen kalifornischen Radiosender in das Blau gezeichnet.*

Rechts oben: *Der Autor flog 1947 eine Beech Bonanza in Südrhodesien, und Bonanzas werden noch immer gebaut! Heutige Modelle haben kein V-Heck, wie die ersten 10.403 Stück.*

Rechts: *Wahrscheinlich fliegen mehr Leute Cessnas als jedes andere Modell. Dies ist ein typischer Viersitzer, ein Modell 175, obwohl am häufigsten die 172 verkauft wird.*

Unten: *Die DR 400, eines der attraktivsten Modelle von Robin Aviation in Frankreich. Alle DR 400 Viersitzer haben eine Holzstruktur; der gesamte Vorderteil des Cockpits gleitet nach vorne.*

Unten rechts: *Dieses Wasserflugzeug ist eine von über 100.000 Piper Cubs.*

den Veteran Jules Védrines, um eine Caudron G.III auf dem kleinen Dach des sechsstöckigen Hauses zu landen.

Das britische Luftfahrtministerium organisierte 1923 einen Wettbewerb für leichte Flugzeuge. Das vernünftige Konzept wurde dadurch unterminiert, dass es sich auf ökonomischen Treibstoffverbrauch konzentrierte. Das Ergebnis waren gefährlich untermotorisierte Flugzeuge. Zum Glück meinte Captain Geoffrey de Havilland, dass es darum gehen sollte, einen sicheren Zweisitzer zu bauen, und am 22. Februar 1925 begann er, seine D.H. 60 Moth zu testen. Sie hatte einen 60-PS-Cirrus-Motor (basierend auf einem halben V-8-Motor aus dem Krieg) und ging mit 85- und 100-PS-Motoren in Produktion; 403 wurden verkauft. Dann erhielt sie den 130-PS-D.H.-Gipsy mit Hängekolben; weitere 1247 wurden verkauft, sowie 301 von anderen hergestellte Exemplare. Die Moth war bei Clubs und Privatbesitzern in aller Welt beliebt. Der bei weitem größte Markt war Nordamerika, und hier gründeten de Havillands Partner eigene Unternehmen. Stearman baute über 15.000 Flugzeuge, von denen 10.346 im 2. Weltkrieg als Doppeldeckertrainer dienten.

Nach dem 2. Weltkrieg wurde es auf dem Privatmarkt enger. Von den Nachkriegsfabrikanten ist Beech (als Teil von Raytheon) heute noch in Betrieb. Beech lieferte 54.000 Flugzeuge aus. Cessna war von hohen Steuern so beeinträchtigt, dass man die Produktion leichter Flugzeuge 1985 einstellte, später aber fortsetzte; derzeit hält Cessna bei 184.900 Flugzeugen. Berühmt ist auch der Name Piper. Die 100.000. Piper wurde 1976 ausgeliefert, doch es gab mehrere Piper-Nachfolgefirmen.

Pipers Konkurrent war Taylorcraft, dessen britischer Ableger die Auster-Kriegsflugzeuge baute. Auster Aircraft wurde 1946 gegründet und war bis 1960 praktisch der einzige britische Leichtflugzeugerzeuger, doch die Maschinen waren veraltet. Um die Lücke zu schließen und die Firmen Auster und Miles aufzukaufen, wurde die Firma Beagle gegründet, der jedoch 1970 das Geld ausging; sie schloss 1970. So ist Großbritannien die einzige Industrienation ohne Privatflugzeugindustrie.

Firmenflugzeuge

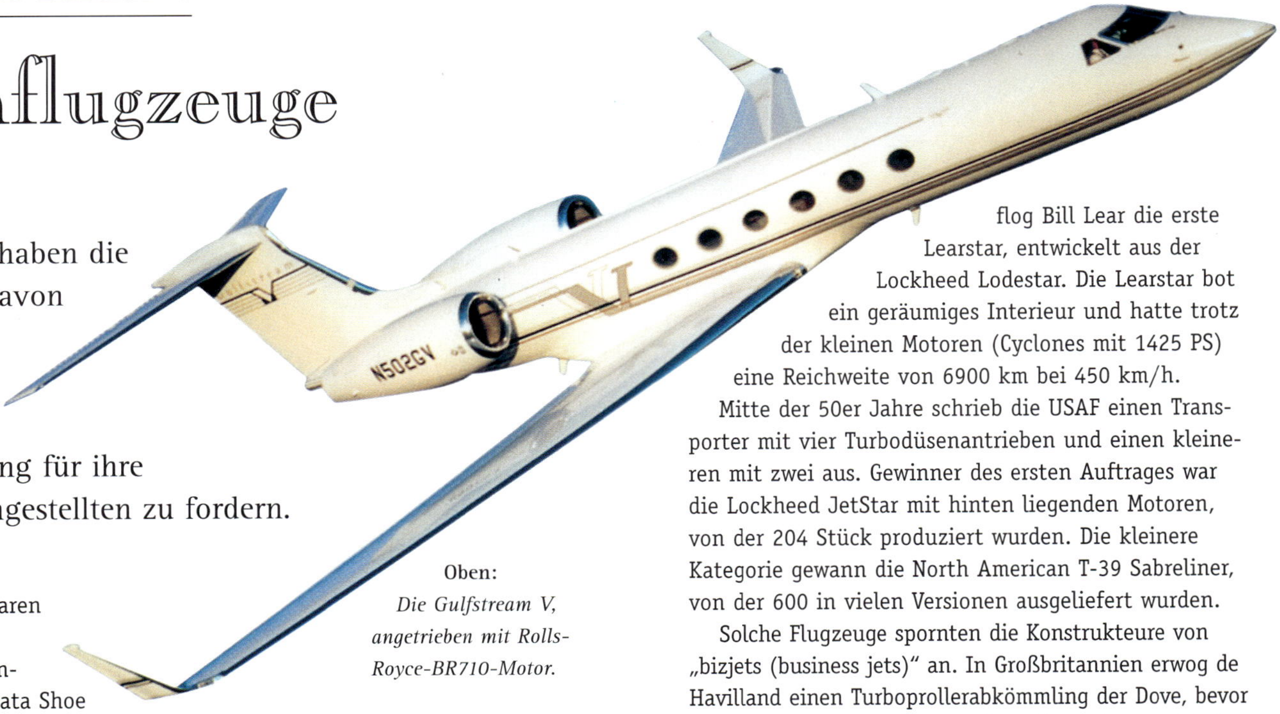

Konstruktions- und Herstellungskosten haben die Geschäftswelt nie davon abgehalten, Bequemlichkeit, Exklusivität und luxuriöse Ausstattung für ihre städtefliegenden Angestellten zu fordern.

Vor dem 2. Weltkrieg waren Firmenflugzeuge rar – trotz Beechcrafts Bemühungen –, obwohl die Firma Bata Shoe drei Lockheed 10-A Electras verwendete. Amerikanische Ölfirmen benutzten in den 30er Jahren jägerartige Rennflugzeuge, die bald ausstarben. Als die Zivilluftfahrt nach dem 2. Weltkrieg ans Ruder zurückkehrte, wurden Firmenflugzeuge zum bedeutenden Markt, insbesondere wenn man bedenkt, dass die meisten dieser Maschinen fliegende Büros für das Topmanagement großer Unternehmen waren und entsprechend viel kosteten.

Anfangs waren die meisten umgebaute schnelle Bomber wie B-25, B-26 (A-26) und PV. Sie waren beeindruckend, aber laut und eng. Im Oktober 1954 flog Bill Lear die erste Learstar, entwickelt aus der Lockheed Lodestar. Die Learstar bot ein geräumiges Interieur und hatte trotz der kleinen Motoren (Cyclones mit 1425 PS) eine Reichweite von 6900 km bei 450 km/h.

Mitte der 50er Jahre schrieb die USAF einen Transporter mit vier Turbodüsenantrieben und einen kleineren mit zwei aus. Gewinner des ersten Auftrages war die Lockheed JetStar mit hinten liegenden Motoren, von der 204 Stück produziert wurden. Die kleinere Kategorie gewann die North American T-39 Sabreliner, von der 600 in vielen Versionen ausgeliefert wurden.

Solche Flugzeuge spornten die Konstrukteure von „bizjets (business jets)" an. In Großbritannien erwog de Havilland einen Turboprollerabkömmling der Dove, bevor die zweidüsige D.H.125 1962 flog. Sie verkaufte sich in alle Welt. 1993 entschied British Aerospace jedoch, dass erfolgreiche Flugzeuge nicht zum „Kerngeschäft" zählten und verkaufte die 125 an Raytheon in den USA, wo man sie Hawker 800 nannte und über 1100-mal produzierte. Heute baut Raytheon auch eine größere Maschine mit größerer Reichweite, die Hawker Horizon.

1963 baute Dassault in Frankreich einen Rivalen für die 125, die Mystère. Ein US-Händler meinte, man sollte sie besser „Falcon"

Oben: *Die Gulfstream V, angetrieben mit Rolls-Royce-BR710-Motor.*

Rechts: *Die Gulfstream I mit zwei Turbopropellern flog erstmals 1958.*

Unten: *Die umgebaute Douglas B-26 war noch immer laut und beengt.*

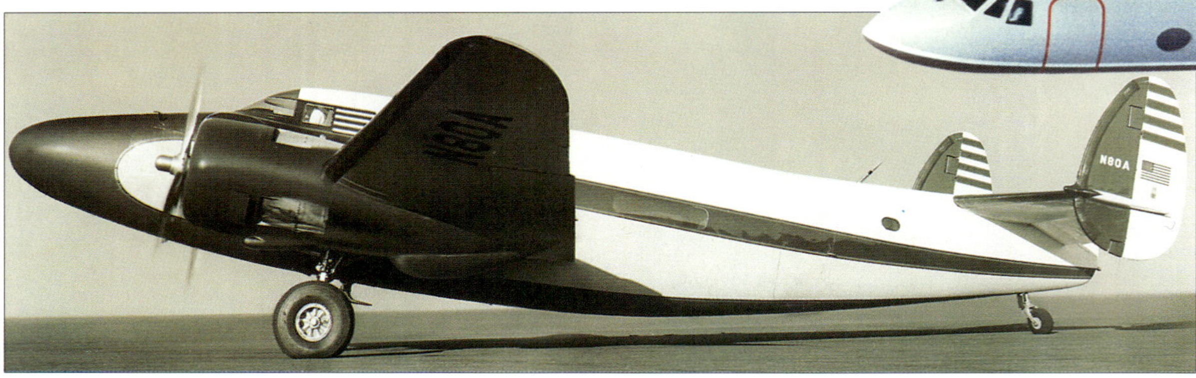

Ganz unten: *Der Beginn von etwas Großem – Bill Lears erste Learstar.*

nennen. Seitdem hat Dassault viele Falcon-Versionen entwickelt, manche davon mit drei Motoren. Dassault hat fast 1500 Falcons verkauft und hält die Erzeugung von Firmenflugzeugen sehr wohl für einen Kern *seiner* Geschäftstätigkeit.

Eine Marktnische ausfüllen

In den 60er Jahren, als neue kommerzielle Düsenjets den Globus kleiner machten, erkannte Bill Lear, dass es einigen Geschäftsleuten eher um Geschwindigkeit als um luxuriöse Ausstattung ging. Er glaubte, sie würden zugunsten von Tempo und Reichweite auf Stehhöhe verzichten. „In einem Jaguar geht man auch nicht spazieren", wird er zitiert. Daher rollten 1963 die ersten von 2200 Learjets vom Fließband.

1958 hieß das Firmenflugzeug von Grumman Gulfstream; es hatte zwei 2100-PS-Dart-Turbopropeller. Im Vergleich mit den „bizjets" bot er eine größere Kabine und höhere Reichweite bei besserer Wirtschaftlichkeit (und viel weniger Lärm). Grumman verkaufte 200 und ließ die Gulfstream II (GII) mit Spey-Turbofans folgen. Danach kam Gulfstream Aerospace mit der GIII mit Speys, der GIV mit Tays und der GV mit BR710.

Oben: *Der für den schnellen Geschäftsmann entworfene kleine Learjet wurde zum schnellen Geschäftserfolg.*

Rechts: *British Aerospace gab die 125 an ein US-Unternehmen ab, das sie in Hawker 800 umbenannte und die Produktion steigerte.*

Unten: *Mit ihren ungewöhnlichen drei Motoren liegt die Dassault Falcon 900 an der oberen Grenze des „bizjet"-Marktes. Eine aktuelle Version flog die 8700 km von Luton, England, nach Las Vegas.*

Insgesamt wurden 1250 Gulfstreams ausgeliefert, alles große Langstreckenflugzeuge mit Rolls-Royce-Motoren.

Es gibt starken Wettbewerb. Bombardier verkaufte über 500 Canadair Challengers und ließ die Langstreckenversion Global Express folgen. Cessna brachte 1969 einen einfachen „bizjet" heraus, genannt Citation. Seitdem verkaufte sich die Citation über 3000-mal in vielen Modellen, einschließlich der Citation X, die mit Mach 0,92 ihre Konkurrenten ausstechen soll.

Am unteren Ende des Marktes ist eine Fülle kleiner Jets erhältlich. Eine, die Eclipse 500, soll einen Grundpreis von nur 775.000 Dollar haben, verglichen mit 40 Millionen Dollar für eine GV oder Global Express. Einige Kunden wollen noch höher hinaus. Boeing bietet die 737 BBJ (Boeing Business Jet) an, während der Airbus Corporate Jetliner auf dem A319 basiert. Manche Potentaten haben 747 und A340 gekauft. Der Chef von *Playboy* stattete seine DC-9-32 mit einem riesigen kreisrunden Bett aus!

Oben: *Die Gulfstream GII ersetzte Turbopropeller durch Turbofanmotoren.*

Agrarische Luftfahrt

Nicht alle Expiloten kauften nach dem 1. Weltkrieg billig überschüssige Flugzeuge und lebten von abenteuerlichen Flugshows oder Kriegsfilmstunts. Zu beiden Seiten des Atlantiks gab es für immer mehr Piloten wichtige Aufgaben in der Landwirtschaft.

Unten, oberstes Bild: *Antonovs An-2 wirkte veraltet, doch sie verkaufte sich besser als allen anderen.*

Unten Mitte: *Die polnische PZL Gawron war ein Abkömmling der Yak-12. Eine andere Version wurde in China gebaut.*

Unten links: *Schweizer baute 1730 Doppeldecker-Ag-Cats für Grumman und kaufte die Rechte.*

Viele Farmer in Nordamerika besaßen nach dem 1. Weltkrieg eine Curtiss Jenny, doch wenige hatten eine praktische Verwendung dafür. In den 20er Jahren wurde im Mississippidelta Delta Air Services (heute Delta Air Lines) als Anbieter kommerzieller Schädlingsbekämpfungsausrüstung gegründet. Doch der massenweise Einsatz von Flugzeugen in der Landwirtschaft begann um 1930 in der Sowjetunion, als immer mehr U-2-Doppeldecker für vielerlei Zwecke verfügbar waren, einschließlich Luftrettung.

Die erste landwirtschaftliche Version der U-2, die AP Aeropyl (Bestäubung), wurde im Oktober 1930 getestet. Obwohl sie den 100-PS-M-11-Motor beibehielt, wurde der vordere Sitz um 25 cm nach vor versetzt und der hintere durch einen 250-Liter-Chemikalientank ersetzt. Die Flüssigkeit wurde durch einen Profilschlauch mit Flügelrad in zehn Meter breiten Streifen verteilt. 1932 standen 260 in Verwendung, 1940 waren es bereits 1235 Stück (genannt Po-2).

1946 gab die UdSSR einen Erlass heraus, demzufolge die Po-2 zu ersetzen war. Die Wahl fiel auf einen anderen Doppeldecker von Antonov in der Ukraine. Die An-2 war viel größer und hatte einen ASh-62-Sternkolbenmotor mit 1000 PS. Sie konnte mit verschiedenen Spezialaufsätzen bestückt werden, bis hin zum Versprühen von Schädlingsbekämpfungsmitteln aus dem 1960-Liter-Tank. Das Cockpit bot zwei Sitzplätze, die Kabine bis zu 14. Es waren Räder, Schier und Schwimmer erhältlich.

Ab 1959 produzierte Polen die sowjetischen Landwirtschaftsflugzeuge; es baute die meisten der über 15.000 An-2. 1974 begann das polnische Hauptwerk, als Ersatz für diese allgegenwärtige Maschine die M-15 zu testen, einen gewaltigen Doppeldecker mit Düsenantrieb. Sie erwies sich als ungeeignet. 20 Jahre lang versuchte man, An-2 zu An-3 mit Turbopropellerantrieb umzubauen.

Neben der früheren UdSSR sind die USA der größte Markt für landwirtschaftliche Flugzeuge. Hier waren viele Leichtflugzeuge mit diversen Sprühausrüstungen versehen. Doch es gab wenige eigens dafür entworfene Maschinen, bis Call-Air 1949 die A-2 mit 125 PS auf den Markt brachte und Kaman K-225-Hubschrauber mit 225 PS. Ein Jahr darauf baute Fletcher die Defender. Sie war zu militärischen Zwecken entworfen worden, doch 1954 erkannte Fletcher, dass das Sprühgeschäft lukrativer war. Ein anderes Flugzeug aus den 50ern war die Ag-1, entworfen vom Texas Agricultural and Mechanical College. Sie war die Art Flugzeug, die gebraucht wurde.

Einfach, aber funktionell

Seitdem wurden mehr als 10.000 landwirtschaftliche Flugzeuge von über 20 Unternehmen in aller Welt produziert. Einige waren so zweckmäßig, dass sie nackt aussahen. Der Larson-D-1-Doppeldecker von 1955 zeigte, dass viele Teile keine Verkleidung benötigten. Die neuseeländische Bennett Airtruck von 1960 war eines der groteskesten Flugzeuge aller Zeiten.

Einige Doppeldecker verkauften sich gut - vor allem die Grumman Ag-Cat, die von Schweizer gebaut wurde, weil die Firma billiger produzieren konnte. Mit der Zeit wurde klar, dass das Ideal ein Eindecker mit tief angesetzten Flügeln, hohem Pilotensitz zwecks guter Sicht und besonderen „Absturzssicherheitsmerkmalen" war.

Seit 1958 war PZL in Polen einer der Hauptproduzenten. Das wichtigste Produkt ist die Dromader (Dromedar), die einen 985-PS-Sternmotor (im Grunde derselbe wie der der An-2), eine Spannweite von mehr als 17 Metern und einen korrosionsgeschützten Tank für 2500 Liter flüssige oder 2200 kg trockene Chemikalien besitzt.

Oben: *Von der DGC-1 Chipmunk wurden einige zu verschiedenen Agrarversionen umgebaut.*

Links oben: *Piper baute 5000 Pawnees wie diese, bevor man auf die Pawnee Brave umstieg.*

Links: *Besprühen eines grünen Weizenfeldes in Norddakota in den 80ern.*

Unten: *Die Agricola, eines der letzten Modelle der britischen Firma Auster, bevor diese verschwand.*

Links: *Diese Zlin Z.37 Cmelak mit britischer Registrationsnummer wird eben beladen. Der tschechische Hersteller hat die Agro Turbo entwickelt.*

Unten links: *Dies war die 600. Ipanema der brasilianischen Embraer.*

Dieses Bild: *PZL baute nahezu 700 Dromaders in Polen, bevor diese M-24 Dromader Super 1987 aufstieg.*

Fliegende Labors

In den Kindertagen der Luftfahrt war jeder Ballon, jedes Luftschiff und jedes Flugzeug ein Forschungsobjekt, das das beschränkte menschliche Wissen über das Fliegen vergrößerte. Heute wissen wir viel mehr über Aerodynamik, doch die Entwicklung neuer und die Verbesserung bestehender Systeme erfordert nach wie vor intensive Tests.

Rechts: *Im Juni 1961 wuchs dieser Boeing 707 ein fünftes Triebwerk, um die Gestalt der neuen 727 mit drei hinten montierten Düsenmotoren nachzuahmen. Diese 707 hat sieben Jahre als Labor gedient.*

Rechts und unten: *Alle sechs Ashtons wechselten ständig ihre Gestalt. Die WB491 (rechts) wird mit einem unten beförderten Conway-Motor getestet, während die WB493 Olympus-Motoren mit Nachbrenner unter den Flügeln testete. Später testete 493 einen Orpheus mit vorgesetztem Eisgitter (ganz rechts).*

Junkers produzierte 1931 die Ju 49 bloß zur Erforschung des Fliegens in großen Höhen. Ihre Spannweite betrug über 30 Meter, doch ihre zwei Motoren mit Vorverdichter betrieben nur einen Propeller. Damit die Besatzung in einer Höhe von mehr als 12.000 Metern am Leben blieb, saß sie in einer Druckkapsel. 1937 flogen Briten mit der großen einsitzigen Bristol 138A sogar noch höher, und die Lockheed XC-35 der US Army war das erste Flugzeug mit vollständiger Druckkabine.

Ende des 2. Weltkrieges bauten die Briten zu Forschungszwecken sechs Avro Ashtons mit je vier Düsenantrieben. Eine trug spezielle Testturbojets unter den Außenflügeln, eine andere hatte einen großen Turbojet- oder Turbofanmotor unter dem Rumpf, während zwei Unterflügelbehälter für Bomben mitführten, die zum Testen von Bombenvisieren und neuen Radars abgeworfen wurden. Doch die Ashtons konnten an Vielfalt nicht mit den Tu-16-Bombern mithalten, von denen mehr als 25 Motoren, Steuerungen, Raketen, Radar, Bombensysteme, Luftbetankung, Schleudersitze und Fahrwerke tes-

Links: *Frei schwebend führen Techniker der NASA 1988 ein Experiment in Schwerelosigkeit durch. Man wollte wissen, welchen Druck ein Astronaut in einem Raumanzug ausüben konnte. Die KC-135 Stratotanker flog beinahe auf Dienstgipfelhöhe und ging dann in freien Fall über, um Schwerelosigkeit zu erzeugen.*

teten. Eine ähnliche Vielfalt gab es bei den Testversionen von Ilyushin Il-18 und Yak-40 mit drei Antrieben.

In den ersten Tagen des Düsenantriebs führte die Möglichkeit, doppelt so schnell wie zuvor zu fliegen, zum Bau spezieller Flugzeuge, die neue Formen und Steuerungen testen sollten. Die P-39 erhielt 35-gradige Pfeilflügel, D.H.108 und Short S.B.5 erforschten Winkel bis 69°; Convair XF-92A und Avro 707 testeten eine Deltaform (Dreieck) ohne Leitwerk, während die H.P.115 ein Deltaflügler mit dem erstaunlichen Winkel von 74° war. Umgekehrt testeten einige Flugzeuge nach vorn gewinkelte Flügel *(siehe Seite 138)*.

Verteidigungssysteme

Viele Flugzeuge wurden zum Testen der komplexen Radar-, Steuerungs- und integrierten Waffensysteme der modernen Jäger verwendet. Die Canberra erwies sich als ideale Testmaschine. Sie hatte die nötige Größe und Flugleistung (neben Überschallflug) und die Verlässlichkeit, dass sich die Techniker auf die speziellen Testaufgaben konzentrieren konnten. Manchmal wurden dafür auch Düsenfrachter benutzt.

Die Yak-40-25 testete den kompletten Bug einer MiG-25R mit dem SRS-4-Elint-Sensor (elektronische Spionage). BAC One-Elevens testeten Abfangjägersysteme. Das System in der Lockheed F-22 benötigte sogar eine Boeing 757 mit einem großen Flügelteil (über dem Flugdeck montiert) zum Testen der Antennen.

Andere bizarre Boeing-Flugzeuge – umgebaute Versionen des Tankers KC-135 – wurden sowohl für elektronische Forschung als auch dazu verwendet, die elektronischen und anderen Systeme feindlicher Nationen zu erkunden. Einige untersuchten den Abschuss großer Raketen und Raumfahrzeuge, andere belauschten jede Art von elektronischer Kommunikation, wieder andere untersuchten die Atmosphäre nach Atomtests oder halfen bei der Entwicklung von neuen Aufklärungssystemen wie seitwärts gerichtetem Radar.

Viele mit Sensoren voll gepackte Flugzeuge assistieren der Wettervorhersage. Mutige Forscher drangen sogar in das Auge von Hurrikans vor. Andere Flugzeuge helfen bei der Kartografierung unseres Planeten, bei Stadtplanung und Landnutzungplänen.

Unten und ganz unten: *Ein vertrautes Flugzeug mit lustiger Nase – der Tanker KC-135, fast eine Boeing 707, durchlief häufig bizzare Verwandlungen, um neue Technologien zu testen. Unten sieht man eines von vier EC-135N-A-LOTS-Luftteleskopflugzeugen mit Zweimeterbugradarschüssel. Die KC-135 ganz unten erhielt als erste CFM56-2-Motoren.*

Feuerbomber

Links und unten: *1966 beschloss Canadair kühn, die CL-215 als Nachfolger für die Kriegsbomber zu bauen, die zum Löschen von Waldbränden eingesetzt wurden. Die Firma stellte fest, dass ihr ein weltweiter Markt offen stand.*

Der Begriff „Feuerbomber“ bedeutete etwas Schreckliches für die Opfer von Feuerbomben im 2. Weltkrieg, doch in Friedenszeiten steht er für etwas Nützliches. Bereits 1921 erkannte man, dass man Flugzeuge zur Bekämpfung von Waldbränden einsetzen kann, die im westlichen Nordamerika, in Australien und anderswo große Verwüstungen anrichten.

Das Ontario Provincial Air Service (OPAS) war für die ersten Nutzer von Flugzeugen in der Forstwirtschaft typisch. 1924 flog OPAS Curtiss-HS-2L-Wasserflugzeuge zur Patrouille, um Nutzholz einzuschätzen und Brände auszumachen. Dann wurden Ranger in das Einsatzgebiet geflogen, um das Feuer am Boden zu bekämpfen.

OPAS war 1944 bahnbrechend für Wasserbomben, als man 142 Liter auf einmal aus einer kleinen Fairchild abließ. Mehrere Probleme tauchten auf: Die kleinen Tanks waren ineffektiv; die Nachfüllung dauerte lange; das Wasser fiel als Nebel herab, wo man doch eine dichte Wassermasse gebraucht hätte; und man musste aufpassen, dass man die Trimmung des Flugzeuges bei langsamen Tiefflügen nicht ernsthaft gefährdete.

Langsam wurden die Flugzeuge an die Brandbekämpfung angepasst. OPAS setzte Beavers ein, die 252 Liter abließen, Otters mit 692, Twin Otters mit 1420 und S-2 Trackers mit 2525 Litern. Viele S-2 wurden zu Conair Turbo Firecats mit Tubropropeller und größeren Tanks.

Waldbrände außer Kontrolle wüten schrecklich. Um die Ausbreitung in schwer zugänglichen Regionen zu verhindern, begannen die USA, größere Flugzeuge einzusetzen. Nach 1945 ersetzte man die Waffen vieler B-17 und B-24 durch große Tanks und Ablasssysteme.

Zu dieser Zeit setzten einige Brandbekämpfungsflugzeuge spezielle Löschflüssigkeiten ein, doch Teams in den USA, Kanada und Japan fanden bessere Methoden. Für eine, zu der OPAS kleine Wasserflugzeuge einsetzte, brauchte der Pilot ruhige Hände. Eine Norseman wurde schnell über Seen und Flüsse geflogen und zog dabei eine „Schöpfkelle“ nach. Noch gefährlicher war das direkte Abschöpfen.

Großflugzeuge bekämpfen Großbrände

In den USA wurde dieser Weg mit großen und starken Flugbooten verfolgt, wie PBY Catalinas, Martin Mariners, Marlins und den riesigen Mars. 1959 kaufte die US Navy die vier verbliebenen Mars und ließ sie von Fairey Aviation in Kanada zu Feuerbombern umbauen. Jede hatte vier Wasp Majors mit 3000 PS; sie konnten beeindruckende 22.710 Liter ablassen, damit ein ganzes Brandgebiet bedecken und dann im Tiefflug über einer nahe gelegenen Wasserfläche Nachshub holen. Kürzlich waren zwei Mars in British Columbia im Einsatz.

In den 60er Jahren waren die meisten Bomber aus dem Krieg eingemottet oder abgestürzt. Im dichten Rauch übersieht man leicht hohe Bäume oder Bodenerhebungen. Ihren Platz nahmen Super Constellations und DC-6B ein. Zu dieser Zeit war es bereits üblich, Feuer löschenden Schaum in die Wassertanks zu spritzen. Das damit gemischte Wasser (dann

Oben: *Diese Consolidated Catalina wurde nicht für das heftige Hochziehen vor Bäumen entworfen ...*

Oben rechts: *Die Sikorsky Firehawk, eine umgebaute UH-60L, wurde im Juli 1998 erstmals getestet. Sie hat ein verlängertes Fahrgestell und einen entfernbaren, schnell entleerbaren Tank für 3819 Liter.*

häufig pink oder rötlich) durchnässte die Bäume schneller und wirkte besser als reines Wasser.

Damals untersuchten die Hersteller die Chancen für ein spezielles amphibisches Feuerlöschflugzeug. Den entscheidenden Schritt wagte Canadair in Montreal; die Firma ließ im Oktober 1967 die CL-215 mit zwei 2100-PS-Double-Wasp-Kolbenmotoren fliegen. 111 Stück wurden in viele Länder verkauft. Heute gibt es umgebaute Versionen mit Turbopropellerantrieb. 60 CL-415 Superscoopers mit 6132 Litern wurden ausgeliefert. Noch mehr fasst der japanische ShinMaywa-US-1A-Umbau mit vier 3400-PS-T64-Turbopropellern und 15 Tonnen Wasser.

Rechts und unten: *Die edle Martin JRM Mars wurde für die Navy gebaut, verbrachte ihre alten Tage aber in einer anderen Rolle.*

Frühe Mühen

Der Renaissancekünstler und -wissenschafter Leonardo da Vinci (1452–1519) hinterließ Skizzen einer Maschine, die man als Hubschrauber bezeichnen könnte. Man darf bezweifeln, dass er funktioniert hätte, auch wenn da Vinci einen entsprechenden Antrieb gehabt hätte. Doch sein Traum blieb eine Verlockung für andere.

Rechts: *Die viersitzige Pitcairn PA-19.*

Unten: *Juan de la Ciervas C-6 Autogiro.*

Seit da Vinci haben Erfinder versucht, einen Hubschrauber zu bauen, eine Flugmaschine, die sich mittels rotierender Flügel hebt. 1907 begann Igor Sikorsky in Kiew mit dem Bau einer solchen Maschine. Fünf Jahre später gab er auf, wechselte zu Flugzeugen *(siehe Seite 15)* und kehrte erst viel später zurück.

Das erste erfolgreiche Flugzeug mit rotierenden Flügeln war eine andere Spezies. Der Spanier Juan de la Cierva kombinierte einen angetriebenen Propeller mit einem motorlosen Rotor. Beim Start ließ die aufwärts strömende Luft den Rotor rotieren, was Auftrieb gab. Der Vorteil waren kurze Start- und Landewege. Er nannte seine Maschine „Autogiro".

Unten: *1907 – Louis Breguets Installation für die Gyroplane Nr. 1.*

Immer mehr Autogiros tauchten auf, einige von Westland und Avro in Großbritannien gebaut, von Pitcairn in den USA und von anderen Lizenznehmern. In der UdSSR erwies sich die TsAGI A-7 als starkes Kampfflugzeug. 1936 hatte Cierva eine Methode perfektioniert, den Rotor über einen Schaft aus dem Motor anzutreiben, bei neutraler Rotorneigung. Der Pilot verlagerte den Antrieb dann auf den Propeller und verstellte die Rotorneigung. Die Maschine stieg senkrecht auf und flog dann wie ein normales Autogiro.

Den Hubschrauber zu meistern stellte sich als schwieriger heraus. In einem Hubschrauber ist das Rotorsystem ständig mit dem Motor verbunden. Einige Erfinder versuchten es mit gegenläufig rotierenden Rotoren, einer über dem anderen. Andere nahmen einen Hauptrotor, dessen Drehmoment durch einen kleinen Rotor am Heck neutralisiert wurde.

Der französische Flugzeugbauer Louis Breguet plagte sich 30 Jahre, bevor er im Juni 1935 erste Erfolge mit überlagerten Koaxialrotoren erzielte. Erfolgreicher war Heinrich Fockes Focke-Achgelis Fa 61 mit zwei gegenläufigen Rotoren, die nebeneinander an langen Auslegern montiert waren. Hanna Reitsch erregte 1938 Aufsehen, weil sie ihn in einer Halle vor Publikum flog.

Sikorsky und Bell haben Erfolg

Ein weiterer deutscher Pionier war Anton Flettner. 1930 entwarf er einen Hubschrauber, dessen Rotor von kleinen Motor-Propeller-Einheiten auf den Rotorblättern angetrieben wurde. Sein Fl 282 Kolibri mit verbundenen „Schneebesen"-Rotoren ging 1942 für die deutsche Marine in Produktion und wurde ab Januar 1943 der erste Fronthubschrauber. In der Zwischenzeit hatten Focke-Achgelis die nebeneinander liegenden Rotoren zum Fa 223 Drache weiterentwickelt. Mit einem 1000-PS-BMW-Motor hatte er eine Nutzlast von 1277 kg.

Die Arbeit der Deutschen endete 1945, als bereits zwei US-Firmen Hubschrauber erzeugten. Als erster stieg am 14. September 1939 der VS-300 auf, mit Sikorsky als Pilot. Nach und nach machte er aus

Oben: *Einer der ersten Serienhubschrauber war der Sikorsky R-48 der US Army; dies war der sechste von 100.*

Oben rechts: *Die meisten Sikorsky S-55 waren militärisch, doch dieser gehörte einer Firma.*

Rechts: *Stalin gab Yaklev nur ein Jahr für den Yak-24. Dieser mit 1600 PS und 40 Sitzen brauchte nur etwas länger.*

diesem komplizierten Biest das Serienmodell R-4 Hoverfly von 1945.

Sikorsky produzierte 1945 den verfeinerten S-51. Im November 1949 machte er mit dem S-55 einen großen Schritt vorwärts. Dessen Motor war in einem Winkel am Bug montiert und betrieb einen Schaft, der zwischen den Piloten schräg nach oben zum Hauptgetriebe unter dem Hubrotor verlief. Eingebaut waren diverse Motoren der 600-bis-800-PS-Klasse, von denen einige später durch Turboschaftmotoren ersetzt wurden.

Auch Larry Bell hatte mit Hubschraubern Erfolg, und seine florierende Flugzeugfirma baute auch leichte Helikopter. Der Bell 30 von 1943 führte direkt zum klassischen leichten Beobachtungshubschrauber Bell 47 mit dem Cockpit hinter einer Plexiglaskuppel. Dem ersten folgten (bislang) 34.000 weitere Bell-Hubschrauber.

Links: *Der Bell 47B war angeblich der erste zivile Serienhubschrauber. Bell stellte 78 dieser Zweisitzer, von denen einige noch immer fliegen.*

Hauptbild: *Dieser Bell 47G-2A ist typisch für die später serienmäßig produzierten Bell-47-Versionen, die durch die TV-Serie M.A.S.H. berühmt wurden.*

Revolutionäre Turbinen

Von den ersten Tests im 19. Jahrhundert bis zu Whittles Erfindung des Turbojetantriebs 1929 lieferten Gasturbinen gerade mal die Kraft, einen Schaft zu drehen. Die ersten Turboschaftmotoren waren komplex, schwer und den Kolbenmotoren in vielerlei Hinsicht unterlegen, doch 1950 hatte sich die Technologie verändert.

Unten: *Durch den Erfolg des Alouette wurde Sud-Aviation und später Aérospatiale zum führenden Lieferanten turbinenbetriebener Hubschrauber.*

Am 10. Dezember 1951 wurde der Kaman K-225 vorgestellt. Damit begann das Zeitalter der Hubschrauber mit Turboschaftmotor. Plötzlich bot ein neuer Antrieb mehr Kraft bei weniger Gewicht, flexiblere Treibstoffanforderungen mit anderen Oktanzahlen sowie das Ende von Motorkühlungsproblemen. (Frühere Hubschrauber benötigten Kühlgebläse und überhitzten auch dann im Schwebflug.) Der Turboschaft erleichterte die Anbringung des Motors in Verlängerung von Hauptgetriebe und Rotorhub. Vor dem K-255 befand sich der Motor entweder hinter der Kabine (R-4), im Bug mit langer Übersetzung zum Getriebe (S-55) oder auf Flügelstutzen (S-56). Nun konnten alle dynamischen Teile – Motoren, Getriebe, Übersetzung und Rotoren – über dem Rest der Maschine untergebracht werden, sodass im Rumpf Platz für Cockpit und Ladung blieb.

Am 12. März 1955 flog Sud-Aviation in Frankreich erstmals den Alouette (Lerche) II, eine Modifikation eines existierenden leichten Dreisitzers mit Turbomeca-Artouste-360-PS-Motor. Dies war der erste Turboschafthubschrauber, der in Serienproduktion ging; den 1300 Stück folgten 1382 Alouette III mit 870-PS-Astazou-Motor und bis zu sieben Sitzen. Viele andere wurden in Lizenz gebaut. Der Lama, eine Version für Einsätze in großen Höhen, wurde auch in Indien und Brasilien hergestellt.

Diese kleinen Maschinen machten Aérospatiale (das Nachfolgeunternehmen von Sud-Aviation) zu einem Hauptlieferanten für turbinenbetriebene Hubschrauber. Die Tests für den Super-Frelon (Hornisse) begannen 1959. Daraus entstand eine Vielzahl an dreimotorigen Maschinen für maritime Einsätze, ausgerüstet mit Tauchsonar und vier Torpedos oder für 27 Passagiere oder 28 Soldaten. Die meisten besitzen Turmo-Motoren mit 1550 PS. 1965 brachte es die Puma von Aérospatiale *(siehe Seite 134)* mit zwei Turmos auf 266 km/h Marschgeschwindigkeit.

Oben: *Ein 37-sitziger ziviler Super Frelon, 1963 für den Geschwindigkeitsrekord von 350 km/h umgebaut* (kleines Bild).

Rechts: *Diese Super-Frelon SA-321F beendet die Flugtests vor ihrem Einsatz zwischen den griechischen Inseln.*

Links: *Ein Bell UH-1F, zur Unterstützung auf Raketenabschussbasen.*

Unten links: *Der Sikorsky HSS-2 wirkte klein, als die UdSSR den riesigen Mil M-6 vorstellte. Dies ist ein ägyptisches Exemplar.*

Hubschrauber kennzeichnen Vietnam

Am 20. Oktober 1956 flog Bell den ersten XH-40 der US Army. Er besaß 825-PS-Lycoming-T53-Motoren, sechs Sitze und konnte verschiedene Aufgaben erfüllen. Später UH-1 genannt, sollte er als Huey berühmt und für den Vietnamkrieg in enormen Stückzahlen produziert werden (einschließlich 5435 UH-1H). Fast die Hälfte der bis dahin gebauten 34.000 Bell-Hubschrauber waren Hueys. Er hatte auch unzählige Abkömmlinge. Der kleine OH-4-Beobachtungshubschrauber wurde von Bell 1962 hergestellt. Er führte zur JetRanger-Familie, die ebenfalls in großen Stückzahlen für private und militärische Abnehmer produziert wurde.

Im September 1957 schockte der kaum bekannte sowjetische Konstrukteur Mikhail Mil die USA mit seinem Mi-6. Mit zwei 5500-PS-Motoren, die einen fünfblättrigen 35-Meter-Rotor antrieben, Platz für 90 Passagiere oder zwölf Tonnen Fracht sowie Geschwindigkeiten von bis zu 300 km/h war er um zwei Klassen besser als jeder westliche Helikopter. Für 19 Nationen wurden 874 gebaut. Neben ihm sah Sikorskys S-61 von 1959 klein aus. Dieser hatte zwei 1200-PS-GE-T58-Motoren und war ursprünglich als HSS-2 (später SH-3) Sea King der US Navy gedacht. Viele Sea Kings und S-61 folgten, darunter Linienmodelle für 30 Passagiere.

Unten: *Hueys im Staub – bei ihrem letzten Unterstützungsauftrag 1973 im Vietnamkrieg nehmen UH-1 amerikanische Kriegsgefangene in einem Lager in Loc Ninh auf.*

Kampfhubschrauber

Links: *Ein Kennzeichen des Boeing Apache Longbow ist das über dem Rotor montierte Radar. Apaches,* **rechts**, *spielten eine wichtige Rolle als Waffenträger bei Desert Storm.*

Den ersten Militärhubschraubern begegneten militärische Führer mit Skepsis, ebenso wie Generäle des 1. Weltkriegs das Flugzeug unterschätzt hatten. Vietnam änderte das. Der Krieg im dichten Dschungel machte den Einsatz von Kampfhubschraubern notwendig.

Unten: *Eine spätere Version des HueyCobra, der AH-1S der US Army. Er hat einen aufgerüsteten T53-Motor, ein M197-Gewehr und acht TOW-Lenkraketen.*

Die wichtigste Aufgabe des Hubschraubers im Krieg war es bislang, Truppen und Ausrüstung an vorgelagerte Stellungen zu befördern. Größere Transporthubschrauber *(siehe Seite 134)* geben klare, teure Ziele ab, also fliegen sie selten in Feindesnähe. Manchmal ist es jedoch nötig. In Vietnam stieß der HH-3E (eine S-61-Variante, genannt Jolly Green Giant) weit über Dschungelgebiete vor, um abgeschossene Besatzungen zu retten. Er war gepanzert und hatte 127-mm-Geschütze sowie eine Nachtanksonde. Der stärkere CH-54B Tarhe (S-64) konnte dann das zugehörige Flugzeug bergen.

1961 schuf das Mil-Team in Moskau den Mi-8, einen Transporthubschrauber, der sowohl mit der produzierten Stückzahl (über 10.900) als auch mit der Zahl der Versionen (einschließlich Mi-17 mindestens 77) alle Rekorde brechen sollte. Angetrieben von zwei 1700-PS-Motoren, konnten die Grundversionen 26 Personen oder 2990 kg Nutzlast transportieren. Frontmodelle wurden mit 48 verschiedenen Ausrüstungssätzen bestückt, einschließlich vieler Arten von Waffen und Elektronik.

1962 erwog die US Army – angestachelt von Bell – ein Luftkavalleriekonzept, das auf einem wendigen Angriffshubschrauber mit schlankem Rumpf für den Piloten und den Schützen, der ein Waffenarsenal bedienen würde, aufbaute. Das Resultat war der lange Produktionslauf des AH-1 HueyCobra. Spätere Versionen hatten zwei GE-T700-Motoren zu je 1725 PS, die dreimal so viel Kraft lieferten wie der einzelne 1100-PS-T53-Motor von Avco Lycoming (heute Honeywell) der frühen Versionen. Der Cobra inspirierte die Konkurrenz. Die US Army wählte bald den AH-64 Apache aus, den zuerst Hughes, dann McDonnell Douglas und heute Boeing produzierte. Der Apache mit zwei T700-Motoren verfügt über ein einzelnes 30-mm-Gewehr und verschiedene Raketen; einige Varianten haben ein Mastspitzenradar. Es wurden über 1000 Stück für neun Nationen gebaut.

Hubschrauber für Kampfeinsätze

Die erste Antwort der Sowjets war der Feuerunterstützungshubschrauber Mi-24 mit größerem Rumpf. Neben verschiedensten Waffen beförderte er acht Soldaten.

Rechts: *Der Mi-24, erstmals getestet 1969, führte zu 5200 Mehrzweckhubschraubern in 34 Versionen, darunter 1000 an andere Nationen verkaufte.*

Diese Mehrzweckmaschine erwies sich als sehr erfolgreich, sogar im harten Afghanistankonflikt. Über 2400 Stück wurden an 47 Länder ausgeliefert. Dadurch erwarben die Mil-Designer unter der Führung von Mark Vineberg Erfahrungen, die sie beim Mi-28 umsetzten.

Der Mi-28 wurde erstmals im November 1982 gezeigt; auch er verwendet zwei TV-3-Motoren mit 2200 PS für den fünfblättrigen Hauptrotor. Dieser unterscheidet sich jedoch stark, und der schlanke Rumpf ohne hintere Kabine ist der eines Kampfhubschraubers. Der Pilot sitzt über und hinter dem Navigator/Schützen; an den Flügelstutzen können diverse Raketen mitgeführt werden. Im Unterbuggefechtsstand sitzt ein mächtiges 2A42-Geschütz (Kaliber 30 mm), während beim Mi-24 ein vierläufiges 12,7-mm- oder ein zweiläufiges 23-mm-Geschütz üblich ist. Der Mi-28N ist eine Allwetter- und Nachtversion.

Die Konkurrenten des Mi-28 sind der Kamov Ka-50N, ein Einsitzer für Allwetter und Nacht mit Koaxialrotoren, und der Ka-52 Alligator mit nebeneinander liegenden Sitzen. Außerdem rivalisieren der französisch-deutsche Eurocopter Tigre (Tiger), der italienische Agusta A129 und der südafrikanische Denel Rooivalk. Beim Tigre, den es in mehreren Versionen gibt, sitzt der Pilot vorne, und beide Cockpits haben duale Steuerung. All diese Kampfhubschrauber haben umfassende Flugelektronik, einschließlich elektrooptischer Zielerfassung.

Rechts: *Der Eurocopter Tigre wird in mehreren Versionen für Frankreich, Deutschland und Australien produziert.*

Unten links: *Kamovs einsitziger Ka-50 hat TV3-Motoren mit 2190 PS. Er fand wie sein zweisitziger Partner, der Ka-52, Abnehmer in aller Welt.*

Unten rechts: *Mit dem von den Franzosen erfundenen Fenestrom-Heckrotor überlebte der Boeing-Sikorsky RAH-66 Comanche eine politisch beeinflusste Entwicklung.*

Marinehubschrauber

Während Armee und flügge gewordene Luftstreitkräfte noch über den Wert des Hubschraubers nachdachten, fanden ihre maritimen Gegenspieler rasch Verwendungsmöglichkeiten.

Oben und kleines Bild: *Der Westland Lynx kann bei verschiedensten Wetterbedingungen von Schiffen aus operieren. Die Marineversion erkennt man an den Rädern anstelle der Kufen.*

Mitte, oben: *Der Sikorsky CH-53E Super Stallion hat drei Motoren.*

Mitte, unten: *Der auf Seite 101 abgebildete noch stärkere MH-53 Sea Dragon beim Minenräumen.*

Die ersten Aufgaben, für die man Hubschrauber geeignet hielt, waren maritim. 1944 unterstützte die deutsche Kriegsmarine die Fl 282 Kolibri *(siehe Seite 126)* mit der Fa 330 Bachstelze. Gezogen von einem U-Boot brachte dieses antriebslose Autogiro seinen Piloten 122 Meter in die Luft, um nach Schiffen Ausschau zu halten. Über 200 wurden in Dienst gestellt.

Ein Sikorsky HNS-1 polterte 1944 über ein US-Navy-Deck, während ein YR-4 der USAAF britische Soldaten aus dem Dschungel von Burma flog, einen nach dem anderen. Die Maschinen wurden bald stärker.

1953 begann Bell, den ersten HSL-1 mit Rotoren an Bug und Heck zu testen, angetrieben von einem 2400-PS-Double-Wasp-Motor. Er sollte U-Boote finden und zerstören, wofür es bisher zwei Hubschrauber brauchte – einen mit Sensoren, einen mit Waffen.

Im Vergleich dazu war der Transport von Truppen und Vorräten einfach. Bei Sues *(Seite 108–109)* spielten Sycamores und Whirlwinds (lizenzierte S-55) eine wichtige Rolle. Zu dieser Zeit war Flugwache bereits Routine. Dabei wurde ein Hubschrauber bei Flugoperationen vor dem Backbordquartier (links hinten) aufgestellt. Wenn ein Flugzeug ins Meer stürzte, war er sofort bereit, um Überlebende aus dem Wasser zu ziehen. Als Erster wurde speziell für diese Aufgabe der Piasecki (später Vertol) HUP Retriever entworfen.

Ab September 1961 erhielt die US Navy den H-3 Sea King. Er besaß zwei General-Electric-T58-Propellerturbinen, zuerst mit 1000, später mit 1400 PS. Der H-3 war der erste Turbinenhubschrauber der US Navy, der erste amphibische und der erste, der U-Boot-Jagd und -Abschuss zufrieden stellend kombinierte. Für dieselbe Aufgabe von Küstenbasen aus benutzte die sowjetische AV-MF den Mil Mi-14PL. Trotz ähnlicher Gestalt war er fast doppelt so stark und hatte viel mehr Kapazität.

U-Boot-Abwehr

1964 begann Sikorsky, den CH-53 Sea Stallion für das US Marine Corps zu testen. Er verfügte über zwei GE-T64-Motoren mit 2380 PS und konnte feindliche Küstenlinien mit 38 voll ausgerüsteten Soldaten oder verschiedensten Waffen und Sprengladungen angreifen. Sikorsky entwickelte denselben Hubschrauber zum CH-53E Super Stallion, mit drei 4380-PS-T64-Motoren und

55 Soldaten oder einer Hängelast von 16 Tonnen. Der MH-53E Sea Dragon, ebenfalls eine Weiterentwicklung, wurde zum Minenräumen eingesetzt *(siehe Seite 101)*.

Westland flog den ersten Lynx im März 1971. Heute sind fast 400 davon ausgeliefert, die Hälfte davon für maritimen Gebrauch. Er hat zwei RR-Gem-Motoren mit 1120 PS (in der neuesten Version CTS800 aus den USA). Diese wendige Maschine kann von Kriegsschiffen aus mit vielfältigen Sensoren und Waffen zur Abwehr von U-Booten oder Schiffen bei jedem Wetter und nachts operieren. Armeeversionen besitzen Kufen anstelle von Rädern sowie andere Sensoren und Waffen.

1957 bestellte die US Navy Kaman H-2 Seasprites mit T58-Motor, für Such- und Rettungs-, Flugwachesowie Gebrauchseinsätze. Spätere H-2 hatten einen

zweiten T58 und Antischiffsraketen. Wegen des niedrigen Preises verkaufen sich überarbeitete Modelle nach wie vor. Die US Navy ersetzte H-2 und H-3 durch den Sikorsky SH-60 Seahawk, eine Marineversion des Black Hawk. Mit den zwei T-700 fliegen Seahawks die autonomen U-Boot-Abwehrmissionen; andere Versionen übernehmen Such-, Rettungs- und Antischiffaufgaben.

Noch stärker ist der EH 101 Merlin (in Kanada Cormorant). Mit drei 2100-PS-RTM322-Motoren ist er der leistungsfähigste und am umfassendsten ausgerüstete Hubschrauber für Marinemissionen. Er wird von Westland (UK) und Agusta (Italien) gemeinsam produziert.

Ganz links: *Abgeleitet von der Mi-8/Mi-17-Familie, hat der Mil Mi-14 selbst wieder mehrere Versionen hervorgebracht, alle amphibisch.*

Links: *Der Kamov Ka-25, bemerkenswert wegen seiner gegenläufigen Rotoren, diente auf vielen sowjetischen Schiffen. Heute verwendet die russische Marine die stärkeren Ka-28, 29 und 31.*

Unten: *Ein EH 101 Merlin kehrt auf eine Fregatte der Royal Navy zurück.*

Ganz unten: *Ein Sikorsky SH-60F zur U-Boot-Abwehr taucht sein Sonar.*

Transporthubschrauber

Natürlich bezog die Zivilluftfahrt nach dem Krieg auch den Hubschrauber in die wirtschaftliche Expansion mit ein. Doch während sich Helikopter beim Frachttransport bewährten, erwies sich die Beförderung von Passagieren als schwieriger.

Oben: *Der Fairey Rotodyne war der Prototyp eines senkrecht startenden logistischen Linientransporters, der bis heute seinesgleichen sucht. Ganz nach britischer Art wurde er seinem wichtigsten Konkurrenten übergeben und vergessen.*

Rechts oben: *2001 ist der Mi-26 der bei weitem stärkste Hubschrauber.*

In der unmittelbaren Nachkriegszeit waren nur kleine Hubschrauber verfügbar. British European Airways experimentierte mit S-51, Sycamores und S-55. Die belgische Sabena leistete 1953 Pionierarbeit mit ihrem internationalen Netzwerk, das Städte in Belgien, Frankreich und den Niederlanden durch S-55 verband. Wie dieses Beispiel zeigt, schritt die Entwicklung rasch voran. 1947 begannen Los Angeles Airways mit S-51, die drei Passagiere mit 130 km/h beförderten, doch 1962 flog der S-61L der LAA bereits 30 Passagiere mit 235 km/h.

Zwei Ansichten des einzigartigen Kamov Ka-22 Vintokryl (Schraubflügel).

Die russische Aeroflot wurde zum weltweit größten Benutzer ziviler Hubschrauber. Die Zahl der Mi-2, Mi-4 und Mi-8 ging in die hunderte. Der Mi-6 verfügte über bis zu 90 Sitze. Ihm zur Seite stand der Mi-10 Crane, der sperrige Objekte von bis zu 15 Tonnen transportieren und präzise abladen konnte. Doch der riesige Mi-12 blieb ein Prototyp.

1946 begann Fairey mit den Arbeiten am Gyrodyne, der mit 200 km/h bald einen Geschwindigkeitsrekord aufstellte. Die Arbeiten wurden mit dem Rotodyne fortgesetzt, der einen Rotor für den Senkrechtstart mit Turbopropellern für den Distanzflug kombinieren sollte.

Im November 1957 begannen die Tests für den Rotodyne mit 2800-PS-Napier-Eland-Turbopropellern. Für den Senkrechtstart wurden Zusatzkompressoren eingebaut, um Luft in Verbrennungsdüsen an der Spitze des 27-Meter-Rotors zu leiten. Dieser Prototyp konnte 40 Personen mit 307 km/h befördern, die Serienversion mit RR-Tyne-Motoren sollte 70 mit 325 km/h tragen. Aus politischen Gründen wurde Fairey aufgelöst, der Rotodyne an Westland übergeben und später aufgegeben.

Als Fehler erwies sich auch – diesmal aus technischen Gründen – der Kamov Ka-22. Er hatte zwei auf einem Flügel montierte Turbopropellermotoren, die mechanisch über ein Übersetzungssystem gesteuert wurden, das die beiden 23-Meter-Rotoren antrieb. Ein Ka-22 stellte mit 357 km/h einen Rekord auf, doch zwei Ka-22 stürzten ab; die Arbeiten wurden 1966 eingestellt.

Monster des Himmels

Der Konkurrent Mil, gedemütigt durch das Versagen des riesigen Mi-12, entschied sich für eine konventionelle Maschine. 1975 begannen die Arbeiten am Mi-26. Ivchenko Progress – damals unter der Leitung von Vladimir Lotarev – arbeitete am 11.000-PS-D-136-Motor, von dem zwei den achtblättrigen Hauptrotor antreiben sollten. Der erste Mi-26 wurde im Dezember 1977 getestet; bald wurden diverse zivile und militärische Ver-

sionen produziert. Linienvarianten haben meist 80 Sitze, medizinische Versionen bieten Platz für 60 Tragen und exzellente Ausrüstung. 2001 standen 299 dieser unvergleichlichen Hubschrauber im Gebrauch.

Der einzige annähernd vergleichbare westliche Hubschrauber ist der Chinook, von Piasecki 1956 entworfen, von Vertol 1961 geflogen und heute ein Boeing-Produkt, das auch in Japan und früher in Italien gebaut wurde. Fast alle 1170 Chinooks waren Militärtransporter. Doch auch zehn kommerzielle 234 mit 44 Sitzen wurden erzeugt. Diese Tandemrotormaschinen besitzen zwei AL5512-Motoren zu 4075 PS von Avco Lycoming (heute Honeywell). Aber auch sie konnten zu einem vernünftigen Flugpreis kein Geld verdienen.

Der Puma *(siehe Seite 128)* fand militärische und zivile Abnehmer, vor allem auf Ölfeldern. Er hatte 20 bis 29 Sitze. Sikorsky begann 1998 mit Tests für den völlig neuen S-92, betrieben mit zwei 2400-PS-CT7-Motoren. Trotz Anfangsschwierigkeiten soll der S-92 in vielen Versionen gebaut werden; der zivile Transporter hat 19 Sitze. Hauptkonkurrent ist der dreimotorige EH 101 Heliliner, der mehr Platz und 30 Sitze bietet.

Oben: *Der Chinook,* **der** *Fracht- und Personentransporter der NATO.*

Rechts: *Ein Modell des neuen Mil Mi-38, ein direkter Rivale des EH101. Der 30-sitzige Prototyp soll bald fliegen.*

Sikorsky erwartet weltweit eine starke Nachfrage für militärische und zivile Versionen des S-92. Die Linienversion ist der Helibus.

Schneller als der Schall

Bei einer Konferenz von Aerodynamikern 1935 wurde erklärt, dass Überschallflugzeuge dünne Flügel haben müssten. Ein Delegierter, Adolf Busemann, meinte, dass sich Doppeldecker sehr gut eignen würden, weil die Schockwellen zwischen den Tragflächen vorteilhaft interagierten ...

Oben: *Die Bell XS-1, 1947 umbenannt in X-1.*

Testpiloten im 2. Weltkrieg bekamen bei steilen Sturzflügen merkwürdige Probleme. Viele konnten nicht mehr hochziehen und stürzten ab. Zufällig hatte die Spitfire dünnere Flügel als andere und brachte es auf Mach 0,92. Nicht einmal Meteor, Me 262 oder Shooting Star schafften das. Typhoons hatten bei 0,78 Probleme.

Das britische Ministry of Supply erteilte 1943 einen Auftrag über vier Miles-M.52-Flugzeuge, die das Fliegen mit bis zu 2414 km/h (Mach 2,27) erforschen sollten. Ein Jahr später überredete der Amerikaner Ezra Kotcher das National Advisory Committee for Aeronautics (NACA), ein Überschallforschungsflugzeug zu bauen. Im März 1945 wurde zwischen NACA, US Army und Bell ein Vertrag über drei XS-1-Flugzeuge abgeschlossen. Sie ähnelten der M.52, nur der Antrieb war kein Turbojet, sondern ein Raketenmotor, und der Heckflügel starr.

Bis dahin hatte die M.52 gute Fortschritte gemacht, und Captain Eric „Winkle" Brown war bereit, sie zu fliegen. Doch im Januar 1946 wurde das M.52-Programm aus rein politischen Gründen gestrichen. Das ist für die Briten sehr schade, weil 1970 nachgewiesen wurde, dass die M.52 ein machbares Projekt war, das die Lorbeeren für das Durchbrechen der Schallmauer ernten hätte können, wäre es fortgeführt worden.

Schließlich flog der USAF-Captain Charles E. „Chuck" Yeager (mit zwei gebrochenen Rippen von

Rechts: *Lockheed F-104C Super Starfighters des Tactical Air Command der USAF. Zwecks größerer Reichweite haben sie 643-Liter-Tanks in den Flügelspitzen und 852-Liter-Tanks in Rumpfpylonen.*

einer wilden Party am Vorabend) am 14. Oktober 1947 mit der ersten XS-1 (1947 umbenannt in X-1), Nr. 46-062, Mach 1,06. Später erreichte dieses Flugzeug Mach 1,45; das sind etwa 1540 km/h.

Überschalldüsenjäger tauchen auf

Am 1. Oktober 1947 begann North American Aviation (NAA), das erste Jagdflugzeug mit Pfeilflügeln, die XP-86 Sabre, zu testen. Testpilot George Welch kam damit am 26. April 1948 über Mach 1. Danach wunderte sich Los Angeles über häufige Überschallknalle, das Geräusch, wenn die Schallwellen auf den Boden treffen.

Am 11. März 1951 hielt die Lavochkin La-190 Mach 1,03 (1191 km/h) mehrere Minuten lang auf der relativ geringen Flughöhe von 5000 Metern. Als erster Überschalljäger ging jedoch die MiG-19 in Produktion, bekannt für den Winkel ihrer Flügel, der nicht wie üblich 35°, sondern 55° betrug. Ihre Prototypen waren die I-350 vom Mai 1951 und die SM-2 vom Jahr danach. Die meisten MiG-19 erreichten Mach 1,44. Mit Raketen aufgerüstete Versionen wie die SM-12 erreichten Mach 1,8.

Im Westen hatte abermals NAA die Nase vorn, diesmal mit der YF-100 Super Sabre *(Seite 89)*, die beim Erstflug am 25. Mai 1953 Mach 1 überschritt. Lockheed erkannte, dass Pfeilflügel nur den Anstieg des Luftwiderstandes in den Überschallbereich verlegten. Ein echtes Überschallflugzeug kann gerade Flügel haben, solange sie dünn sind. Die Lockheed F-104 Starfighter überschritt mit kleinen, dünnen Flügeln Mach 2.

Andererseits konnten sich auch Designer irren. Der hecklose Deltaflügler Convair YF-102 vom Oktober 1953 war nicht überschallfähig. Mit modifiziertem Rumpf kam er auf Mach 1,25. Die Convair F-106 erreichte mit besseren Einlässen und stärkerem Motor Mach 2,25. Großbritannien geriet ins Hintertreffen, obwohl die Fairey F.D.2 im März 1956 mit 1822 km/h (Mach 1,73) einen Rekord aufstellte. Mit Hilfe dieses kleinen Forschungsflugzeugs baute Dassault in Frankreich die Mirage III, die im Oktober 1958 schneller als Mach 2 flog.

Oben: *Eines der verblüffendsten Flugzeuge, die Grumman X-29, zeigte, dass der FSW (vorwärts geschwungene Flügel) funktionierte. Dann wurde sie prompt vergessen.*

Links: *Ein ebenfalls auffälliges Flugzeug, die Republic XF-91, war eines der wenigen, dessen Flügel sich nach innen verjüngten. Man wollte die Haupträder nahe den Flügelspitzen unterbringen.*

Unten: *Die mit sehr knappem Budget produzierte Fairey F.D.2 hob den Geschwindigkeitsrekord von 1323 auf 1822 km/h.*

Auf zu Mach 7

Die 50er waren ein bemerkenswertes Jahrzehnt, in dem sich USA und UdSSR ein Kopf-an-Kopf-Rennen um Mach-Zahlen lieferten. Es schien, als würde es unendlich so weitergehen.

Oben und unten: *Die North American X-15A2, oben mit weißer Spezialbeschichtung zum Schutz vor extremer Hitze beim Überschallflug, wurde 1967 zum schnellsten Flugzeug der Welt.*

Bereits im Mai 1949 flog Republic Aviation die XF-91 Thunderceptor *(siehe vorhergehende Seite)* mit Düsen- und Raketenantrieben. Sie war nahezu einzigartig, weil sich ihre Flügel nach innen verjüngten, um die Hauptzwillingsräder in die breiten Flügelspitzen einziehen zu können. Zwei Jahre später nahm Republic eine noch größere Herausforderung in Angriff. Die XF-103 hatte kleine Deltaflügel und -heckflügel, sowie einen 25 Meter langen Rumpf, in dem sich ein komplexes Staustrahltriebwerk befand. Ein Turbojetmotor mit Nachbrenner, basierend auf dem britischen Bristol Olympus, sollte die XF-103 in 10.700 Meter Höhe auf Mach 1,5 beschleunigen. Große Tore sollten dann langsam den Turbojet abkoppeln und die Luft auf das Staustrahltriebwerk lenken, was den Jäger in 24.000 Meter Höhe auf Mach 3,7 bringen sollte. Bei einer solchen Geschwindigkeit ist ein Flugzeug kaum mehr manövrierfähig. Das wurde als Handicap für einen Jäger erachtet. Bis heute hat niemand ein schnelleres Jagdflugzeug als die MiG-25 gebaut. Sie wurde produziert, weil die USAF die NAA XB-70 Valkyrie zu bauen drohte, einen fantastischen Bomber mit 61 Meter Länge, aus Spezialstahl, damit er tausende Meilen mit Mach 3 fliegen konnte. Er wurde nie in Dienst gestellt, doch die UdSSR musste auf die Bedrohung reagieren.

Die NAA Vigilante hatte A. I. Mikoyan beeindruckt; sie hatte keilförmige Einlässe, dünne, hohe Flügel und (ursprünglich) ein nach außen abfallendes Doppelleitwerk. Seine Konstrukteure entwarfen einen Abfangjäger, der ein starkes Radar und große Lenkraketen über große Distanzen mit 3000 km/h (Mach 2,83) transportieren konnte. Bald tauchten MiG-25R-Aufklärungsvarianten auf. Schließlich baute das Gorki-Werk 1186 MiG-25 in 23 Versionen, abgesehen von den vielen Prototypen.

An den Rand des Weltraums

Während Bell in der Nachkriegszeit Versionen der XS-1/X-1 für die USAF entwickelte, entwarf Douglas El Segundo unter dem brillanten Ed Heinemann die D-558-II für

Links: *Die Lockheed SR-71 Blackbird war schneller als eine Gewehrkugel und konnte in einer Höhe von über 24.000 Metern Mach 3 überschreiten.*

Oben rechts: *Die MiG-25 ist noch immer das bei weitem schnellste Jagdflugzeug der Welt.*

Unten: *Das NASA-Shuttle* Challenger *kehrt nach Edwards zurück, begleitet von einer T-38 der NASA. Die UdSSR baute eine etwas kleinere Kopie, genannt Buran (Schneesturm), ohne Hauptraketenantriebe (sie waren am riesigen Tank montiert).*

die US Navy. Sie war das erste Flugzeug, das Mach 2 überschritt (am 20. November 1953, mit A. Scott Crossfield als Pilot). Ihr sollte die D-558-III folgen, das erste echte Weltraumflugzeug, entworfen für Mach 9 (9560 km/h) auf 213.000 Meter Höhe! Doch die Admirale meinten, Hyperschallflug an der Grenze zum Weltraum sei nicht Sache der Navy: Die D-558-III wurde nie gebaut.

Die Air Force wollte höher hinaus und ließ NAA die X-15 bauen. Sie sah aus wie ein riesiges Rohr mit kleinen Flügeln, einem großen Leitwerk (ohne fixe Heckflügel) und einem beeindruckenden Raketenantrieb. Der Flugrahmen bestand aus einer Nickellegierung, ähnlich der, die man für Gasturbinenblätter benutzt. Am 8. Juni 1959 wurde die erste X-15 von einer B-52 hochgezogen und machte einen Gleitflug, um auf zwei Metallkufen am hinteren Ende zu landen. Als die Raketen funktionierten, flog die X-15 immer schneller und höher, bis Joe Walker am 22. August 1963 108.000 Meter Höhe erreichte und Major Pete Knight am 3. Oktober 1967 Mach 6,72 flog (7274 km/h).

Die letzten schnellen Flugzeuge gehörten zur Lockheed-Blackbird-Familie. Sie begann mit der A-12 vom April 1962 und wurde über die YF-12A-Abfangjäger weiterentwickelt zum größeren und schwereren Aufklärungsflugzeug SR-71, das im Dezember 1964 erstmals flog. SR-71 stellten mit 3529 km/h (Mach 3,32) Rekorde auf und erreichten eine Höhe von 25.900 Metern. Doch entworfen waren sie für Mach 4 auf 36.600 Metern, und ihre wahre Leistung bleibt bis heute geheim.

Senkrechtstarter

Alle Hubschrauber und manche Autogiros starten und landen senkrecht. Doch die Bezeichnung „Senkrechtstarter“ (VTOL = Vertical Take-Off and Landing) bezieht sich auf eine andere Art von Fluggeräten, von denen die meisten eine hohe Geschwindigkeit mit der Fähigkeit zum Start von kleinen Flächen aus verbinden.

Unter den Ersten waren kleine Flugzeuge mit starkem Turbopropantrieb. Mittels gegenläufiger Propeller stiegen sie aufrecht in den Himmel und kippten dann in normale Fluglage. Convair und Lockheed bauten 1954 Prototypen für die US Navy. Doch man erkannte, dass sie als Jäger wenig taugten und schwierig auf dem Heck zu landen waren.

Der X-13-Jet von Ryan basierte auf derselben Idee. Mit dem Rolls-Royce-Avon-Motor hing er wie eine Motte an der Wand. Dann baute Ryan die XV-5 („flat riser“) mit abwärts gerichteten Gebläsen in den Flügeln, die im Normalflug bis 880 km/h von Klappen bedeckt waren.

Rechts: *Die Convair XFY-1 der US Navy funktionierte, war aber schwierig zu landen und für den Luftkampf kaum ausgerüstet.*

Die Ryan X-13 hing wie eine Motte an einer Mauer.

1955 baute Bell die X-14, ein normal wirkendes Flugzeug mit zwei General-Electric-J85-Turbojets mit schwenkbaren Deflektoren, sodass ihr Schub entweder gerade nach unten oder nach hinten gerichtet werden konnte. Zehn Jahre später entwarf dieselbe Firma die viel merkwürdigere X-22A. Sie hatte einen Frachterrumpf mit vier hinten montierten General Electric T58. Diese trieben über Wellen vier riesige Gebläse an. Beim Senkrechtstart bliesen sie gerade nach unten. Dann schwenkten sie und gaben Vorwärtsschub. Bei zunehmendem Tempo wurde das Flugzeug durch einen hinteren Flügel unterstützt, mit zusätzlichem Auftrieb durch die Entenflügel mit Frontgebläse. Es konnte auf über 2400 Meter schweben und erreichte 410 km/h.

Oben: *Eine Ryan XV-5B mit düsengetriebenem Gebläse in den Flügeln – eine schwierige Lösung.*

Mitte der 50er Jahre konzentrierten sich die Konstrukteure auf zwei Arten von Jet-Senkrechtstartern. Einige hatten eine Phalanx vertikal montierter, leichtgewichtiger Turbojets, die nur für Start und Landung verwendet wurden. Die anderen setzten eine neue Art von Düsenmotor mit rotierenden Düsen ein, die für Start und Landung nach unten gerichtet werden konnten.

Pioniere des ersten Typus waren zwei Short S.C.1 mit Erstflug im April 1957. Sie waren kleine Deltaflügler mit fünf Rolls-Royce-RB.108-Turbojets: einem für den Antrieb und vier vertikalen für den Auftrieb. Wie bei anderen Senkrechtstartern musste man für die Steuerung bei Null-Geschwindigkeit sorgen, wenn gewöhnliche Steuerflächen nutzlos sind. Dazu wurde Druckluft von den Motoren zu pilotengesteuerten Düsen in Bug, Heck und Flügelspitzen geleitet. Die S.C.1 verfügten über hoch entwickelte Autopiloten und leisteten viel für die Forschung, etwa hinsichtlich blinden Senkrechtlandungen bei Nacht oder Nebel.

Senkrechtstarts werden Routine

Dieselbe Idee verwendete Dassault in Frankreich bei der Balzac und später der Mirage IIIV. Entwickelt aus dem Jäger Mirage III hatte sie einen größeren Rumpf, um einen Pratt-&-Whitney/SNECMA TF306-Turbofan als Antrieb und eine Batterie von acht RB.162-Auftriebsdüsen rund um den Schwerpunkt unterzubringen. Zwei dieser Flugzeuge wurden gebaut. Im September 1966 startete eines senkrecht, wechselte zum Geradeausflug und beschleunigte auf Mach 2,04 (2173 km/h). Es war das erste VTOL-Überschallflugzeug.

Die ersten VTOL-Frachter waren deutsche Dornier Do 31. Sie hatten zwei Rolls-Royce-Pegasus-Richtungsschubmotoren unter den Flügeln, vom selben Typ wie die der Harrier *(siehe Seite 174)*. Wenn VTOL benötigt wurde, konnte der Auftrieb der Hauptmotoren durch Flügelspitzenboxen mit je vier RB.162-Düsenjets verstärkt werden. Dieses Flugzeug konnte mit einem Gewicht von 27.180 kg senkrecht starten und dann auf 644 km/h beschleunigen.

In der Sowjetunion baute Yakovlev das Testflugzeug Yak-36 mit zwei R27-Motoren mit rotierenden Deflektoren. Danach kamen die Marinejäger Yak-36M und Yak-38 mit verbesserten R27-Motoren und zwei RD36-35-Auftriebsdüsen. Diverse Versionen dienten als Kampfflugzeuge bei der sowjetischen Marineluftfahrt. Die Yak-38 hatte eine Höchstgeschwindigkeit von 1150 km/h, erreichte im Sturzflug aber Mach 1,35.

Davon abgeleitet wurde die größere und schwerere Yak-41. Sie hatte einen R79V-Motor mit 15.480 kg Schub und drehbaren Düsen sowie zwei 4095-kg-Auftriebsdüsen, und flog erstmals im März 1987. Die vier erzeugten Yak-41 stellten bald den Steigratenweltrekord auf, vom Senkrechtstart auf eine Höhe von 12.000 Metern mit einer Nutzlast von 1998 kg in 130,64 Sekunden. Leider gab es nach dem Zerfall der Sowjetunion kein Geld mehr für die Entwicklung der Yak-41M.

Unten: *Die Short S.C.1 mit leichten Turbojets war weniger komplex.*

Ganz unten: *Dassaults Mirage IIIV war der erste Überschallsenkrechtstarter.*

Schräge Windmühlen

Ein Flugzeug muss auf dem Boden stark beschleunigen, bevor es sein Gewicht überwinden kann. Ein Hubschrauber ist im Vorwärtsflug weniger effizient als ein Flugzeug; er ist langsamer und hat eine kürzere Reichweite. Viele Konstrukteure wollten die Vorteile der beiden zu einem effizienteren Flugzeug vereinen.

Eindruck eines Künstlers von der Bell Quad Tiltrotor.

Im August 1955, lange bevor sie an die X-22A *(siehe Seite 140)* dachten, begannen die Konstrukteure von Bell die XV-3 der US Army zu testen. Sie hatte einen 450-PS-Pratt-&-Whitney-Wasp-Kolbenmotor, der Getriebe und Wellen für zwei Sieben-Meter-Rotoren an den Spitzen fixer Tragflächen mit einer Spannweite von 9,45 Metern antrieb. Nach dem Senkrechtstart wurden die Rotoren langsam vorwärts gekippt, um zu riesigen Propellern zu werden, die bis zu 210 km/h erreichten. Ähnlich war die Vertol VZ-2 der Army. Hier waren die Propellerrotoren an der Spitze drehbarer Flügel montiert.

Die Kippflügelidee ermutigte die Air Force, einen zweimotorigen Chase-YC-122C-Transporter zu einer Hiller X-18 umzubauen. Über dem Rumpf war auf einem Drehzapfen ein kurzer Flügel angebracht, an dem zwei 5850-PS-Allison-T40-Turbopropeller mit gegenläufigen Fünf-Meter-Propellern montiert waren. Dieses Konzept erhob sich im November 1959 als Flugzeug in die Luft, schaffte jedoch niemals den Übergang (vom Flugzeug zum Senkrechstarter bzw. umgekehrt). Doch es führte zu einer speziellen Maschine, der LTV XC-142A.

Die von allen drei Streitkräften finanzierte XC-142A konnte vier Tonnen Fracht oder 32 Soldaten befördern. Der drehbare Flügel trug vier 3080-PS-GE-T64-Antriebe für Propeller mit großen Glasfiberblättern. Im Schwebflug wurde durch die Propellerneigung gesteuert, die Neigung des Fluggerätes wurde durch einen kleinen Rotor hinter dem Heck kontrolliert. Die erste von fünf XC-142A flog erstmals im September 1964. Sie zeigten gute Leistungen, doch es wurden nicht mehr produziert, und auch nicht die zivile 52-sitzige Downtowner.

Der letzte Kippflügler war Canadairs CL-84 mit zwei Lycoming-T53-Turboprops. Von 1970 bis 1974 wurden drei Exemplare getestet, doch obwohl eine 520 km/h erreichte, wurde die Arbeit eingestellt.

Das Comeback der Kipprotoren

Das letzte von Curtiss-Wright hergestellte Flugzeug war die X-19 mit Tandemflügeln und Flügelspitzenrotoren. Auch wenn sie attraktiv aussah, interferierten die Luftwirbel der vorderen Propeller mit denen der hinteren. Im Gegensatz dazu war die Bell XV-15 ein tadelloser Senkrechtstarter, finanziert von NASA und Army. Sie hatte nebeneinander liegende Schleudersitze sowie einen Motor/Rotor an jeder Flügelspitze. Die 1550-PS-Motoren betrieben 7,6-Meter-Propeller/Rotoren; ein Landeversuch im Flugzeugmodus hätte zwei Meter tiefe Furchen in den Boden gezogen. Die beiden XV-15 flogen erstmals am 3. Mai 1977 und erreichten bis zu 615 km/h.

Die Resultate waren so gut, dass das Verteidigungsministerium 1980–1986 um einen mehrzweckfähigen Kipprotor ansuchte. Dieser begann die Tests am 19. März 1989 als Bell/ Boeing V-22 Osprey, mit zwei 6150-PS-Rolls-Royce-T406-Motoren für 12,6-Meter-Propeller/Rotoren. Die V-22 kann mit 24 Soldaten oder zehn Tonnen Fracht senkrecht starten und in 70 Minuten 644 km fliegen. Andere Missionen sind geplant. Überwindet die Osprey den Widerstand im Kongress (bedingt durch ihren hohen Preis), so könnte sie sich für alle US-Streitkräfte und auch für andere Nationen als nützlich erweisen, nicht nur im Kampf, auch beim Katastropheneinsatz.

Die Osprey hat Bell zum Studium des Quad TiltRotor inspiriert, im Grunde zwei Ospreys im Tandem. Seine Fähigkeiten entsprächen denen der VTOL C-130. Bell hat sich zum Bau der neunsitzigen BA609 und der 15-sitzigen AB139 mit Agusta in Italien zusammengetan.

Oben links: *Die LTV XC-142A schwebt 15 Meter über dem Boden.*

Oben: *Die zwei XV-15 waren sehr attraktive Flugzeuge. Unter anderem landeten sie im Stadtzentrum von Washington und Chicago.*

Oben: *Es ist auch ohne Widerstand aus dem Kongress schwierig genug, die Bell-Boeing V-22 Osprey zu entwickeln.*

Seltsame Formen

Kaum ein Konstrukteur schockiert oder amüsiert absichtlich, doch einige Schöpfungen hatten diesen Effekt. Heute ist es schwer zu glauben, dass Flugzeuge wie die der Lee-Richards-Serie (mit ringförmigen Tragflächen) oder die Arup (D-förmige Flügel) ernst gemeint waren. 1944 wurden Düsenbomber von Blohm und Voss mit W-förmigen Flügeln gebaut, während Entwürfe britischer Überschallflugzeuge 1957–1959 M-förmige Flügel besaßen.

Oben: *Drydens AD-1 schwenkt bei einem Testflug über der Edwards Air Force Base, Kalifornien, 1981 ihren Scherenflügel.*

Eine der ältesten Schöpfungen war ebenfalls eine Blohm und Voss, das BV-141-Beoachtungsflugzeug. Obwohl es asymmetrisch war, war das einzige größere Problem das Fahrwerk. Eine weitere seltsame deutsche Kreation aus Kriegszeiten war die He 111Z, bei der zwei gewöhnliche Heinkel-Bomber durch einen rechteckigen Flügelmittelteil mit einem fünften Motor auf der Mittellinie verbunden wurden. Nachdem in jedem Cockpit ein Pilot saß, mussten sie Meinungsverschiedenheiten vermeiden. Die He 111Z brauchte man, um den riesigen Me 321 Gleiten zu ziehen *(siehe Seite 61)*.

Vor dem Düsenzeitalter waren manchmal viele Motoren notwendig. Die Do-X-Flugboote *(siehe Seite 84)* von 1929 hatten zwölf, sechs davon schiebend, sechs ziehend. Dies inspirierte den US-Konstrukteur Bel Geddes zum Bau eines gigantischen Flugbootes mit Doppelrumpf und 20 Motoren (je zehn). Zum Glück befreite die Fähigkeit der Gasturbinen, die benötigte Kraft zu entwickeln, die Konstrukteure von solchen Monstrositäten. Daher kann die heutige 777 mehr Passagiere mit 18 Motoren weniger befördern als die Maschine von Bel Geddes. Trotzdem begutachtete Saunders-Roe 1956 das Konzept P192, ein 1000-sitziges Flugboot mit vier Decks und 24 Conway-Turbofans in den Pfeilflügeln!

In all den Jahren haben viele Konstrukteure Passagierflugzeuge mit Doppelrumpf entworfen – und einige flogen sogar. 1964 prüfte die British Aircraft Corporation eine VC10-Entwicklung mit 450 Passagieren in *drei* Rümpfen. Solche Arrangements hätten Konflikten zwischen Mutter, Vater und Kindern vorgebeugt …

Rechts: *Die Firma Blohm und Voss sah nichts, was gegen asymmetrische Flugzeuge, die der Besatzung Rundumsicht boten, sprach. Die Ha 141-0 (oben) führte zur BV 141-V1 mit umgestalteter Besatzungsgondel (Mitte). Ganz unten sieht man die achte BV 141 aus der A-Serie; spätere Versionen waren viel schwerer und stärker.*

Überschallexperimente

Die ersten Pfeilflügler und Deltaflügler ohne Leitwerk sahen seltsam aus. Besonders aufregend war 1952 das Saab-210-Forschungsflugzeug. Es hatte keinen Rumpf,

Ganz rechts: *Dieser Entengleiter (Heck voran) gehörte zu einer von Bert Rutan für Lotus Cars und andere Kunden entworfenen Familie.*

Links: *Eines der wenigen Militärflugzeuge von Bert Rutan, das Modell 151 AREA, ging auf den Auftrag der Army für ein billiges Angriffsflugzeug zurück. An der einen Seite war ein Gewehr, an der anderen der Einlass für den JT15D-Turbofan.*

Unten: *Viele Enthusiasten bauten VariEze-Entenflügler, meist Zweisitzer mit 63-100-PS-Motoren. Das Bugrad ist einziehbar.*

bloß eine Tragfläche, deren Vorderkante großteils um 80° gepfeilt war. Daher waren die wichtigsten Teile nicht wie bei anderen Nurflügelflugzeugen seitlich, sondern hintereinander von vorne nach hinten angeordnet.

Noch merkwürdiger war die AD-1, für die NASA gebaut von Bert Rutan. Wie andere Blohm-und-Voss-Projekte hatte die P202 Gelenksflügel, die beim Start an den Rumpf geklappt waren, sodass sie mit 0° Pfeilung starten und mit einem Flügel vorwärts und einem rückwärts gepfeilt fliegen konnte. Rutan ist der weltbeste Erbauer auffälliger Flugzeuge. Sein Motto scheint zu lauten: „Jede Form, die Sie wünschen, solange sie ungewöhnlich ist." Doch all seine Modelle flogen sehr gut und manche außerordentlich effizient. Seine großartigste Schöpfung war die Voyager *(siehe Seite 31)*, die als Einzige die Erde über dem Äquator nonstop ohne Luftbetankung umrundete. In der Mitte befand sich ein kurzer Rumpf mit kleinen Kolbenmotoren an den Enden und einem winzigen Cockpit mit Sitz und Ruhekoje mittschiffs. Fast der gesamte Flugrahmen war mit 3812 Liter Treibstoff gefüllt, vor allem die 34-Meter-Tragflächen aus Verbundmaterialien, verstärkt mit Graphit, Glasfiber und Papierwaben. Beim Start am 14. Dezember 1986 kratzten die Flügelspitzen zuerst an der Rollbahn, bogen sich jedoch immer weiter auf, bis sie beim Abheben drei Meter höher lagen. Die Voyager landete neun Tage und 42.933 km später am Ausgangspunkt.

Links: *Die Voyager, das einzige Flugzeug bisher, das nonstop um die Welt geflogen ist. An Bord waren Jeana Yeager und Dick Rutan, der Bruder des Planers Bert (unten).*

Frühe Düsenmaschinen

Die ersten Düsenverkehrsmaschinen entstanden aus bestehenden Flugzeugen und Düsenantrieben. Dazu gehörten die Tudor 8 und die Nene-Viking in Großbritannien, die SO 30R in Frankreich sowie die Chase XC-123A in den USA.

Einer der ersten echten Düsenfrachter war die Avro Canada C-102 Jetliner. Dieser 50-sitzige Transporter hatte vier Rolls-Royce-Derwent-Motoren und bereits bei seinem Erstflug am 10. August 1949 einen Rivalen.

Zwei Wochen zuvor, am 27. Juli, hatte de Havilland begonnen, eine fortgeschrittenere Maschine, die Comet, zu testen. Wenige Flugzeuge haben jemals einen derartigen Schritt vorwärts gewagt. Zu den Merkmalen der Comet gehörten vier D.H.-Ghost-Motoren mit 2265 kg Schub in den Flügelansätzen, ein Rumpf mit einem Differentialdruck von 0,58 kg/cm², voll bedienbare Steuerflächen, 31.794 Liter Kerosin in Flügeltanks und ein vierrädriges, drehbares Fahrwerk. BOAC erwarb neun Stück und eröffnete am 2. Mai 1952 die erste Düsenfluglinie der Welt. Fluglinien stellten sich an, um die Comet 1A und die weiterentwickelte Comet 2 mit 2945-kg-Rolls-Royce-Avon-Motoren zu kaufen.

Leider stürzten Comets im Dienste der BOAC in Kalkutta, über Elba und vor Neapel ab. Eine Prüfung der bei Elba eingesammelten Comet-Teile zeigte, dass ein Riss in einer rechteckigen Öffnung (ein Fehler bei einer Druckkabinenkonstruktion, wenn der Kurvenradius nicht groß ist) aufgetreten und der Rumpf daher explodiert war. Das Design hätte leicht korrigiert

Unten: *Der erste Prototyp der de Havilland Comet.*

Kleines Bild: *Der zweite Prototyp der Comet flog exakt ein Jahr nach dem ersten. Am 2. April 1951 wurde sie an die Comet Unit der BOAC in Hurn geliefert, wo sie ein 500-Stunden-Trainingsprogramm absolvierte.*

Rechts: *Im März 1956 brachte diese Tupolev Tu-104 den Chef der sowjetischen Geheimpolizei nach London. Damit Neugierige und Fotografen nicht zu nahe kamen, wurden rund um den Jet ein Stacheldraht gespannt und Wachen aufgestellt.*

Oben links: *Die französische Firma Sud-Aviation (später Aérospatiale) war bahnbrechend für am Heck montierte Motoren.*

Oben: *British Caledonian war einer von 75 Kunden für die 707 (viele andere kauften gebrauchte).*

werden können, doch die Abstürze hatten die Öffentlichkeit erschüttert. Erst am 4. Oktober 1958 trat die schwerere, schnellere, ökonomischere und geräumigere Comet 4 in Dienst. Doch da war sie bereits überholt.

Verkehrsmaschinen für Ost und West

Am 22. März 1956 wurde der Autor Zeuge der ersten Landung der sowjetischen Tu-104 in Großbritannien. Die Tu-104 hatte eine große Druckkabine, die in späteren Versionen bis zu 100 Passagiere aufnehmen konnte. Sie flog erstmals am 17. Juni 1955 und war direkt von einem Bomber abgeleitet. Von ihm erbte sie die Verlässlichkeit der beiden großen RD-3-Motoren mit je 8988 kg Schub. Die über 200 Tu-104 beförderten im Dienste der Aeroflot bis 1981 92 Millionen Passagiere.

Im Mai 1952 gab der Dienstantritt der Comet bei der BOAC Boeing den Anstoß zum Bau eines Rivalen. Hauptmotiv war jedoch der Bedarf der USAF an einem Düsentanker, weniger die Zivilluftfahrt. Die Boeing 367-80 mit vier Pratt-&-Whitney-JT3-Turbojets verfügte über 35°-Pfeilflügel und flog erstmals am 15. Juli 1954. 1955 bestellte PanAm kühn 20 größere Maschinen (Boeing musste zu enormen Kosten den Rumpf des KC-135-Tankers um 30,48 cm verbreitern, den der 707 um zehn). Die 707 genannte Serienversion wurde am 26. Oktober 1958 in Dienst gestellt. Von ihr baute Boeing, einschließlich verwandter Versionen, 1010 Stück.

Der nächste Jet im Einsatz war die Caravelle der französischen Sud-Aviation. Bei ihrem Erstflug im Mai 1955 setzte sie die Welt mit ihren zwei seitlich am hinteren Rumpf montierten Rolls-Royce-Avon-Motoren in Erstaunen. Sud-Aviation warb mit dem Slogan: „Die Comet fliegt 40 mit vier Avons, wir fliegen 80 mit zwei." Inklusive älterer Versionen wurden 282 Caravelles ausgeliefert.

Als PanAm die 707 kaufte, erwarb man auch DC-8. Im Vergleich mit der 707 hatte der Konkurrent von Douglas etwas weniger Pfeilung, weniger, aber größere Fenster und elektrisch betriebene Steuerungen. 556 DC-8 – die verfeinerte und verlängerte 60er-Serie eingeschlossen – wurden ausgeliefert. Das waren um 454 mehr, als Convair von den technisch erstklassigen 880 und 990, angetrieben von General-Electric-Turbojets beziehungsweise -Turbofans zusammen baute. Das Marketingversagen kam Convair schwer zu stehen.

Unten links: *Eine irische One-Eleven* (siehe Seite 158).

Unten rechts: *Niemand dachte, dass jemand 1832 Verkehrsflugzeuge verkaufen könnte – vor der 727.*

Unten: *110 DC-8 wurden während des Betriebes mit effizienten CFM56-Motoren leiser gemacht.*

Turbopropellerantriebe

Es ist eine Ironie des Schicksals, dass der Turbojet, erfunden 1929, bereits 1944 zum Einsatz kam, der Turbopropeller, erfunden 1909, aber erst 1953 in Dienst gestellt wurde. Eine mögliche Erklärung ist, dass der Jet militärisch interessanter war.

Das erste Turbopropellerflugzeug war eine Meteor, deren Rolls-Royce-Derwent-Motoren mit Turbinenstufen, Untersetzungsgetriebe und kleinen fünfblättrigen Propellern ausgestattet waren. Sie inspirierte den Firmenkonstrukteur Lionel Haworth zum Bau eines einfachen 1000-PS-Motors, des Dart. George Edwards wählte diesen Antrieb für seine viermotorige Viscount; der Rest ist Geschichte. Im Mai 1953 wurde ein Dart mit 1400 PS in einer Viscount bei BEA in Dienst gestellt. Mehr als 7100 Darts wurden verkauft, einige mit über 3200 PS.

Während des Krieges arbeitete Armstrong Siddeley an einem Turbodüsenantrieb mit hinteren Einlässen, dessen Luftstrom zweimal um 180° umgelenkt wurde. Mit Getriebe und achtblättrigem gegenläufigem Propeller wurde er zum 4110-PS-Python-Motor der Westland Wyvern *(Seite 108–109)*. Bristol übernahm das doppelte Umkehrflusssystem für den Proteus, zuerst ein komplexer Motor, der kaum die Hälfte seiner 4000 PS abgab. Doch Stanley Hooker von Rolls-Royce baute ihn um. Er hatte einen Fehler. Bei seltenen Bedingungen in Äquatornähe konnte er sich mit Eis füllen. BOAC lehnte die Langstreckenmaschine Britannia zwei Jahre lang ab.

Leistungssteigerung

In den USA war Allison das aktivste Unternehmen auf dem Gebiet der Turbopropeller. Am 23. August 1954 brachten vier 3250-PS-YT56-Motoren die erste C-130 Hercules in die Luft. Seitdem wurden, einschließlich des kommerziellen Modells 501, das für die Lockheed Electra und (später) die Convair verwendet wurde, fast 20.000 T56 produziert, von denen die meisten mehr als 4500 PS Leistung lieferten.

Unten: *Die Fokker F-27 Friendship war das erste Verkehrsflugzeug mit Turbopropeller.*

Ganz unten: *Die Vickers-Armstrong Viscount von BEA. Ihr folgten über 430 weitere Exemplare.*

Der Planer eines Turbopropantriebs kann sich den Lufteinlass aussuchen. Für den T56 in der C-130 und der E-2 Hawkeye befindet er sich unter der Propellernabe, bei der P-3 Orion darüber. Die meisten britischen Turboprops haben einen ringförmigen Einlass, ebenso Kuznetsovs NK-12, der ab 1955 14.995 PS lieferte. Eine Turbine betreibt den Kompressor und dieser über ein doppeltes Untersetzungsgetriebe zwei vierblättrige gegenläufige Propeller. Tu-95 (Bear) und Tu-142 haben einen Propellerdurchmesser von 5,6 Metern, die An-22 von 6,2 Metern.

1958 entwarf Pratt & Whitney Canada den 500-PS-PT6A-Turbopropellerantrieb als Ersatz für den Wasp-Kolbenmotor und bat eine Bank in Montreal dafür um

Oben: *Die schwedische Saab 340 mit General-Electric-CT7-Turbopropellern war ein attraktiver 37-Sitzer. 1999 stellte Saab nach dem 438. Flugzeug die Produktion ein.*

Links: *Dieser Prototyp der Bristol Britannia mit dem Spitznamen „Flüsternder Riese", weil sie erstaunlich leise war, führte fünfeinhalb Jahre später zum Personentransporter.*

einen Kredit. Dieser wurde verweigert, weil man meinte, der Antrieb würde sich nicht verkaufen. Dies war ein Fehler: Bis dato wurden 29.000 PT6A mit bis zu 1700 PS verkauft. Diese Zahl könnte sich noch verdoppeln.

Fehler sind in der Luftfahrt keine Seltenheit. Rolls-Royce kam 1950 in Verlegenheit, weil der Dart Tandemzentrifugalkompressoren hatte, die als veraltet galten. Man konnte keinen Nachfolger bauen. Weil Pratt in Kanada mit dem PT6 gut verdiente, produzierte es den PW100 mit demselben Kompressorarrangement. 1959 testete Allison einen Motor in der 250-PS-Klasse, zunächst für Hubschrauber, aber auch für Turboprops. Zwecks Effizienz hatte er einen Kompressor mit sechs Axialstufen und einer zentrifugalen. Heute, 29.000 Modell-250-Motoren später, geben die neuesten und effizientesten Versionen nicht 250, sondern fast 800 PS, und haben nur den Zentrifugalkompressor!

Der General Electric CT7 treibt mit 1500 bis 2500 PS zum Beispiel Saab 340, CN235, Let L610, S-70 und S-92 an.

Rechts: *Die von HAI in Harbin gebaute Y-2, eine hübsche Maschine mit zwei Turbopropellern und bis zu 17 Sitzen, ist eines der ersten Exportprodukte Chinas in der Luftfahrt.*

Rechts: *Die viel größere N-250 wird von Dirgantara in Indonesien produziert. Sie hat Rolls-Royce-AE2100C-Motoren mit 3271 PS, die sechsblättrige Dowty-Rotol-Propeller antreiben. Sie hat bis zu 64 Sitzplätze.*

Im Bauch der Riesen

Weil die Zahl der Passagiere permanent stieg, brauchten Fluglinien mehr Kapazitäten bei besserer Wirtschaftlichkeit. Daher baute man viel größere Flugzeuge, um das Treibstoff-Personen-Verhältnis zu verbessern. Das Jumbojet-Zeitalter hatte begonnen.

Als Lockheed den C-5A-Auftrag gewann *(siehe Seite 168)*, stand man auch mit US-Fluglinien in Verhandlungen wegen eines großen zivilen dreidüsigen Jets, der L-1011. Douglas tat das Gleiche, vor allem im Hinblick auf die Flugrouten vom New Yorker Flughafen La Guardia. 1968 setzten beide Firmen die DC-10 ein, Douglas mit GE-CF6-Motoren mit 18.120 kg Schub, Lockheed mit dem Rolls-Royce RB.211.

Beim Erstflug der DC-10 am 29. August 1970 wurde bereits eine Version mit größerer Reichweite und CF6-50 mit 22.650 kg Schub entwickelt. Rolls hingegen hatte solche Probleme mit dem RB.211, dass das berühmte Unternehmen am 4. Februar 1971 kollabierte.

Oben: *Eine McDonnell Douglas (heute Boeing) DC-10 von Continental. Continental ist in Houston, Texas, beheimatet und baut sich eine Flotte von 777.*

Unten links: *Der Lockheed L-1011 TriStar-Prototyp.*

Rechts: *Die von der DC-10 abgeleitete MD-11 ist bedeutend schwerer und stärker. Boeing nimmt Bestellungen für Frachterversionen entgegen.*

Die L-1011 TriStar flog im Ende 1970. Die modifizierten RB.211 wurden tolle Motoren, doch die L-1011 erreichte nie die Verkaufszahlen der DC-10: 247 zu 383.

McDonnell Douglas führte 1986 die MD-11 ein. Dies ist eine verlängerte Version der DC-10 mit CF6-80- oder PW4462-Motoren in der 28.000-kg-Schub-Klasse. Mitte 2001 wurde die MD-11 ein Boeing-Produkt (mit 200 Verkäufen). Sie ist, vor allem als Frachter, erhältlich.

Nachdem Boeing den C-5A-Auftrag an Lockheed verloren hatte, bot man PanAm ein Flugzeug ähnlicher Größe mit dem Pratt & Whitney JT9D an. Dieser war beispiellos wirtschaftlich im Treibstoffverbrauch und, trotz der Verdoppelung des Schubs auf 18.120 kg, viel leiser. Das Problem war der Rumpf. Durch die Vergrößerung des Durchmessers blieb Platz an der Oberseite.

Daher musste man zwei Druckkabinen entweder nebenoder übereinander bauen. Besser war Letzteres.

Ende 1965 hatten sich Boeing und PanAm auf die zweistöckige 747 geeinigt. Doch zu dieser Zeit arbeitete Boeing an einem Überschalltransporter (SST, *siehe Seite 178–179*). Wenn Langstreckenpassagiere mit Mach 2,7 so reisen könnten, wie die Designer dieser Zeit es sich dachten, so würde die 747 hauptsächlich für Fracht eingesetzt werden. Daher entwarf Boeing die 747 mit einfachem Deck und zwei normalen quadratischen Containern nebeneinander, die vom Bug her zu beladen waren; das Cockpit saß abgelegen obenauf.

Passagierflüge bleiben unter Schall

Dann wurde die Arbeit an SST abgebrochen. Da war es zu spät, zum zweistöckigen Design zurückzukehren, und PanAm stellte die ersten von 25 747 Stück am 21. Januar 1970 in Dienst. Noch vor dem Erstflug hatten viele Fluglinien weitere 125 bestellt. Schwierigkeiten mit dem JT9D-Motor konnten sie nicht beirren; Pratt überzeugte sie. Man vergaß überhaupt, dass die 747 kein optimales Flugzeug war. Boeing baute 1980 bei der 747-300 zwar ein kleines Oberdeck ein, konnte aber den 400 bestehenden Sitzplätzen nur 69 hinzufügen.

Oben: *Um die 747 zu produzieren, baute Boeing die angeblich größte Werkshalle der Welt in Everett, nördlich von Seattle. Auch 2001 gingen noch Aufträge ein.*

Rechts: *Die stämmige 747SP wurde für überlange Strecken entworfen. Nur 45 wurden verkauft.*

Rechts unten: *Der Prototyp der 747-400 flog am 29. April 1988. Nach 614 verkauften Stück ist sie die einzige erhältliche Version.*

Unten: *British Airways betreibt Flotten von 747-100 (15), 747-300 (16, eine davon hier abgebildet) und 747-400 (40).*

Bedeutsamer war die Auswahl verlässlicher JT9D, PW 4000, CF6-50 und RB.211 mit über 27.000 kg Schub. Dadurch konnte Boeing das Startgewicht durch zusätzlichen Treibstoff und Nutzlast weiter erhöhen, um Frachten weiter zu befördern. Während PanAm 1966 noch besorgt war, als das Startgewicht von 295.000 kg auf 308.000 kg kletterte, brachte Boeing 1985 die 747-400 mit einem Startgewicht von bis zu 377.000 kg heraus. Von außen unterscheidet sich die 400 nur durch die Spannweite von 64,3 Metern (statt 59,6). Intern hat sie Al-Li-Legierungen in den Flügeln, Cockpitinstrumente mit digitalen Anzeigen anstelle der analogen sowie Karbonbremsen an den Rädern. Dank gebührt der NASA für die Pionierarbeit sowie Airbus, die diese Dinge erstmals an Linienmaschinen eingesetzt haben.

Wer behauptet, Boeing hätte nur deshalb fast 1400 Jumbojets verkauft, weil es keinen Mitbewerber gab, hat nichts verstanden. Die 747 war eine tolle Plattform und ist wie ihre Vorgängerin 707 eines der großartigsten Flugzeuge aller Zeiten. Es ist Ironie, dass ihr Nachfolger, der Airbus A380, äußerlich eine größere Version jener 747 von 1965 ist, die Boeing niemals gebaut hat.

Die Boeings von heute

Links: *Eine der 93 737 Classics (Originalversionen) von Delta. Delta betreibt auch 145 727, 26 spätere 737, 117 757 und 116 767.*

Rechts: *Drei der elf 767-300 des Condor-Flugdienstes. Diese deutsche Fluglinie operiert auch mit 30 757.*

In Zeitalter der Kolbenmotoren hielten sich Boeings kommerzielle Transportmaschinen schlecht gegen die Konkurrenz, doch in der Düsenjetära wurde Boeing zum Flugzeughersteller für die gesamte Welt. In den letzten Jahren wurde Airbus langsam zum echten Konkurrenten, doch da Boeing länger auf dem Markt ist, kommt kein Hersteller seinen Produktionszahlen auch nur nahe.

Boeing baute 1010 707, 1832 727, etwa 4800 737, 1350 747, 990 757, 920 767 und 480 777. Einschließlich der 717, die ihr Dasein als MD-95 begann, ergibt dies eine Gesamtzahl von über 11.500 Flugzeugen. Nach der 707 *(siehe Seite 147)* prüfte Boeing kleine 707-Kopien, bevor man entschied, dass de Havilland mit den drei Motoren am Heck Recht hatte. BEA ordnete an, dass die D.H.121 Trident kleiner sein sollte. Dadurch konnte Boeing mit der 727 den Markt erobern. Sie hatte JT8D-Turbofans (bis zum heutigen CFM56 der erfolgreichste zivile Motor der Welt) und dreifach geschlitzte Klappen (wegen der Länge der Rollbahn) an kleinen Flügeln für eine Reisegeschwindigkeit von bis zu 950 km/h.

Die 727 hatte Cockpit und oberen Rumpf der 707. Es war logisch, dies auch in einem kleineren Flugzeug mit zwei JT8D-Motoren zu wiederholen. Um im größten Teil des kurzen Rumpfes Sitze unterzubringen, wurden die Motoren unter den Flügeln montiert. Die so entstandene 737 sah gut aus. Doch 1964 hatten die Kunden bereits beim Mitbewerb gekauft, bis auf zwei große Fluglinien: Lufthansa und Eastern. Als das Boeing-Team den Auftrag der deutschen Fluglinie erhielt, traf die Nachricht ein, dass Eastern DC-9 gekauft hatte. Es schien ein großes Risiko, doch die 737 startete mit bloß zehn Bestellungen einer ausländischen Fluglinie.

Die Sorgen waren unnötig. Von der 737 wurden mehr Stück verkauft als von jedem anderen Verkehrsflugzeug; verbesserte Versionen mit modifizierten Flügeln werden noch Jahre in Produktion sein. Es ist vor allem ihr zu verdanken, dass der CFM56 den JT8D als meistverkaufter ziviler Motor abgelöst hat (17.000 bisher).

Unten: *Eine 757 der US Air, die 34 757 plus (unter anderem) 203 737 hat.*

Größerer Wettbewerb

In den 70er Jahren plante Boeing eine 7n7 als Nachfolger der 727 und eine 7x7, die die große Lücke zwischen 7n7 und 747 füllen sollte. Von A300 und A310 unerwartet getroffen, brachte man die 7x7 im Juli 1978 als 767 heraus. Sie ähnelte dem europäischen Rivalen, hatte aber größere Flügel und eine engere Kabine. Wegen des Rumpfdurchmessers von nur fünf Metern konnten keine Standardunterflurcontainer verwendet werden. Trotzdem verkaufte sich die 767 in alle Welt, auch an Fluglinien in Großbritannien, Frankreich, Deutschland und Italien, die Partner bei Airbus sind.

Im März 1979 brachte Boeing endlich die 7n7 als 757 auf den Markt. Sie war im Grunde zunächst eine 727 mit zwei modernen Turbofans zu 18.120 kg Schub unter neuen Tragflächen. Später beschloss man, den Heckflügel herabzusetzen und den 707-artigen Bug durch den der 767 zu ersetzen (das muss bei der 737 noch getan werden). Die 757 wurde im November 1984 bei Delta Airlines mit PW2000-Motoren in Dienst gestellt, doch über 80 % der Kunden wählten den Rolls-Royce 535. Die 757 ist, wie die 767, in verschiedenen Längen erhältlich, mit 195 bis 279 Sitzplätzen.

Boeing begann 1994, die 777 zu testen, weil man entschieden hatte, dass moderne Turbofans so verlässlich sind, dass 500 Menschen mit nur zwei davon fliegen können. Dieses großartige Flugzeug hat einen neuen, runden Querschnitt und wird mit Pratt-, GE- und Rolls-Motoren mit 33.500 bis 41.700 kg Schub betrieben. Um „unnötige Konkurrenz" zu vermeiden, werden die zukünftigen Langstreckenversionen mit 324.000 kg nur mit dem gewaltigen GE90-115B angeboten.

Unten: *Erkennbar an der grauen Farbe, fliegen die 61 777 bei United gemeinsam mit 74 727, 223 737, 68 757 und 55 767.*

Der Airbus von heute

Europa erwog 1965, mit Boeing in Konkurrenz zu treten. Man wollte ein Großraumflugzeug mit 200 Sitzen analog zur 707 und zur DC-8 bauen, doch mit dem halben Treibstoffverbrauch und viel weniger Lärm. Im Dezember 1970 wurde Airbus Industrie gegründet, um den großen Zwilling, genannt A300B, zu bauen.

Links: *Sämtliche damals fliegende Airbus-Versionen in Formation unterwegs zur Flugshow in Paris 1999. Ganz vorne ist die Beluga* (siehe Seite 177).

Die britische Regierung meinte leider, die A300B würde sich nicht verkaufen, und zog sich zurück. Doch Hawker Siddeley Aviation beteiligten sich auf eigenes Risiko als 20-%-Partner, um den Flügel zu bauen. Hauptpartner waren die Deutsche Airbus und Aérospatiale mit je 40 %. Später traten auch CASA (Spanien) und Belairbus (Belgien) bei; Hawker wurde zunächst zu British Aerospace und dann zu BAE Systems.

Die erste A300B flog am 28. Oktober 1972 mit General-Electric-CF6-50-Motoren mit 22.650 kg Schub. Sehr langsam erkannten die Fluglinien, dass sie ein großartiges Flugzeug war. Obwohl sie zu Anfang nur 3220 km weit flog, wurde sie bald zur doppelten Reichweite entwickelt; bis 2001 waren 590 Stück verkauft.

1978 sah Airbus Marktchancen für ein kleineres Flugzeug, und die erste A310 flog 1982. Sie hatte einen kürzeren Rumpf mit dem gleichen Durchmesser (5,6 Meter) wie die A300B, doch kleinere Tragflächen. Bis zum Jahr 2000 wurden 260 davon ausgeliefert.

Mit so gestärktem Selbstvertrauen beschlossen die europäischen Partner, den Markt für Flugzeuge mit nur einem Gang zu bearbeiten. Wie die A300-Breitrumpfmaschinen waren diese außerhalb der Sowjetunion ein Monopol der USA. Die erste A320 flog am 22. Februar 1987. Sie ähnelte einer 737, jedoch mit breiterer Kabine zu 138 bis 180 Sitzen. Anders als bei der 737 konnten die Käufer der A320 zwischen dem CFM56- und dem V2500-Motor wählen, mit 11.325 oder 12.231 kg Schub. Die A320 hatte „fly by wire"-Steuerung (elektronische Flugsteuerung). Die Verkäufe erreichten im Jahr 2001 1491 Stück.

Vom Airbus A320 wurden drei neuere Einzelgangflugzeuge abgeleitet. Eines ist länger – die A321 hat bis zu 220 Sitze und Motoren von 13.590 bis 14.950 kg Schub, je nach Gewicht. Der Verkauf hielt 2001 bei 399 Stück. Die A319 hat einen kürzeren Rumpf mit 116 bis 145 Sitzplätzen und Motoren mit 9970 bis 10.650 kg

Oben: *Die A319 bleibt bis zum Start der A318 Ende 2002 das kleinste Produkt von Airbus im Einsatz.*

Oben rechts: *Der Verkaufsschlager von Airbus, die A320, ist mit CFM56- oder V2500-Motoren lieferbar.*

Unten: *Das längste Modell mit einem Gang ist der A321 mit 220 Sitzen.*

Gegenüber, unten links: *DHL befördert Expresssendungen in einer wachsenden Flotte fensterloser A300-600-Frachter.*

Gegenüber, unten rechts: *Dieser A310 fliegt für Air Caledonia über den Pazifik.*

Schub. Davon waren 2001 720 Stück verkauft. Die Kleinste in der Familie ist die A318. Sie hat einen noch kürzeren Rumpf mit dem gleichen Durchmesser und 107 bis 117 Sitzplätze. Der erste Motor war der brandneue Pratt & Whitney PW6122, doch Air France entschied sich, den CFM56 für ihre A318-Flotte beizubehalten.

Erfolg auf dem Langstreckenmarkt

Am 5. Juni 1987 wagte Airbus den großen Schritt und brachte zwei verlängerte Abkömmlinge der A300/310-Familie auf den Markt. A330 und A340 haben einen längeren Rumpf mit dem gleichen Durchmesser, größere Tragflächen und eine höhere Treibstoffkapazität. Die Zahl der Sitzplätze geht bis 440. A340-200/-300 haben vier CFM56-5-Motoren mit 14.130 bis 15.400 kg Schub, während A330 zwei GE-, Rolls-Royce- oder P&W-Motoren mit 30.350 bis 32.620 kg Schub besitzen.

Abgesehen von der Motorisierung sind die originalen A330/340-Versionen fast identisch. Wie andere moderne Airbus-Maschinen haben sie das „Glascockpit", „fly by wire"-Steuerung und kleine Flügelchen an den Flügelspitzen. Ihre Leistungsfähigkeit ist enorm. Die A340-Versionen können mit voller Last Strecken von über 14.400 km Länge fliegen. Mitte 2001 waren 412 A330 und 359 A340 verkauft. Airbus brachte 1997 die A340-500 und die A340-600 heraus. Deren Tragfläche wurde gegenüber den 3616 m^2 der Originalversion auf 4370 m^2 vergrößert. Die Motoren sind Rolls-Royce-Trent-Motoren mit 24.000 oder 25.370 kg Schub. Die Treibstoffkapazität beträgt nun statt 136.260 über 213.850 Liter, womit sie über eine größere Reichweite verfügen als jedes andere Linienflugzeug. Die A340-600, die im April 2001 erstmals flog, hat bis zu 485 Sitze. Die A340-500 wird 313 Passagiere und eine enorme Unterflurfracht über Strecken von über 15.770 km Länge befördern können.

Unten: *US Airways ist einer von immer mehr Abnehmern für die A330. Die A330-300 (abgebildet) hat die geringsten Kosten pro Sitz und Flugmeile aller Transporter.*

Ganz unten: *Die A340-600 mit Rolls-Royce-Motoren ist mit bis zu 485 Sitzen der bislang größte Airbus.*

Linienjets in aller Welt

In den ersten Jahrzehnten des zivilen Flugzeugbaus war die Produktion auf Nordamerika, Europa und die UdSSR beschränkt. Doch der Wettbewerb ändert sich, und Länder wie Brasilien mischen nun auf dem Markt mit, vor allem im Bereich der so wichtigen kleineren Düsenflugzeuge.

Oben: *Die erste von 38 RJ85 für Northwest startet vom Flugfeld von BAE Systems in Woodford, England. 2001 unterzeichnete Northwest auch Optionen für 250 44-sitzige Canadian CRJ440.*

Kleines Bild: *Israels 18-sitzige IAI 1126 Galaxy ist ein Firmenflugzeug, doch viele Kunden setzen sie im Nahverkehr ein.*

Bis in die 60er Jahre baute Großbritannien jede Art von Flugzeug. BAC baute 230 One-Eleven *(Seite 147)* für 79 bis 119 Passagiere, bevor man die Produktion an Rumänien übergab. Die Verkäufe der VC10 *(Seite 168)* litten darunter, dass der ursprüngliche Abnehmer, die BOAC, das herrliche Flugzeug öffentlich kritisierte. (Man erwähnte nicht die Forderung der BOAC, die VC10 müsse von kurzen Rollbahnen starten können – die bald für die 707 verlängert werden sollten –, obwohl sie dadurch unwirtschaftlicher wurde.) BEAs Aussage, sie sei zu klein, machten die Aussichten der Trident zunichte.

Großbritannien baut auch heute noch einen Düsenjet. Nacheinander D.H.146, HS.146, BAe 146 und Avro RJ genannt, vereinigt er bequeme Unterbringung für bis zu 112 Passagiere mit der Fähigkeit, von kleinen Flughäfen aus zu operieren. Die vier Motoren (Honeywell-Turbofans) sind so leise, dass er auch nachts starten darf. Verkauft wurden an die 400 Stück.

Fokker flog die F28 am 9. Mai 1967 in Amsterdam. Sie hatte 85 Plätze und wie die One-Eleven hinten montierte Rolls-Royce-Spey-Motoren. Fokker verkaufte 241, bevor man zur Fokker 100 mit 6795-kg-Rolls-Royce-Tay-Motoren wechselte. Als Fokker 1997 in Konkurs ging, waren 283 ausgeliefert, ebenso 48 (von 71 bestellten) Fokker 70 mit kurzem Rumpf.

Das russische Konstruktionsbüro Tupolew baute nach der Tu-104 154 kleinere Tu-124 (die Ersten, die mit Turbofans in Dienst gestellt wurden), 853 Tu-134 mit achtern montierten D-30-Motoren mit 6795 kg Schub und bis zu 96 Sitzen sowie 1015 Tu-154 mit drei NK-8- oder D-30K-Motoren in der 10.500-kg-Klasse für 180 Passagiere. Darauf folgte die Tu-204 mit Erstflug am 2. Januar 1989. Sie ähnelt der 757 in vielerlei Hinsicht. Exportversionen können dieselben RR 535- oder PW2240-Motoren anstelle des PS-90A haben. Die

Produktion wurde verzögert, weil man eine kapitalistische Firmengruppe mit Aviastar in Ulyanowsk und KAPO in Kazan bilden musste. Es gibt viele Versionen. Die Tu-206 ist mit einem riesigen Flüssiggastank über der Druckkabine geplant.

Tupolews anhaltender Erfolg

Als Ersatz für die Tu-134 entwarf Yakovlev die Yak-42 mit drei achtern montierten D-36 mit 6490 kg Schub. 1975–1976 wurden nur 181 gebaut. Dann baute Tupolew die Tu-334 mit 72 bis 110 Sitzen und zwei D-436- oder Rolls-Royce-BR710-Motoren in der 6800-bis-8100-kg-Klasse. Der für 1991 geplante Erstflug erfolgte erst am 8. Februar 1999. Die Produktion teilen sich sieben Werke in Russland und in der Ukraine.

Die ukrainische Antonov-Gruppe flog den An-72-Prototyp im August 1977. Wie bei der Boeing YC-14 der USAF sind ihre beiden D-36-Turbofans über hoch angesetzten Flügeln montiert, mit mächtigen Klappen, um die Startbahn zu verkürzen. Es wurden über 160 An-72 und An-74 gebaut, einige als reine Passagiermaschinen mit 52 Sitzen. Die neuesten Versionen haben starke D-436-Motoren unter den Flügeln. Alle zukünftigen AN-74 und AN-174 werden diese Konfiguration aufweisen. Eine verlängerte An-174 ist in Planung.

1978 flog Canadair das erste Challenger-Langstreckenfirmenflugzeug. Davon stammte der CRJ Regional Jet mit achtern angebrachten 4180-kg-GE-CF34-Motoren und 50 Sitzen ab. In den letzten acht Jahren wurden 652 verkauft. Der Bau der 70-/78-sitzigen CRJ700 und der 90-sitzigen CRJ900 mit CF34 hat begonnen.

Die einzige Firma, die hier mithalten kann, ist die brasilianische Embraer. Sie sammelte Erfahrungen mit dem Bandeirante-Turbopropellerantrieb und flog im August 1995 die EMB-145. Seitdem hat sich zu diesem 50-Sitzer mit achtern montierten Rolls-3007A-Motoren die 37-sitzige EMB-135 gesellt. Gemeinsam erreichten die Verkaufszahlen über 700 Stück. 1999 brachte Embraer die völlig neue ERJ-170/190/200 mit 70, 98 oder 108 Sitzen und CF34-8- oder CF34-10-Motoren heraus.

Oben: *Die deutsche Firma Fairchild Dornier plant kühn eine große Jetfamilie mit hoch und tief angesetzten Flügeln. Hier startet die 34-sitzige 328JET.*

Unten: *Eine brasilianische ERJ-145 fliegt für die Schweizer Regionalfluglinie Crossair.*

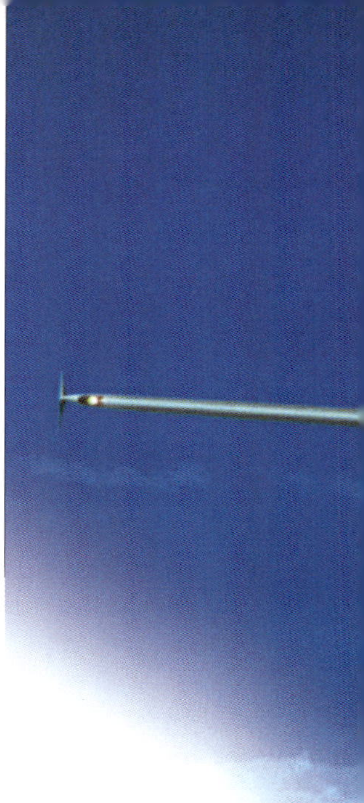

Supertransporter der Zukunft

Im Juni 1994 begann Airbus mit der Entwicklung eines Flugzeugs, das der Firma fehlte: ein Rivale für die 747. Über 700 Ingenieure in Toulouse, Hamburg, Bristol und anderswo dachten über Möglichkeiten nach, während das Marketing detaillierte Besprechungen mit potenziellen Kunden abhielt. Der Startschuss fiel schließlich am 19. Dezember 2000, und die A3XX wurde zur A380, zum größten Passagierjet der Welt.

Auf den ersten Blick sieht dieser Riese fast wie die Boeing 747 aus, die niemals gebaut wurde, mit zwei Decks über die volle Länge. Doch es gibt wichtige Unterschiede. Die A380 ist größer; sie hat um 35 % mehr Sitze und um 49 % mehr Grundfläche. Das Startgewicht der ersten Versionen wird bei 589.230 kg liegen (die schwerste 747 hat 377.350 kg). Als Motoren sind vier Rolls-Royce-Trent-900- oder GP7200-Motoren von Engine Alliance (Partnerschaft von GE mit Pratt & Whitney) mit 29.890 bis 38.050 kg Schub vorgesehen. Aerodynamisch und materialmäßig spiegelt die A380 den Fortschritt seit den 60er Jahren wider.

Die Grundversion A380-100 ist als 555-Sitzer geplant und kann Kinderspielbereiche, Einkaufsmöglichkeiten, ein Kommunikations- und Bürozentrum sowie freien Raum zum Gehen zwecks Vermeidung der gesundheitlichen Probleme, die durch das lange (beengte) Sitzen auf Langstreckenflügen auftreten können, bieten. Ein „Kombi" würde gemischte Lasten wie etwa 473 Passagiere und sieben Frachtpaletten befördern. Einer der ersten Kunden, Federal Express, hat den A380-800F-Frachter bestellt und meinte: „Die A380 wird direkt von unseren Hauptservicepunkten in Europa und Asien zu unseren Angelpunkten in den USA fliegen, mit fast der doppelten Nutzlast wie die MD-11 bei um 50 % niedrigeren Tonnen/Meile-Kosten."

2001 wurde ein Produktionsnetzwerk errichtet, erschwert dadurch, dass viele europäische Regierungen daran teilhaben wollten. Laut Plan werden große Teile des Flugrahmens aus Frankreich, Deutschland, Spanien und Großbritannien – auf dem Boden, nicht in den Airbus(-Satic)-Super-Transportern – zum Zusammenbau nach Toulouse geschickt. Von hier wird die A380 zur Komplettierung und Lackierung nach Hamburg fliegen. Dienstantritt soll Anfang 2006 sein.

Überarbeitung der 747

Boeing beschloss, gar nicht zu versuchen, der A380 ein völlig neues Flugzeug gegenüberzustellen. Stattdessen arbeitete man an diversen verlängerten 747X-Jumbojets, die etwa 472.500 kg wogen und auf einer Länge von 80 Metern 500 Sitzplätze boten. Boeing hoffte, ab 2005 Kunden durch Bekanntheit, niedrigere Preise und Auslieferung anzuziehen. Sowohl Rolls-Royce als auch

Rechts und unten rechts: *Bis 2004 sind die einzigen Bilder der A380 computergeneriert. Diese australische Fluglinie (oben) war unter den ersten fünf Kunden, die den Rolls-Royce-Motor wählten, während sich Air France für den amerikanischen entschied.*

Links und unten: *Vieles ist über das geräumige Innere gesagt worden und wie die verschiedenen Fluglinien es nutzen werden – sogar Jacuzzis und Casinos wurden erwähnt. Dieser Entwurf eines Künstlers lässt die 1. Klasse verlockend aussehen. Doch wie die Erfahrung uns lehrt, ist es unwahrscheinlich, dass es Shops, Promenaden, Treppenfluchten, Lounges und andere Luxusausstattungen geben wird. Ähnliche Entwürfe gab es auch für die 747, und tatsächlich hatten einige 747 Freizeitbereiche – aber nicht lange. Die A380 braucht den gesamten verfügbaren Raum, um das Sitz-Meilen-Verhältnis unter dem der ehrwürdigen Boeing und profitabel zu halten.*

Engine Alliance hielten spezielle Motoren für die 747X bereit. Boeing hoffte, eine große Zahl an Bestellungen würden sogar Airbus vom Start eines A3XX abhalten.

Am 29. März 2001 gab Boeing bekannt, dass kein einziger Auftrag fixiert werden konnte, und stellte das 747X-Vorhaben ein. Dafür kündigte man das Projekt 20XX oder Sonic Cruiser an. Dieser völlig neue zweidüsige Jet soll Entenflügel (Vorflügel) besitzen, ein Deltaheck und einen Rumpf mit 250 Sitzplätzen. Der auf Geschwindigkeit und Reichweite ausgelegte Jet soll ohne Auftriebs- und Luftwiderstandsprobleme Mach 0,95 (1009 km/h) fliegen; wie er das anstellen soll, wurde jedoch nicht gesagt. Der Entwurf machte die entsprechenden Schlagzeilen, doch es bleibt abzuwarten, ob ein solches Flugzeug gebaut wird. Als Antwort gab Airbus bekannt, man arbeite an der E2, einem Hochgeschwindigkeitsflugzeug mit Schwenkflügeln.

Oben: *Computergestützte Darstellung der Boeing 20XX Sonic Cruiser.*

Links: *Eines der vielen Airbus-Werke ist das des spanischen Partners CASA in Getafe außerhalb von Madrid.*

Oben: *Ein Konstruktionsbüro im Filton-Werk (Bristol) des britischen Partners, BAE Systems.*

Frankreich

Am 25. Juni 1955 testete Roland Glavany von der Armée de l'Air einen kleinen, hecklosen Deltaflügler, die Dassault Mirage I. Mit etwas Unterstützung der britischen F.D.2 wurde aus ihr ein größeres Flugzeug, die Mirage III, die Erste einer großen Familie.

Oben: *Eine Mirage III-C knapp nach dem Start.*

Unten: *Pakistan kaufte 80 Mirage 5-PA. Eine macht einen Test (ganz unten), um ihre Waffenbestückung zu demonstrieren: zehn 227-kg-Bomben, zwei 113-kg-Bomben und zwei 453-kg-Bomben.*

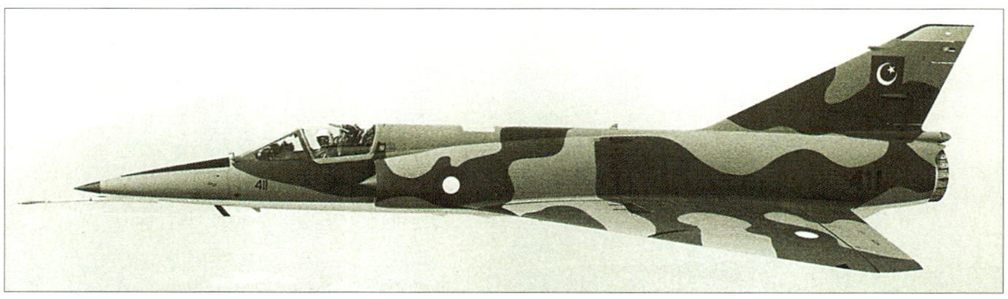

Mit einem SNECMA-Atar-Turbojetantrieb mit Nachbrenner und ohne den optionalen Raketenmotor überschritt die überarbeitete Mirage IIIA am 24. Oktober 1958 als erstes westeuropäisches Flugzeug Mach 2 im Geradeausflug. Trotzdem waren ihre Fähigkeiten begrenzt. Wenn der Raketenantrieb und seine Tanks nicht installiert waren, konnten zwei 30-mm-DEFA-Geschütze mit je 125 Schuss Munition mitgeführt werden. Andernfalls bestand die gesamte Bewaffnung aus einer einzelnen AAM (Luft-Luft-Rakete), die damals heikel und unzuverlässig war. Außerdem betrug die Start- und Landegeschwindigkeit über 320 km/h, und mit 2600 Liter Treibstoff lag die Ausdauer eher im Bereich von Minuten als von Stunden. Der Pilot musste ständig aufpassen.

Andererseits war die Mirage ein echtes Mach-2-Jagdflugzeug mit Abfangradar und allem, was man sonst für eine solche Mission benötigte. Ab der Mirage IIIE wurde die interne Treibstoffkapazität auf 3335 Liter erhöht, mit der Option auf Abwurftanks oder Bomben. Bald bot man eine Auswahl an Raketen, und die Mirage IIIR konnte sogar Aufklärungskameras mitführen. Mangels einer britischen Alternative brachten 19 Luftstreitkräfte, die zuvor von Großbritannien gekauft hatten, die Verkaufszahlen von Mirage III und 5 auf insgesamt 1422.

Anders als die Briten entwickelten die Franzosen land- und U-Boot-gestützte Raketen und Überschallbomber. Die Mirage IVA, ein Deltaflügler mit zwei Atars, trug zwei 60-kt-Bomben. Die Mirage IVP beförderte einen ASMP-Marschflugkörper mit 150-kt-Sprengkopf.

Dassault begann 1961, die Mirage F1 zu testen. Sie war im Grunde eine Mirage IIIE mit kleineren, oben am Rumpf angesetzten Pfeilflügeln und elektrisch betriebenen Hecksteuerflächen. Sie hatte viel kürzere Start- und Landewege, eine größere Reichweite und viele andere Vorteile. Dassault lieferte 731 Stück an zwölf Kunden; die Armée de l'Air schaffte 251 an.

Leistungen französischer Technologie

Überraschenderweise kehrte Dassault bei der Mirage 2000 (Erstflug 20. März 1978) zur hecklosen Deltakonfiguration zurück. Sie hatte SNECMA-M53-Motoren mit Nachbrenner und 9966 kg Schub und sah wie frühere Mirage-Deltas aus, war jedoch in Bezug auf Flugelektronik und Waffen völlig überarbeitet. Die Nachteile des Deltadesigns wurden durch Vorderkantenschlitze gemildert, die im Kampf eingesetzt werden konnten und ihre statische Stabilität vergrößerten. Das Ergebnis war, dass dieses kleine und aerodynamisch ineffiziente Flugzeug mit Gewehren, umfassender Elektronik, einer Luftbetankungssonde und neun Stationen mit scheinbar untragbaren Lasten – riesige Abwurftanks, sechs Arten von Raketen und 15 andere Waffenlasten – starten kann. 2001 waren 602 verkauft.

Mit französischer Beteiligung startete der Eurofighter 1983. Im selben Jahr begann Dassault mit den Arbeiten an einem ACX (Avion de Combat Expérimental); zwei Jahre später verließ Frankreich das Eurofighter-Team, um die ACX zu bauen. Sie wurde zur Rafale (Bö), einem hecklosen Deltaflügler von ähnlicher Größe wie die Mirage 2000, aber viel leistungsfähiger, mit zwei 9060-kg-M88-Antrieben, Entenflügeln, aufgerüsteter

Links und unten: *Obwohl sie der Mirage III von 1956 sehr ähnlich sieht, ist die Mirage 2000 ein völlig anderes Flugzeug.*

Ganz unten: *Dassault beschloss, die zweimotorige Super Mirage 4000 (Erstflug 1979) nicht in Serie zu produzieren.*

Elektronik und besserer Mehrzweckfähigkeit. Bis 2001 hatte die Aéronavale 24 Rafale-B-Zweisitzer, zwölf C-Einsitzer und 25 einsitzige M für den Dienst an Bord der *Charles de Gaulle* in Auftrag gegeben.

Unten: *Fünf Rafales über Iotres, Frankreich, am 22. Januar 1994.*

Ehemalige UdSSR

Seit dem Zerfall der UdSSR 1991 kämpfen Konstruktionsteams und Fabriken in heute unabhängigen Republiken trotz massiven Rückgangs der Aufträge darum, im Geschäft zu bleiben. Einige haben sich zu größeren Gruppen zusammengeschlossen.

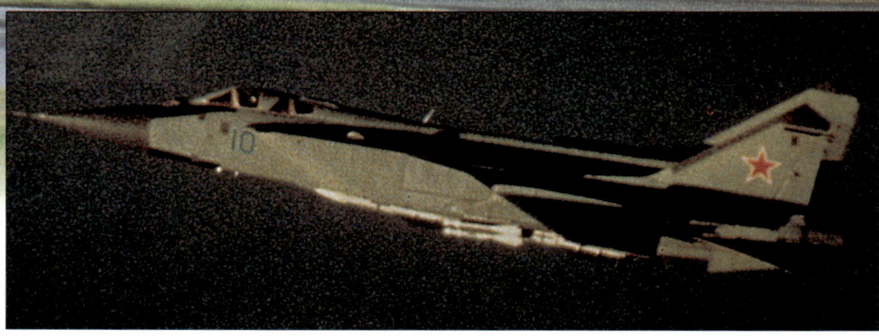

Oben: *Als die MiG-29 1993 in Dienst gestellt wurde, bot sie fortschrittliches Radar, Infrarotsensor, Helmvisier und Gewehr sowie Raketen, die in der westlichen Welt kein Pendant haben. Darüber hinaus ist ihre Wendigkeit kaum zu übertreffen.*

Kleines Bild: *Kein aktueller Abfangjäger kommt in Reichweite und Fähigkeiten an die MiG-31 heran.*

Rechts: *Sukhoi entwickelte die Su-25 als billige Alternative zur A-10 der USAF, mit noch besserer Überlebensfähigkeit im Kampf.*

Die berühmte Jägerkonstruktionsorganisation MiG (heute oft MIG geschrieben) ist Teil der MAPO-Guppe mit Partnern an 13 Standorten. Sie unterstützt MiG-21 bei 56 Luftstreitkräften und viele Schwenkflügler-MiG-23 und -27. Die MiG-Werke ließen der MiG-25 die Mach-2,83-fähige MiG-31 folgen. Mit zwei 15.480-kg-D-30F6-Triebwerken ist sie der weltweit schnellste Abfangjäger mit der größten Reichweite. Sie hat das leistungsfähigste Radar, das stärkste Geschütz und zehn Raketen von bis zu sieben Typen ohne Entsprechung im Westen.

1977 begann die erste MiG-29 mit Flugtests. Sie hatte zwei RD-33-Motoren mit 8290 kg Schub und eine aerodynamische Konfiguration, die jahrelange Forschung widerspiegelte. Wie die größere Su-27 bietet sie unübertroffene Manövrierbarkeit bei allen Geschwindigkeiten von Mach 2,3 abwärts bis zu Negativwerten (Rückwärtsflug). Trotz vieler Probleme wurden bis 1997 1257 MiG-29 gebaut und seitdem etwa 200, für 31

Oben: *Die eindrucksvolle Tu-22M-3 ist leicht zu unterschätzen, bis man an einer geparkten steht. Ihre beiden Triebwerke erzeugen ebenso viel Schub wie die acht der B-52.*

Rechts: *Die Sukhoi Su-37 (nicht zu verwechseln mit der völlig verschiedenen S-37) hat Richtstrahltriebwerke mit je 14.500 kg Schub.*

Unten: *Ähnlich beeindruckend sind die Leistungen der Su-33, eines voll für Trägereinsatz ausgerüsteten Marinemehrzweckflugzeugs.*

Kunden, von denen viele nie von der UdSSR gekauft haben. Bislang gibt es 24 Versionen, einschließlich Zweisitzern und Faltflüglern für Flugzeugträger, und die Option auf Vektorschubtriebwerke. Die Auswahl an Raketen und Waffen ist noch größer als bei der MiG-31.

MiG begann 1983, an einem größeren Mehrzweckjäger zu arbeiten. Seine zwei 17.830-kg-AL-41F-Triebwerke wurden 1990 getestet, doch der 1.44-Prototyp flog erst im Februar 2000. Ob es von dem beeindruckenden Jäger eine Serienversion geben wird, ist unklar.

Atemberaubende Fähigkeiten

Der Konkurrent Sukhoi lieferte etwa 1200 Su-24-Schwenkflügler für Angriff, Aufklärung und elektronische Kriegsführung aus. Sie ähnelten aerodynamisch der F-111, boten aber eine größere Auswahl an Elektronik und Waffen. Es gibt heute noch zwölf Kunden.

Gleichzeitig produzierte Sukhoi über 700 extrem robuste Su-25-Angriffsflugzeuge, die schwer bewaffnet waren und über zwei Turbojettriebwerke verfügten, die feindlichen Projektilen widerstanden, sowie über zehn Stationen für viele Arten von Waffen. Sie dienen bei 18 Luftstreitkräften. Ihnen folgte die Su-25TM mit Allwetterelektronik und zusätzlichen 1015 kg Treibstoff.

Die Su-27, die diejenigen, die sie geflogen haben, für den besten Jäger der Welt halten, begann ihre Tests im April 1981. Dieses wunderschöne Flugzeug mit zwei 12.483-kg-AL-31F-Turbofans folgt der MiG-29-Formel in größerem Maßstab. Es gibt elf Pylonen, deren Waffenoptionen gar nicht aufgezählt werden können. Sogar bei 34.000 kg sind Leistung und Wendigkeit unglaublich. Neun Abnehmer kauften etwa 600 Stück in 27 Versionen. Die in China gebaute Version wird J-11 genannt. Unter den Abkömmlingen finden sich Bomber mit zwei Sitzen und Zwillingshauptträdern, die das 50-Tonnen-Startgewicht tragen.

1969 wurde der erste von 497 Tu-22-Schwenkflügelbombern getestet. Er besitzt zwei 24.967-kg-NK-25-Turbofans mit Nachbrenner, die ihn in großer Höhe auf Mach 1,88 bringen, und kann drei große Kh-22-Marschflugkörper, zehn Kh-15P oder bis zu 26 Tonnen Bomben mitführen. Tupolew entwarf auch die riesige Tu-160 mit vier sehr effizienten 24.967-kg-NK-321-Triebwerken und außergewöhnlicher Tarnfähigkeit. Die Reichweite beträgt mit internen Tanks und bis zu 39.950 kg Waffenlast 12.295 km. Nur 30 sind noch flugtauglich.

Schweden

1955 löste ein britischer Dozent einen Sturm der Entrüstung aus, als er behauptete, Schwedens Umgang mit Militärflugzeugen sei besser als der Großbritanniens. Seine Kritiker verstanden das Wesentliche nicht, nämlich dass die Briten von 54 Prototypen seit dem Krieg elf in Produktion gegeben hatten, während es bei den Schweden vier Prototypen waren, aus denen vier Serienflugzeuge wurden. Heute sind es sechs von sechs.

Schweden hat eine lange Geschichte als effizienter Entwickler erfolgreicher Jagdflugzeuge. Gleich nach dem 2. Weltkrieg kaufte Schweden eine Lizenz für den 2265-kg-D.H-Ghost-Turbojetantrieb, um aus der J21A die geplante J21R *(siehe Seite 87, 89)* zu machen. Obwohl der Umbau erfolgreich war, entwarf Saab um den Ghost einen besseren Jäger, die J29 Tunnen (Fass, wegen ihrer Form). Sie hatte leichte Pfeilflügel, vier 20-mm-Gewehre und erreichte 1061 km/h. Der schnellste Jäger der RAF Anfang der 50er war die Meteor mit 933 km/h. Saab verkaufte bis 1956 661 Tunnens in diversen Versionen.

Im November 1952 begann Saab, die 32 Lansen (Lanze) mit Rolls-Royce-Avon-Antrieb zu testen. Sie sah wie jeder andere Pfeilflügeljet aus, doch sie hatte nicht nur zwei Sitze, sondern war auch ziemlich groß. Während die F-86A Sabre eine Spannweite von 11,3 Metern hatte und 7248 kg wog, betrug die der Saab-32 13,1 Meter bei 10.646 kg. Sie erreichte im Sturzflug mehr als Mach 1 und erwies sich als extrem erfolgreich. 450 wurden als A32A-Angriffsbomber, J32B-Nachtjäger (mit Radar und aufgerüstetem Nachbrennermotor) und S32C für Aufklärung und elektronische Spionage (EW) verkauft. Die aufgerüstet J32E-EW-Plattform war 2001 noch im Einsatz.

Der Jäger Saab-35 Draken (Drache) wurde aus der Saab-210 *(siehe Seite 144)* entwickelt. Sie sah ebenso erstaunlich aus, und es war eine Freude, sie zu fliegen (obgleich schwierig, wenn der Autostabilisator ausge-

Oben, links und rechts: *Um von geraden Autobahnstücken aus operieren zu können, erhielt die Saab AJ37 Viggen einen sehr starken Antrieb mit Schubumkehr, große Tragflächen, Entenflügel, ein Zwillingsfahrwerk und Blindflugelektronik.*

Links: *Die fassförmige Saab 29C Tunnen war die dritte Version. Diese hier ist ein Fotoaufklärungsflugzeug.*

Left: *Die 32 Lansen, ein zweisitziger Allwetter- und Nachtjäger.*

Links unten: *Die J35A Draken beim Start (links) und im Flug (rechts), ein Überschallabfangjäger und Angriffsflugzeug.*

schaltet war). Die J35A flog erstmals am 25. Oktober 1955, hatte zwei 30-mm-Gewehre und erreichte Mach 1,8 mit dem SFA Avon mit Nachbrenner. Danach kam die J35B mit elektronischer Datenverbindung zu Schwedens Verteidigungsnetzwerk STRIL-60. Die SK35C war ein dualer Trainer. Die J35D mit Autopilot erreichte mit einem Avon Mach 2. Die S35E führte Kameras anstelle der Gewehre mit. Die J35F besaß aufgerüstete Flugelektronik für zwei Arten von Falcon-Raketen. Die letzten Versionen für Dänemark und Finnland konnten bei einer Reichweite von 3219 km neun 453-kg-Bomben transportieren. Saab baute 606 Draken; die modernisierte J35J dient in Schweden heute noch.

Vielseitige Mehrzweckkampfflieger

Die nächste Generation war die Saab-37 Viggen (Blitzschlag). Sie ist ein größeres Flugzeug mit einem verbesserten RM8A-Turbofan, abgeleitet vom Pratt & Whitney JT8D, mit einem Startschub von 11.778 kg. Zu ihren Merkmalen zählen ein Deltaflügel mit 4745 m^2, große Deltavorflügel, Schubumkehr und ein Fahrwerk mit Tandemreifen, um den Einsatz auf Landstraßen zu erleichtern. Der Prototyp flog im Februar 1967. Saab lieferte 180 AJ37-Angriffs- und SF37/SH37-Aufklärungsversionen aus, gefolgt von 149 JA37-Abfangjägern mit 12.684-kg-RM8B-Motoren. Seit 1993 baute Saab 115 Viggens zu AJS37 um, die Angriffs-, Jagd- und Aufklärungsmissionen fliegen können.

Die Flugtests der neuesten Saab, der JAS39 Gripen (Greif), begannen im Dezember 1988. Als Antrieb besitzt sie den RM12 mit 8200 kg Schub, der auf dem General Electric F404 basiert. Dieses brillante kleine Flugzeug schafft mit einem Triebwerk, wozu ihre Konkurrenten mit zwei kaum fähig sind. Die britische BAE Systems beteiligt sich an der Produktion von 204 (manche zweisitzig) für die schwedische Luftwaffe und 28 für Südafrika; weitere Exportaufträge werden erwartet. Die Gripen wurde 1996 in Dienst gestellt.

Oben und rechts: *Das neueste Saab-Kampfflugzeug JAS Gripen ist klein und wendig, kann jedoch verschiedenste Waffen mitführen. Mit Hilfe von BAE Systems lieferte Saab bis Ende 2001 80 aus.*

Überwachung

Die erste militärische Mission, die von Flugzeugen übernommen wurde, war Aufklärung. Damals bestand die Überwachungstechnologie aus Notizblock und Bleistift. Später wurden Kameras eingebaut. Heute sind Aufklärungsflugzeuge lediglich Plattformen für komplexe Sensoren.

Oben: *Ein Tornado-F.3-Abfangjäger eskortiert eine Boeing Sentry der RAF. Britische Sentrys haben CFM56-Motoren.*

Unten: *Das taktische Aufklärungsflugzeug Lockheed U-2R kann 1,8 Tonnen an Sensoren aufnehmen. Mit einer Dienstgipfelhöhe von 21.336 Metern können U-2 Kämpfe beobachten, ohne feindlichen Luftraum zu verletzen.*

Nach der Kamera ist das Radar der wichtigste Sensor. Das erste echte Frühwarnradar war das APS-20. Aus 6100 Meter Höhe warnte es 1944 US-Schiffe vor Kamikaze-Angriffen und war (zu deren Schande!) noch 1992 in Shackletons der RAF im Einsatz. Während Großbritannien zögerte, trieben Flugzeuge der USAF und der US Navy, wie EC-121 und E-2C, die Technologie des Überwachungsradars voran.

Einen Quantensprung stellte 1967 das große Radar für die AWACS (luftgestütztes Frühwarn- und Kontrollsystem) dar. Westinghouse gewann die Ausschreibung der USAF, und 1977 trat die Boeing E-3 Sentry in Dienst. Die RAF zog sie natürlich der Nimrod AEW.3 vor.

AWACS-Radare haben Antennen mit neun Meter Durchmesser, die wie der Strahl eines Leuchtturms rotieren. SLAR (seitwärts gerichtetes luftgestütztes Radar) ist etwas anderes; es kann ein detailliertes Bild des Bodens auf einer Seite der Flugroute liefern. Auf diesem Gebiet war Großbritannien führend, bis 1957 im Glauben, dass Militärflugzeuge veraltet seien, alles abgebrochen wurde. Zu den aktuellen SLAR-Flugzeugen gehören die U-2R (eine Version eines Flugzeugs, das seit 1955 fliegt, bei der die Antennen innen entlang des Bugs montiert sind) sowie die Saab Erieye und die RAAF 737 Wedgetail mit hoch über dem Rumpf fixierten Antennen.

1979 wollte die RAF ein Astor (ein neuer Name für SLAR) anschaffen. Man hätte die Wahl zwischen einer kleinen Defender oder einer modifizierten Canberra. Stattdessen wird man es nun, mehr als 20 Jahre später, in fünf Canadair Global Express erhalten.

Den Feind kennen

Eine SLAR-Plattform auf dem neuesten Stand der Technik ist die Northrop Grumman Joint STARS, die sich im Golfkrieg bewährte. Sie beruht ursprünglich auf dem Flugrahmen der 707. Die 7,3-Meter-Antenne für das I-Band-Radar befindet sich in einem zwölf Meter langen „Kanu" unter dem vorderen Rumpf. In den nächsten

Links: *Die Nimrods der RAF werden nach und nach völlig überarbeitet und auf MRA.4-Standard gebracht.*

Unten: *Diese Saab 340 wurde zum Testen des Ericsson-Erieye-Überwachungsradars verwendet; die Antenne ist über dem Rumpf angebracht.*

sechs Jahren wird die Flotte der 19 USAF-Flugzeuge mit der Bezeichnung E-8C mit neuesten Sensoren und Abwehrmaßnahmen für viele elektromagnetische Wellenlängen sowie Satellitenkommunikation aufgerüstet.

Das Abhören feindlicher Kommunikation nennt man Elint (elektronische Spionage). Eine andere Form von Beobachtung ist die Marineaufklärung. Die USA und 13 weitere Nationen setzen Versionen der Lockheed P-3C Orion ein, westeuropäische Länder die Atlantique 2 und Russland die Il-38R. Alle besitzen Turboprops und sind mit Radar, Sonarbojen, am Heck montierter MAD (Entdeckung magnetischer Anomalien) und anderen Sensoren sowie einer Phalanx von Waffen bestückt. Großbritannien wählte die mit Turbofan motorisierte Nimrod. 21 Stück werden trotz ernsthafter

Links: *Weil sie ein Düsenjet ist, kann die brasilianische Embraer-145, ein luftgestütztes Frühwarn- und Kontrollflugzeug, höher als Turbopropeller fliegen, bis auf 12.192 Meter.*

Kosten- und Terminüberschreitung völlig überarbeitet und auf MRA.4-Standard gebracht. Sie sollen die besten Marineaufklärungsplattformen der Welt sein, doch Großbritannien wird der einzige Anwender sein.

1957 wurden zwei S-56-Hubschrauber mit APS-20E-Radar bestückt und zu HR2S-1W-Überwachungsfluggeräten gemacht. Solche Maschinen hätten vielleicht einige Schiffe der Royal Navy im Falklandkrieg gerettet, also gab man Sea Kings rasch Überwachungsradare und nannte sie AEW.2A. Nun erhalten sie als AEW.7 neue Radare. Ein Ersatz könnte der EH101 mit Tragflächen sein, damit er auf über 6000 Metern verweilen kann.

Links: *Der Prototyp der Embraer EMB-145RS (ferngesteuerte Sensoren) trägt eine Fülle von Sensoren, einschließlich eines großen Radars. Die FAB (brasilianische Luftwaffe) wird diese Version R-99B nennen.*

Transporter und Tanker

Die Entwicklung von Großraumflugzeugen wurde durch den Bedarf der USAF an einem riesigen Transportflugzeug für den Vietnamkrieg ausgelöst, obwohl auch die zivile Nachfrage bald eingesetzt hätte. Den militärischen Anforderungen entsprach die Lockheed C-5A Galaxy. Seitdem vermehrte sich die Zahl der Großraumflugzeuge für alle Zwecke beachtlich.

Unten: *Wegen Geldmangels hat die RAF eine gemischte Flotte aus umgebauten VC10-Tankern/-Transportern in drei Versionen. Gerade durch ihr Alter sind diese aber im Betrieb teuer.*

Im Oktober 1956 erhielt General Electric einen Auftrag im Wert von 459 Millionen Dollar über den TF39-Motor als Antrieb für die C-5A. GE litt nie unter Schüchternheit wie der Mitbewerb. Für diesen Turbofan mit 18.620 kg Schub wählte das Unternehmen das kühne Bypassverhältnis von acht, also ergab sich ein Durchmesser von fast drei Metern.

Unten: *Die Lockheed Martin C-58 Galaxy dient weiterhin, und vielleicht werden ihre TF39-Motoren durch die moderneren CF6-80C2 ersetzt.*

Diese Triebwerke wirkten nicht zu groß, als die C-5A am 30. Juni 1968 die Tests aufnahm. Sie hatte einen großen, 5,8 Meter breiten Frachtraum mit weiten Ladeluken an Bug und Heck, ein Fahrwerk mit vier Bugrädern und 24 Haupträdern sowie Flügeltanks für 185.465 Liter Treibstoff. Wegen der hohen Kosten konnten statt 115 nur 81 angeschafft werden. Das größte der vielen Probleme war, dass die Ingenieure das angepeilte niedrige Gewicht für die Tragflächenstruktur nicht erreichen konnten. 1981–1987 mussten die Flügel der 77 aktiven Maschinen erneuert werden. Lockheed erhielt einen Auftrag für weitere 50 verbesserte C-5B, die 1985–1989 geliefert wurden.

In den 70ern überzeugte McDonnell Douglas die USAF, dass eine Tanker-/Frachterversion der DC-10 Geld sparen würde, verglichen mit der KC-135 vor dem Einbau der CFM56. Also baute Long Beach 60 KC-10A Extenders, basierend auf der DC-10-30CF mit drei GE CF6-50C2. Die Bedienung für den Boeing-Betankungsausleger ist achtern; 39 KC-10 (heute Boeing) können Schlauch-/Trichtergehäuse unter den Flügeln mitführen.

Rechts: *Die Lockheed Martin C-130J wird von ihren sechsblättrigen Dowty-Propellern himmelwärts gezogen, bereit, den 2156 verkauften Exemplaren des „Herky-bird" hunderte hinzuzufügen.*

Oben: *Die Ilyushin Il-78, Tankerabkömmling des hervorragenden Luftfrachters Il-76. Hier nehmen zwei Su-27 Treibstoff auf.*

Unten: *Die C-17 wird auf Seite 176–177 beschrieben.*

Ganz unten links: *Die anfangs mit diesem weißen Dach ausgelieferte KC-10 Extender ist heute getarnt.*

Ganz unten rechts: *Die An-124 aus der Ukraine ist bedeutend leistungsfähiger als alle westlichen Frachter und hat eine Reihe ziviler Abnehmer.*

Die ersten RAF-Tanker waren Valiants, doch ihre Tragflächen begannen zu brechen. Panisch baute man Handley-Page-Victor-Bomber zu Tankern um *(siehe Seite 103)*; sie dienten bis 1997. Seitdem waren die Tanker/Transporter der RAF umgebaute Linienmaschinen. Entworfen in den 50ern, angetrieben von vier 9510-kg-RR-Conways, dienen 25 VC10 als 135-sitzige Transporter und als Tanker. Nach dem plötzlichen Anstieg des Bedarfs an Tankern im Falklandkrieg baute Marshall Aerospace 1983–1990 sechs British Airways TriStar 500 zu Tankern/Transportern um. Sie haben zwei Schlaucheinheiten, doch da beide unter dem Heck liegen, kann immer nur eine verwendet werden. Die RAF hat auch drei ehemalige TriStar 500 der PanAm, bislang noch keine Tanker.

Russlands Riesen

Russland besaß einst eine große Flotte aus Tu-16N sowie gewaltigen M-4-2- und 3MN-2-(Bison-)Tankern. Diese wurden durch fünf Versionen der Il-78 ersetzt. Weil sie Schläuche an Heck und Flügelspitzen ausfahren, sind sie beeindruckende Dreipunkttanker.

Im Dezember 1982 begann Vladimir Terski, die erste An-124 zu testen. Nach einem russischen Märchenriesen Ruslan genannt, wird die An-124 bis zur Ankunft der A380 das leistungsfähigste Transportflugzeug bleiben. Abgesehen vom tiefen Heckflügel und dem anderen Hauptfahrwerk (fünf Zwillingsräder in einer Reihe an jeder Seite) ist sie ähnlich wie die C-5 konfiguriert. Als Antrieb dienen jedoch Lotarev-D-18T-Turbofans mit 23.370 kg Schub, der Frachtraum ist länger und 60 cm breiter, und die maximale Nutzlast beträgt 149.804 kg im Vergleich zu 118.233 kg. Trotz der extremen Finanzprobleme der Ukraine stellte Antonov in Kiew 19 An-124 fertig und die Partnerfabrik in Uljanowsk weitere 36, doch davon waren bis Mitte 2001 noch nicht alle geflogen. Antonov baute auch ein Exemplar des größten Flugzeugs, das bisher geflogen ist – die An-225. Sie hat einen neuen Mittelflügel mit zwei zusätzlichen Motoren, einen verlängerten Rumpf und eine Zwillingsfinne. Das maximale Startgewicht beträgt 590 Tonnen.

Jaguar und Tornado

1954 schrieb die NATO (North Atlantic Treaty Organization) einen leichten Angriffsjäger mit Bristol-Orpheus-Turbojets aus. Die italienische Fiat G91 wurde zwei französischen Mitbewerbern vorgezogen. Man produzierte 724 Stück in diversen Versionen, einschließlich 282 von Dornier in Deutschland gebauten Exemplaren. Dies war eines der ersten Gemeinschaftsprojekte.

Rechts: *Hier sieht man eine Jaguar GR.1A mit Sidewinder-Raketen an Überflügelstationen. RAF-Jaguars werden schrittweise mit neuen Sensoren, Waffen und Ardour-106-Motoren aufgerüstet.*

Unten: *Diese zweisitzige Version ist bei Frankreichs Armée de l'Air als Jaguar E (für École – Schule) bekannt, doch sie sind voll einsatzfähig, ebenso wie die vor Raketen strotzende RAF-Jaguar rechts.*

Viel größere gemeinschaftlich produzierte Flugzeuge waren die Breguet (später Dassault) Atlantique und die Transall C160, doch Jaguar und Tornado sollten die erfolgreichsten Joint Ventures werden.

Die britische Entscheidung, im April 1957 alle Kampfflugzeugprojekte zu stornieren, traf die Industrie ins Mark. Nichtzivile Flugzeuge wurden nur gestattet, wenn sie keine militärische Funktion hatten. Diese verrückte Politik hielt sich lange. Die 1964 gewählte Labour-Regierung hatte nichts gegen Militärflugzeuge, wenn sie in den USA gebaut wurden. Nachdem sie die Franzosen mit dem Versuch, die Concorde zu Fall zu bringen, verärgert hatte, leistete sie mit gemeinsamen Hubschrauberprojekten Wiedergutmachung.

Sie initiierte auch ein 50:50-Abkommen über einen leichten zweimotorigen Überschallangriffsjäger und Fortgeschrittenentrainer. Der französische Partner, Breguet, fusionierte mit Dassault; der britische, BAC, ging mit British Aerospace zusammen. Trotzdem bildeten die Partner die Gemeinschaftsfirma SEPECAT und nannten das Produkt Jaguar, was in beiden Sprachen dasselbe bedeutet. Ursprünglich ging es um einen anderen leichten Jäger. Doch die Briten rüsteten ihn listigerweise immer weiter auf, bis er ein nützlicheres Flugzeug war, mit einer möglichen Bombenlast von 4530 kg. Rolls-Royce und Turbomeca bauten gemeinsam den Adour Turbofan mit Nachbrenner und ursprünglich bis zu 3140 kg Schub.

Breguet stellte die erste Jaguar am 17. April 1968 fertig, doch eine landesweite Allianz aus Studenten und Arbeitern sperrte das Management in den Büros

Oben: *„Pulling G", das Siegerfoto eines RAF-Wettbewerbs 1994, zeigt eine Tornado F.3 vom 43. Geschwader im Flug und im Formationsflug (kleines Bild).*

Unten: *RAF-Angriffs-Tornados werden – unter Problemen und Kritik – auf GR.4-Standard, wie hier, aufgerüstet.*

ein und schweißte die Hangartore zu. Schließlich wurden die roten Fahnen gesenkt. Die Flugtests begannen am 8. September. 203 Jaguars wurden für die RAF gebaut, 200 für die Armée de l'Air und 76 für den Export. Weitere 108 (und vielleicht 20 mehr) werden in Indien produziert. Heute haben alle Motoren mit bis zu 3642 kg Schub, womit sie Mach 1,6 erreichen.

Kooperation lohnt sich

1960–1965 wimmelte es von Gemeinschaftsprojekten, begleitet von einer verwirrenden Fülle an Abkürzungen: ACA, FCA, NKF, AVS, CAMRA, US/FRG, Allianz, VGCA, UKVG und AFVG. Frankreich verließ das letzte (Anglo-Französische Variable Geometrie), also wurde es MRCA genannt – scherzhaft als „must refurbish Canberra again" interpretiert, doch in Wahrheit ein Mehrzweckkampfflugzeug. Es begann mit sechs Nationen, wurde von drei fortgesetzt (Großbritannien, Deutschland und Italien) und begann endlich am 14. August 1974 mit den Flugtests.

Trotz der Einwände der USA gegen die europäische Jägerentwicklung überlebte das Programm. MRCA wurde zur Tornado, kreiert von einer Gruppe namens Panavia. Insgesamt wurden von diesem ausgezeichneten zweisitzigen Schwenkflügler 992 Exemplare mit zwei Turbo-Union-RB199-Turbofans mit Nachbrenner zu je 7475 kg Schub mit Schubumkehr gebaut. Sie dienen bei den drei Partnern und Saudiarabien in der IDS-Version (Angriff) und Großbritannien, Italien (gemietet) und Saudiarabien als ADV (Luftverteidigungsvariante). Deutschland hat auch eine ECR-Version (elektronischer Kampf und Aufklärung). Insgesamt vereint die Tornado mehr militärische Fähigkeiten auf kleinstem Raum (die Gesamtlänge liegt unter 17 Metern) als jedes andere Flugzeug zuvor.

Harrier

Oben: *Die letzte RAF-Version, die Harrier GR.7, basiert auf der großflügeligen AV-8B Harrier II.*

Rechts: *Dieser italienische Marina(Marine)-TAV-8B-Trainer macht auf der Marineflugbasis Grottaglie einen Senkrechtstart. Er hat Unterrumpfplanken anstelle von Gewehrgehäusen.*

1956 schlug der französische Designer Michel Wibault einen senkrecht startenden Düsenjäger vor. Der Entwurf gelangte zu Gordon Lewis in Bristol, der das komplexe, schwere und wahrscheinlich unzuverlässige Schema durch einen Turbofan mit vier Richtungsdüsen ersetzte, zwei für die Luft des Fanmotors und zwei für die heißen Düsen. Dies wurde Sydney Camm bei Hawker gezeigt, der ein kleines Flugzeug rundherum entwarf. Diese Entwicklung fand in der Harrier ihren Höhepunkt.

Oben: *Wie viele Flugzeuge können mit Schallgeschwindigkeit heruntersausen und sich dann in den Wäldern von North Carolina verstecken? Diese AV-8B des Marine Corps aus Camp Lejeune kann es.*

Als von der britischen Regierung kein Geld für Militärflugzeuge kam, wurden der BE53-Motor und die Hawker P.1127 – die ein „Forschungsflugzeug" sein musste – durch das von den USA gesponserte Mutual Defense Assistance Program finanziert. Die erste P1127 ging am 21. Oktober 1960 in die Luft. Cheftestpilot Bill Bedford hatte sich das Bein gebrochen, und wegen des Gewichts des Gipsbeines musste man den Funk entfernen.

Bald wurden P1127 im freien Flug getestet, im Kunstflug und im Überschallsturzflug. Zur Steuerung bei niedrigen Geschwindigkeiten wurde heiße Druckluft aus dem Motor geblasen und in vom Piloten kontrollierte Düsen an Flügelspitzen, Bug und Heck geleitet. Die Steuerung im Schwebflug war schwierig.

Um diese Idee weiterzuführen, beschlossen Großbritannien, die USA und Westdeutschland, gemeinsam die

Oben und rechts: *Obwohl sie den alten Flugrahmen beibehielt, ist die Sea Harrier FRS.2 mit Ferranti-Blue-Vixen-Multimodusradar und AMRAAM-Raketen stark aufgerüstet.*

Oben rechts: *Die 167. AV-8B war die erste mit Nachtausrüstung, inklusive FLIR-Kuppel (vorwärts gerichtetes Infrarot) über dem Bug. Sie hat ein 25-mm-Gewehr, Paveway-Bomben und Maverick-Raketen.*

Tripartite Evaluation Squadron, ausgerüstet mit den weiterentwickelten Kestrel-Flugzeugen, zu finanzieren. Gleichzeitig wurde ein größeres, stärkeres Flugzeug, die P1154, in zwei Versionen für RAF und Royal Navy entwickelt. Doch diese äußerst viel versprechende Mach-2-Maschine wurde 1964 von der neuen Labour-Regierung gestrichen.

Die Kestrel war das erste Flugzeug, das senkrecht startete und Kampfeinsätze mit 1120 km/h flog. Resultat war, dass die P1154, als sie storniert wurde, durch ein einfacheres und kleineres Flugzeug ersetzt wurde, genannt P1127RAF und später Harrier. Sie hatte einen Rolls-Royce Pegasus mit 8700 kg Schub und wurde 1969 beim 1. RAF-Geschwader in Dienst gestellt. Damit begann eine Revolution in der Militärluftfahrt.

Verzögerte Anerkennung in den USA

Leider bemerkten die USA sie zunächst nicht. Die USAF verachtete sie, weil man scheinbar glaubte, es würde stets genügend 3000 Meter lange Rollbahnen geben. Man war nicht interessiert an einem Flugzeug, das „eine Streichholzschachtel nicht über ein Fußballfeld befördern könnte". Im Gegensatz dazu erwartete das US Marine Corps nicht, an den erstürmten Stränden Rollbahnen vorzufinden. Eine Harrier-Version schien passend. Im April 1971 begann das Geschwader VMA-513 mit dem Training auf der vom Marine Corps AV-8A genannten Maschine. Bald gab es mehr AV-8A als Harriers. Die Marines, stets knapp bei Kasse, kaufen klug.

Später erhielt die Harrier stärkere Pegasus-Motoren, eine lange Schnauze mit Laserreichweiten- und Zielerfassungssucher sowie vielen anderen Verbesserungen. Weil sie alle Flugzeugträger aufgegeben hatte, kaufte die Royal Navy Sea Harriers, die für Luftkampf ebenso gut geeignet waren wie für Bodenangriff. Ohne sie hätte man den Falklandkrieg sicherlich verloren.

1974 arbeitete das Marine Corps gemeinsam mit McDonnell Douglas an der Advanced Harrier, später AV-16 und schließlich AV-8B Harrier II genannt. Sie hatte größere Tragflächen aus Graphitfaserverbundmaterial, wodurch sich Treibstoffkapazität oder Bombenlast verdoppeln ließen. Auf Kosten einer niedrigeren Höchstgeschwindigkeit (1090 statt 1167 km/h) ist sie ein gefährliches Mehrzweckflugzeug. Einige Versionen besitzen Radar und FLIR. Die Marines kauften 286, Italien 13, Spanien 20 und die RAF 37 in diversen Versionen.

Jagdflugzeuge in aller Welt

Es mag pedantisch sein, den Begriff „Jagdflugzeug“ auf jene zu beschränken, deren Aufgabe es ist, feindliche Maschinen abzuschießen. Die USAF konnte sich diese strenge Definition leisten. Zu Zeiten der F-15 Eagle meinten die USAF-Jäger: „Not a pound for air-to-ground.“ („Nichts übrig für Bodenangriffe.“) Doch ein guter Jäger kann sich auch für Bodenmissionen eignen.

Andere Länder haben es schwerer. 1980 begannen Italien und Brasilien mit der Entwicklung des AMX-Angriffs-/Aufklärungsflugzeugs und produzierten bis 2001 192 davon für die ursprünglichen Partner und acht für Venezuela. China hat sich viele Jahre lang bemüht, eine mächtige Luftfahrtindustrie aufzubauen, und erzeugt heute diverse jägerartige Flugzeuge, die teilweise von der MiG-21 abgeleitet sind. Die JH-7 ist fast wie die MiG-23, doch mit fixen (nicht schwenkbaren) Flügeln und ursprünglich RR-Spey-Motoren mit Nachbrenner. FC-1 and J-10 sind viel versprechende ureigene chinesische Designs, doch 2001 war der beste in China gebaute Jäger die Sukhoi Su-27.

Rechts: *Lockheed Martin F-16 der ägyptischen Luftwaffe fliegen bei Giseh über die Wüste. Ägypten hat sechs F-16 angekauft, alle in derselben Version.*

Für schnelles Fliegen in Bodennähe braucht man möglichst kleine Flügel, für Manövrierfähigkeit im Nahkampf möglichst große. Ein ausgezeichneter Kompromiss ist die zweisitzige F-15E, ein Jagdflugzeug mit bis zu 11.100 kg Bomben oder Raketen.

US Navy und Marines erhalten soeben einen weiteren Boeing-Jäger, die F-18E, und die zweisitzige F-18F Super Hornet. Sie ähnelt früheren Hornets, hat jedoch viel größere Mehrzweckfähigkeiten. Am besten verkauft sich gegenwärtig die F-16 Fighting Falcon (heute ein Lockheed-Martin-Produkt). Sie ist entweder mit dem Pratt & Whitney F100 oder dem General Electric F110 erhältlich, beides Turbofantriebwerke in der 13.600-kg-Schub-Klasse. Die Verkaufszahlen der F-16 überschritten im Jahr 2000 die 4000-Stück-Marke.

Abkömmlinge der F-16

Mit US-amerikanischer Hilfe produziert Japan die Mitsubishi F-2A, die auf der F-16 basiert. Taiwan erzeugt die Ching-Kuo, die wie eine zweimotorige F-16 aussieht, und Südkorea baut die A-50 und die T-50, die der F-16 ähneln, aber kleiner sind (sowie 140 F-16 in Partnerschaft mit Lockheed). Vielleicht sehen wir bald, wie diese und andere Staaten mit Naheverhältnis zu den USA F-22-Nachbauten hervorbringen.

Links: *In Zusammenarbeit produzierten Alenia, Aermacchi (Italien) und Embraer in Brasilien die AMX, ein ausgesprochenes Bodenangriffsflugzeug.*

Links: *Taiwans Ching-Kuo besitzt zwei ITEC (im Wesentlichen Honeywell)-F125-Motoren mit Nachbrenner und 4285 kg Schub.*

1989 warb die deutsche MBB, ein Partner bei der Typhoon, für ein Überschalltrainings- und leichtes Angriffsflugzeug (zunächst in Partnerschaft mit der italienischen Aermacchi). 2001 wurde dieses Projekt, die Mako (Hai), unter der neuen Firma EADS (European Aeronautic Defense and Space) gemeinsam mit den Vereinigten Arabischen Emiraten fortgesetzt. Das daraus resultierende Flugzeug wird der Northrop T-38 Talon sehr ähnlich sein, es wurde aber über 40 Jahre später entworfen. Als Motor hat es wahrscheinlich einen EJ200 mit Vektorschub, wie die Typhoon.

Als eines von wenigen Ländern versucht Indien, eigene Wege zu gehen. Das Programm LCA (Light Combat Aircraft) startete 1980 mit HAL als Hauptauftragnehmer, mit Unterstützung von Dassault, BAe, MBB oder Dornier. Es wurde später von der ADA (Aeronautical Development Agency) übernommen.

Die ersten zwei Prototypen haben GE-F404-Motoren, doch die Serienversion soll einheimische Kaveris bekommen. Diese wurden 1995 getestet, als die erste LCA aus dem Werk in Bangalore rollte. Sie blieb bis zum 4. Januar 2001 auf dem Boden. Die indischen Behörden meinten, sie würde nicht vor 2015 einsatzbereit sein. Trotz der Verschiebung ist ein solcher Zeitplan in der modernen Defensivluftfahrt nicht unüblich. Ein neuer Jäger braucht oft Jahrzehnte bis zur Serienreife.

Links unten: *Auch wenn sie für japanische Bedürfnisse entworfen wurde, ist die Mitsubishi F-2 ganz klar der F-16 nachempfunden. Der Motor ist ein F110-GE-129 mit 13.365 kg Schub.*

Ganz unten links: *Chinas JH-7 zeigt, dass dieses riesige Land versucht, mit beeindruckenden heimischen Designs aufzuholen. Bislang hatten JH-7 zwei RR-Spey-Turbofans mit Nachbrenner zu je 9293 kg Schub.*

Unten: *Am 4. Januar 2001 flog Indiens Light Combat Aircraft endlich. Die Serienversion der LCA könnte den indischen Kaveri-Motor besitzen.*

Luftfrachtmaschinen

Der erste europäische Luftfrachter war die C-160 von Transporter Allianz oder Transall. Dann bauten Breguet, Nord und VFW-Fokker die C-130 mit zwei Rolls-Royce-Tyne-Turboprops. Nach dem Erstflug im Februar 1963 wurden 198 Stück produziert. Etwas später baute Shorts zehn größere Frachtmaschinen namens Belfast mit vier der gleichen Motoren. Ab den 60er Jahren wurden Frachter als Gütertransportmittel immer wichtiger.

Rechts: *Obwohl sie bloß die C-130 neu erfanden, machten Frankreich und Deutschland ihre Sache mit der Transall gut. Einige französische Exemplare sind Tanker, Funkübertragungs- und elektronische Kampfflugzeuge.*

Ebenso wie die erste Stratocruiser eine B-29 mit riesigem Zusatzrumpf auf dem ursprünglichen gewesen war, war John Conroys Pregnant Guppy 1962 das Testgefährt für die Entwicklung von Luftfrachtern. Er gründete Aero Spacelines und beförderte mittels Super-Guppy-Luftfrachtern Raumfahrtraketen zum Startplatz und Rumpfteile der DC-10 von Convair zu Douglas. Conroy machte 1969 mit der Canadair CL-44 dasselbe. Abgeleitet von der Britannia mit Tyne-Motoren trägt sie vier riesige Turbofans. Die Fracht wird durch das zur Seite geklappte Heck geladen.

Rechts: *Eine beeindruckende Ansicht einer Boeing C-17 Globemaster III der USAF. Aufgrund eines Leasingvertrages wurden 2001 vier geradewegs vom Fließband an die britische RAF übergeben.*

Das gleiche Konzept übernahm Airbus Industrie, um Flügel- und Rumpfteile zwischen den Partnern zu transportieren, anfangs mit Airbus Super Guppys, später mit Airbus-A300-600ST-Super-Transportern, auch bekannt als „Belugas", nach der Walart. Wie die meisten A300 haben sie CF6-80C2-Motoren und einen Rumpfdurchmesser von 7,3 Metern. Fünf sind intensiv im Einsatz. Die Beladung erfolgt durch ein gewaltiges Frachttor am Bug (über dem relativ kleinen Cockpit), das in Hamble, England, hergestellt wird.

Langsame Entwicklung

Airbus arbeitet heute an der A400M, die die Transalls und ältere C-130 ersetzen soll. Kein anderes Flugzeug lag so lange auf dem Zeichenbrett. Nach 30 Jahren Dis-

kussion und verschiedenen Bezeichnungen machte die FLA („future large aircraft" – großes Flugzeug der Zukunft) 2001 wieder einen Schritt vorwärts. Statt der geplanten Turbofans wird die A400M nun Turbopropeller in der 12.000-PS-Klasse erhalten. Die konkurrierenden Motoren von Rolls-Royce und SNECMA wurden 2001 zum TP400 vereinigt. Die Auslieferung, anfangs für 1979 angekündigt, wird wahrscheinlich 2006 erfolgen, wenn man nicht noch mehr Zeit verschwendet.

Rechts: *Computererzeugtes Bild einer Airbus A400M. 2001 waren zumindest die Motorenpartner dabei, eine APA (Aero Propulsion Alliance) zum Bau der 12.000-PS-Motoren zu bilden.*

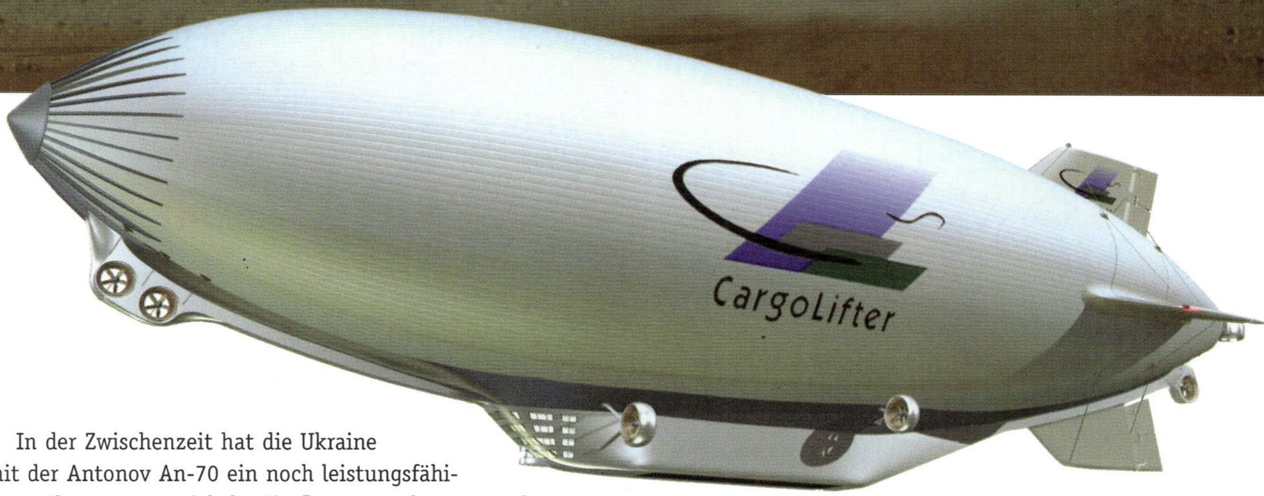

Rechts: *Zufällig trägt das deutsche Frachtluftschiff fast dieselbe Bezeichnung (CL-160) wie die Transall. Angetrieben von vier 1910-PS-Dieselmotoren wird es auch Turboprops für Vertikalschub sowie Heck- und Bugdüsen für seitliche Steuerung besitzen.*

In der Zwischenzeit hat die Ukraine mit der Antonov An-70 ein noch leistungsfähigeres Flugzeug entwickelt. Sie flog erstmals 1994 und besitzt einen größeren Frachtraum als die A400M. Die An-70 benutzt D-27-Propellerfanmotoren mit einer Startleistung von je 13.800 PS. An der Produktion sind vier ukrainische und sechs russische Firmen beteiligt.

1981 beauftragte die USAF Douglas (heute Boeing) mit dem Bau der C-17 Globemaster III. Sie hat vier Pratt-&-Whitney-F117-Turbofans mit Schubumkehr und je 18.300 kg Schub. Sie kann fast dasselbe wie eine C-5B transportieren, doch sie hat kürzere Startwege. Nach der Lösung von Produktionsproblemen wurden für die nächsten Jahre 121 geordert, mit Option auf weitere 60. Vier (im Wert von mindestens 1,2 Milliarden Dollar) wurden 2001 an die RAF geliefert (die Briten können solche Flugzeuge nicht mehr selbst bauen).

Der langsamere Cargolifter CL-160 hat eine noch größere Transportkapazität und ist das größte internationale Luftfrachterprojekt. Er wird von einem deutschen Unternehmen entworfen und soll eine halb starre, mit Helium gefüllte Hülle besitzen. Die Gesamtleistung wäre 12.512 PS für vier dieselgetriebene Propeller und Seit- bzw. Vertikaldüsen zum Manövrieren. 160.000 kg Fracht würden mit Seilzug gehoben und intern befördert werden. Die Reichweite soll 10.000 km betragen.

Unten: *Nach dem Wal, dem sie ähnelt, sehr treffend „Beluga" genannt, wurde die SATIC A300-600ST von Airbus Industrie ursprünglich gebaut, um die Transportkosten für firmeneigene Flugzeugteile zu verringern.*

Überschalltransporter

In den 50er Jahren wurde klar, dass es möglich ist, Überschalltransporter (SST) zu bauen. Das Hauptproblem liegt darin, dass der Luftwiderstand bei Annäherung an die Schallgeschwindigkeit rapide zunimmt. Daher muss auch der Schub im gleichen Maß zunehmen, wodurch die Flugzeuge teurer werden und mehr Treibstoff verbrauchen.

Unten: *Die UdSSR enthüllte die riesige Tu-144 am 21. Mai 1969 auf dem Flughafen von Moskau erstmals vor westlichen Beobachtern. Später wurde die Tu-144 völlig umgebaut.*

Mehr Treibstoff bedeutet größere Tanks und dadurch noch mehr Gewicht und Luftwiderstand. Daher ist es extrem schwierig, einen ökonomischen SST zu bauen, den sich Passagiere leisten können. 1956 schien es vier Möglichkeiten zu geben. Eine war, sich so weit wie möglich auf der Mach-Skala nach oben zu arbeiten, bis der Luftwiderstand zu hoch wurde. Das tut Boeing heute mit der geplanten 20XX oder Sonic Cruiser *(siehe Seite 159)*. Auf langen Strecken würde man über eine Stunde sparen, wenn man mit 1010 statt 930 km/h fliegt.

Eine andere Idee war der M-Flügel, der mit Mach 1,2 fliegt (1285 km/h). Er würde auf Kosten des Treibstoffverbrauchs bedeutend mehr Zeit sparen. Die dritte Variante ist der echte SST, der mit Mach 2,2 fliegt (2330 km/h). Den größeren Luftwiderstand gleicht er teilweise durch höhere Antriebseffizienz aus. Sein größter Nachteil ist, dass sich die Schallwellen bis zur Erdoberfläche ausbreiten. Eine Person in der Nähe der Flugbahn hört einen lauten Knall – den Überschallknall.

Das vierte Konzept ist das Fliegen mit Mach 3 (3220 km/h). Der Luftwiderstand ist zwar noch höher, doch die Antriebseffizienz ist bedeutend besser, und der Überschallknall ist nicht schlimmer. Bei Mach 3 besteht das größte Problem in der kinetischen Hitze. Bei Mach 2,2 erreicht die Oberfläche des Bugs 150 °C; bei Mach 3 wären es 320 °C. Daher müsste ein Mach-3-SST aus Stahl und Titaniumlegierungen bestehen.

Concorde versus Koncordski

1963 beschloss die UdSSR, einen Mach-2,2-SST zu bauen, der jährlich Millionen Passagierstunden einsparen würde. Sie entwickelte die Tu-144, die am 31. Dezember 1968 erstmals flog. Dann bauten sie eine ganz andere Tu-144 (in Europa scherzhaft Koncordski genannt) mit Erstflug am 1. Juli 1971. Sie war größer, stärker, hatte Entenflügel, die in den vorderen Rumpf eingezogen wurden, und wurde im Dezember 1975 bei der Aeroflot in Dienst gestellt. Wegen technischer Probleme und hoher Kosten wurde sie im Juni 1978 eingezogen.

Am 29. November 1962 unterzeichneten Großbritannien und Frankreich ein Abkommen über die Zusam-

Links: *Die Concorde 002, der zweite Prototyp, im Bau im Werk der British Aircraft Corporation in Filton. Dieses Flugzeug flog erstmals am 21. März 1969. Die achte Serien-Concorde,* **rechts,** *absolvierte ihren Jungfernflug am 18. Mai 1976.*

Unten: *Eine Concorde der Air France startet von einem US-Flughafen.*

menarbeit an einem SST. Bristols Projekt 223 war, mit sechs Olympus-Motoren, für Transozeanflüge gedacht die Super Caravelle für Kurzstrecken. Beide wurden zur Concorde vereinigt, die vier größere Olympus 593 hatte und für Transatlantikflüge entworfen wurde. Der 147.700-kg-Prototyp flog erstmals am 2. März 1969, das 184.800-kg-Serienflugzeug wurde am 21. Januar 1976 in Dienst gestellt. Die ersten Destinationen waren Rio de Janeiro für die Air France und Bahrein für British Airways, weil die Concorde in den USA zunächst keine Landeerlaubnis erhielt. Später wurde diese erteilt, doch am 25. Juli 2000 ereignete sich bei Paris ein tragischer Unfall, weil sich Treibstoff entzündete, der aus einem von Teilen eines geplatzten Reifens beschädigten Tank ausgetreten war. Der Flugbetrieb wurde zwecks Modifikation bis September 2001 ausgesetzt.

Die Concorde wurde von den USA abgelehnt, weil das Land sein eigenes SST-Projekt gestrichen hatte. Im Mai 1963 sagte Präsident Kennedy, dass die USA einen Mach-3-SST bauen würden. Lockheed, NAA und Boeing bewarben sich; Boeing gewann, änderte aber das Design. Schließlich stimmte der Kongress am 29. März 1971 für die Einstellung des SST. Seitdem arbeiten acht Länder an SST – unter den Namen Alliance, HSCT, ASCT, ESRP, HYPR, TCA und Tu-244. Daraus entsteht sicherlich ein SST der nächsten Generation für weltweiten Einsatz.

Rechts: *Eindrücke eines Künstlers vom Überschalltransporter des 21. Jahrhunderts, Gulfstream, und* **(unten)** *der Gulfstream/ Sukhoi SSBJ (Supersonic Bizjet), der acht bis 16 Passagiere mit bis zu Mach 2,2 8050 km weit befördern kann.*

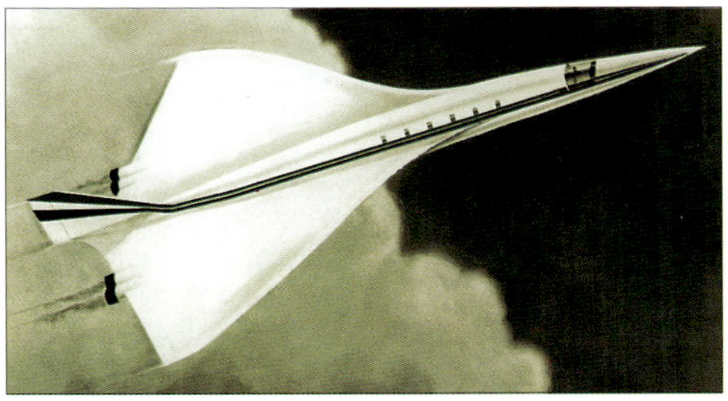

Stealth-Technologie

Sir Robert Watson-Watt erklärte 1936, dass man nach seiner Erfindung des Radars Flugzeuge in Zukunft speziell so entwerfen würde, dass ihr Radarbild oder ihre Signatur – wie sie für den Feind aussehen – möglichst klein wäre. Erstaunlicherweise wurde diese Idee 25 Jahre lang vergessen. Die Radarsignatur der B-52 konnte kaum auffälliger sein!

Oben und gegenüber, großes Bild: *Die B-2 Spirit überfliegt 1991 das Hauptquartier des Strategic Air Command in Nebraska.*

Rechts und gegenüber, kleines Bild: *Die Lockheed Martin F-117A gilt als größte Errungenschaft der berühmten Skunk-Werke, auch wenn die Facettenoberfläche (viele ebene Flächen) heute von der glatten Technologie der B-2 abgelöst wurde.*

Unten: *Frühe Stealth-Technik: Lockheed U-2R.*

Lockheeds Skunk-Werke dachten bei der Konstruktion der U-2, die im August 1955 flog, sehr wohl an die Radarsignatur, doch man hoffte, dass sie durch ihre Flughöhe von über 19.800 Metern sicher sei. Das war sie nicht: Sowjetische Raketen schossen im Mai 1960 eine U-2 ab. Es war Zeit für die „Stealth"-Technologie.

1960 entwarfen die Skunk-Werke die A-12 Blackbird, um mit Mach 3 auf 25.900 Metern mit minimaler Radarsignatur zu fliegen. Höhepunkt dieser Familie war das SR-71-Aufklärungsflugzeug mit Erstflug im Dezember 1964. Bei der SR-71 ging die Technologie viel weiter; 17 % der Oberfläche bestanden aus mit Ferrit angereicherten Verbundmaterialien, die Billionen winzigster Eisenkügelchen enthielten.

Im Dezember 1974 begann Rockwell, die B-1A zu testen, einen großen Schwenkflügelbomber, der die B-52 ersetzen sollte. Ihre Tragflächen konnten um bis zu 67,5° geschwenkt werden, um das Ziel mit Mach 2 zu überfliegen. Doch man erkannte, dass das als Verteidigung nicht ausreichte, und konstruierte die B-1B Rapier mit Erstflug 1984. Sie hatte Stealth-Merkmale und griff nun mit 1130 km/h von 150 Meter Flughöhe aus an. Sie führte buchstäblich Tonnen an Flugelektronik mit. Bis 1988 erhielt die USAF davon 100 Stück.

1974 finanzierte die DARPA (Defense Advanced Research Projects Agency der USA) ein Geheimprojekt zur Erforschung von Stealth-Flugzeugen. Lockheeds Skunk-Werke gewannen mit einem seltsamen Flugzeug, dessen Außenhaut aus unzähligen ebenen Flächen mit RAM-Oberfläche (Radar absorbierendes Material) bestand. Dadurch wurde auf Kosten der Aerodynamik – was längere Startwege und geringere Reichweite bedeutete – erreicht, dass kaum ein feindliches Radarsignal reflektiert wurde. Als Have Blue flog es mit zwei GE-J85-Turbojets erstmals im Dezember 1978.

Das schwarze Programm

Have Blue begann mit dem F-117A-Angriffsflugzeug im Juni 1981. Seine zwei GE-F404-Motoren mit Gitterschirmen über den Einlässen haben keine Nachbrenner. Die Waffenlast, wie zwei lasergesteuerte Bomben, liegt in einem Schacht mit schnell öffnenden Toren. Im Bug sind ein passiver (nicht strahlender) Infrarotsensor und ein Laser zur Bombensteuerung. Lockheed lieferte 59 zum Stückpreis von 42,6 Millionen Dollar aus (weniger als herkömmliche Jäger). Bei Desert Storm bewährten sie sich großartig und wurden seither aufgerüstet.

Einen späteren Wettbewerb um ein Stealth-Flugzeug mit SLAR (seitwärts gerichtetem luftgestütztem Radar) gewann Northrop mit Tacit Blue. Sie ähnelte einer umgedrehten Badewanne mit nicht gepfeilten Flügeln und

V-Heck. Anders als die F-117A war sie außen glatt. Das war ein Durchbruch. Die Technik wurde von Northrop Grumman mit Hilfe von Boeing beim Entwurf eines strategischen Stealth-Bombers eingesetzt. Die B-2A Spirit flog erstmals am 17. Juli 1989. Der zweisitzige Nurflügelbomber hatte vier GE-F118-Turbofans und eine Spannweite von 52,4 Metern, exakt dieselbe wie der Northrop-Nurflügelbomber 50 Jahre zuvor.

In jeder anderen Hinsicht sind die beiden Stealth-Flugzeuge völlig verschieden, besonders im Hinblick auf die Kosten – jedes der 21 B-2A-Serienflugzeuge kostet 830 Millionen Dollar. Wie bei der F-117A ist die Oberfläche schwarz, und außerhalb der Motoren sind zwei Waffenschächte für 20 Tonnen Last.

F-22 Raptor

Ab 1946 bemühte sich die USAF, bei der Konstruktion von Jagdflugzeugen führend zu sein. Die F-15 war ein großer Erfolg, doch 1981 war es an der Zeit, an die nächste Generation zu denken. Man bat die Industrie um Vorschläge für einen ATF („advanced tactical fighter" – fortgeschrittener taktischer Jäger). Er sollte Stealth-Merkmale haben und über weite Strecken ohne Nachbrenner Überschall fliegen können.

Oben und unten: *Die YF-22-Prototypen (der erste unten vor dem zeremoniellen Hinausrollen am 9. April 1997) unterschieden sich stark von der F-22A des EMD (Engineering and Manufacturing Development), von der das erste Exemplar (oben) 2000 außer Dienst gestellt wurde. Ein geringes Budget erlaubt am Anfang nur eine geringe Stückzahl.*

Bei der Entwicklung des neuen Jägers trat Lockheeds YF-22- gegen Northrops YF-23- und Pratt & Whitneys YF119-Motor gegen den GE YF120 an. Die Flugtests der YF-22 mit zwei YF120-Triebwerken begannen am 29. September 1990, gefolgt von einem zweiten Flugzeug mit YF119-Motoren am 30. Oktober. Als Gewinner wurden am 23. April 1991 die YF-22 und der F119 bekannt gegeben. Die F-22 wurde später Raptor genannt, ein Oberbegriff für Raubvögel.

Die Geschichte der F-22 gleicht der der F-15. Sie nahm die fast ungeteilte Aufmerksamkeit tausender uniformierter und ziviler Experten in Anspruch, die von Anfang an alles richtig machen wollten, nur um später große Änderungen durchführen zu müssen. Sie begann als eindeutiger Luftüberlegenheitsjäger, wurde aber Anfang 1993 umgeplant zu einer Mehrzweckwaffenplattform, die eine ganze Bandbreite von Bodenangriffswaffen mitführen konnte.

Diese Änderungen waren schwieriger zu vollziehen als bei der F-15. Um die Stealth-Anforderungen zu erfüllen, mussten die Waffen ursprünglich alle intern auf Spezialgestellen in drei Waffenschächten mit schnell öffnenden Türen transportiert werden, wobei sich eine an der Rumpfunterseite, die anderen jeweils außerhalb der Motoreinlassöffnungen befanden. Für Luft-Boden-Missionen wurden schließlich vier Unterflügelstationen für je 2265 kg hinzugefügt. Mit einem Streich war das Stealth-Konzept hinweggefegt.

Termin- und Kostenüberschreitungen

Von Anfang an hatte Lockheed als Partner Boeing und GD Fort Worth. Heute ist Letztere Teil von Lockheed Martin (LM), und das F-22-Projekt befindet sich im Werk von LM in Marietta, Georgia. Den beiden YF folgten neun F-22A. Die zweisitzige F-22B, die die Navy als Nachfolger der F-14 ins Auge gefasst hatte, wurde eingestellt. Die erste F-22A rollte im April 1997 aus

dem Hangar, flog aber fünf Monate lang nicht. Nach dem Plan der USAF sollte die F-22 vor 1995 IOC („initial operational capability" – erste Einsatzfähigkeit) haben, aber 2001 gab es noch nicht mal ein Okay für die nächste Testphase. Die neun EMD-Flugzeuge flogen Mitte 2001, doch eine Prüfung durch den Kongress könnte sogar zur Einstellung des Programms führen.

Für die US Air Force ist die F-22 jedenfalls zentral für ihre zukünftige Luftüberlegenheit. Andererseits sind die Kosten für ein solches Flugzeug astronomisch. Die nächste Stufe sind zehn LRIP-Flugzeuge („low-rate initial production" – Anfangsproduktion), die 2,1 Milliarden Dollar kosten. Bis zur Genehmigung durch den Kongress wird das Programm mit Mitteln finanziert, die ursprünglich für die Vollproduktion gedacht waren.

Natürlich ist die F-22 beeindruckend. Der aufgerüstete 15.855-kg-F119-Turbofan hat Düsen, die nicht nur in Profil und Fläche variieren, sondern auch um 20° geschwenkt werden können. Die Konstruktionsgeschwindigkeit auf Meeresniveau beträgt 1480 km/h, obwohl die 780 m² großen Tragflächen den Piloten durchschütteln würden. Neben dem elektronischen APG-77-Radar sind insgesamt 46 Antennen auf der Oberfläche verteilt. Es können sechs AIM-120C-Mittelstreckenraketen und eine M61A2, eine Version eines Gewehrs, das erstmals 1952 getestet wurde, mitgeführt werden.

Oben: *Der YF-23-Prototyp #1 im Flug über der Edwards Air Force Base im September 1990. In der Gesamtbewertung wurde festgestellt, dass die Stealth-Fähigkeit der YF-23 zwar größer war, dass ihre Konkurrentin aber insgesamt etwas besser abschnitt.*

Eurofighter Typhoon

2001 war der Eurofighter das wichtigste Militärflugzeug außerhalb der USA. Wider Erwarten hat er die Verzögerungen eines multinationalen Projektes überlebt und wurde als Kampfflugzeug auf dem neuesten Stand der Technik in Dienst gestellt, das fast jede taktische Mission fliegen und mit jedem feindlichen Rivalen zumindest gleichziehen kann. Bedauerlich ist nur, dass man ihn bereits zehn Jahre früher hätte einsetzen können.

Unten: *DA7, das letzte der sieben Entwicklungsflugzeuge, wurde in Italien zusammengebaut. Links von der Windschutzscheibe befindet sich der FLIR-Sensor (vorwärts gerichtetes Infrarot). DA7 testete das Abwerfen der Tanks.*

Frankreich, (das frühere) Westdeutschland, Italien, Spanien und Großbritannien begannen 1980, über ein Jagdflugzeug der nächsten Generation zu reden. Damals hatte nur Frankreich zeitgemäße Jäger. Der Rest hatte F-4 und F-104 oder, wie die RAF, Tornado-Abfangjäger, die sich nicht für den Nahkampf eigneten. Frankreich verließ die Verhandlungen, zum Teil, weil die anderen nicht an einer trägergestützten Version interessiert waren. 1988 meinte Großbritannien, es hätte doch Bedarf an einer solchen Variante, doch da war die Rafale der Franzosen schon fast serienreif.

Zunächst nannte man das geplante multinationale Flugzeug EFA (European Fighter Aircraft), in Deutschland jedoch JF90, was darauf hinweist, mit welchen Problemen noch zu rechnen war. Im Juni 1986 wurde die Multinational Eurofighter GmbH mit Sitz in München gegründet. Die neue Firma gab dem Flugzeug seinen Namen, bis man erkannte, dass Eurofighter Eurofighter etwas holprig klang. Man brauchte einen multinationalen Namen, und die Wahl fiel auf Taifun oder Typhoon (obwohl die spanische Bezeichnung C16 lautet).

Mehr Waffen – mehr Gewicht

Von Anfang an sollte das Flugzeug einziehbare Vorflügel und einen großen Deltaflügel besitzen. Es ist bemerkenswert, dass British Aerospace 1982 eine Tragfläche von 49,98 m^2 bekannt gab, und BAE Systems heute an der Herstellung von 50,0 m^2 großen Flügeln beteiligt ist! Andere Dinge haben sich jedoch verändert – etwa das maximale Startgewicht von 16.980 kg 1985 auf heute 22.970 kg. Natürlich heißt das nur, dass die Typhoon mit viel schwereren Treibstoff- und Waffenvorräten beladen wurde, einschließlich 7990 kg extern mitgeführter Lasten.

Es sollte zwei Triebwerke geben, genannt EJ200. Bei maximalem Nachbrenner liefert jedes 9173 kg Schub, fast ebenso viel wie der Spey in den Phantoms der RAF, doch während der Spey 1854 kg wog, wiegt der EJ200 997 kg. Spanien

testet derzeit Richtungsdüsen von außerordentlichem Design. Ähnliche Fortschritte sieht man beim Flugrahmen. Zum Beispiel sind 70 % der Oberfläche aus Karbonfiberverbund, mehrere größere Teile aus Aluminium-Lithium-Legierungen und andere, wie die Vorflügel, mittels superplastischer Formung und Diffusionsbindung aus einem Stück gefertigt.

Im Zuge der Arbeiten registrierte man das neue Zauberwort in der Welt der Jagdflugzeuge: „stealth". Relativ geringe Änderungen ergaben eine beachtliche Verringerung der Radarsignatur. Die Kuppel über dem ECR90-Radar wurde neu designt und der untere Einlass der Triebwerke um den Unterrumpf abgerundet. Wie bei den meisten modernen Jägern gibt es eine vierfache „fly by wire"-Steuerung, mit der Vorflügel, Vorderkantenschlitze, innere und äußere Klappen (die den Auftrieb an einem Flügel erhöhen und damit eine Rolle auslösen) sowie das Ruder anstelle der elektrischen Finne betätigt werden. 2001 einigten sich die Partner auf einen Bedarf von 620 Typhoons. Die ersten Lieferungen gehen im Juni 2002 an Großbritannien und Italien. Mit Norwegen und Südkorea wird verhandelt. Griechenland wollte 60, verschob das Budget jedoch zu den Olympischen Spielen. Sieben weitere Nationen haben Informationen angefordert.

Hauptbild: *Die DA1 wurde von DASA in Ottobrunn, Deutschland, zusammengebaut und nach Manching gebracht, wo am 27. März 1994 die Flugtests begannen. Die offenen Vorderkantenschlitze halfen der Typhoon, mit dem langsameren Fotoflugzeug Formation zu halten.*

Unten: *Mit der DA2, der ersten von Briten gebauten Typhoon, wurde „sorglose" Handhabung getestet. Sie ist heute schwarz.*

Unten: *Die in Sevilla von CASA gebaute DA6 ist die zweite zweisitzige Version. Unter anderem testete die DA6 Mannschaftshelme und Gefrierkleidung.*

Joint Strike Fighter

Trotz anfänglicher Zweifel setzte sich die Idee von einem schnellen STOVL-Kampfflugzeug („short take-off, vertical landing“ – kurzer Startweg, vertikale Landung) auch in den USA durch, zunächst beim Marine Corps. 1991 arbeiteten McDonnell Douglas und British Aerospace an einem STOVL-Überschallflugzeug mit dem Motor eines ATF und einem Auftriebsgebläse.

Oben: *Die X-35C ist die Version von Lockheed Martin für die US Navy, mit größeren Faltflügeln, Fanghaken und stärkerem Fahrwerk.*

Die Defense Advanced Research Projects Agency finanzierte Studien zu einem CALF („common affordable lightweight fighter“ – allgemeiner leistbarer leichter Jäger), während Navy und USAF JAST („joint advanced strike technology“ – gemeinsame fortgeschrittene Angriffstechnik) gründeten. 1994 wurden sie vereint und ein Jahr später Joint Strike Fighter (JSF) genannt.

Das Konzept blieb das eines Mehrzweckflugzeugs mit einzelnem ATF-Motor, damals der F119. Doch 1996 finanzierte man GE und Allison (heute Rolls-Royce Corporation) den Bau des YF120-FX als Alternative. Dieser Motor, stärker noch als der JSF119 mit über 18.100 kg Schub, konnte ab dem 72. JSF-Flugzeug eingebaut werden. McDonnell Douglas wurde im November 1996 eliminiert. Seitdem hat Boeing die X-32 entwickelt, Lockheed die X-35.

Im Dezember 1999 enthüllte Boeing seine beiden Versionen der X-32. Beide haben einen tiefen Rumpf, bei dem das Cockpit hoch über dem großen Unterbugeinlass für den JSF119-614-Turbofanmotor mit Nachbrenner liegt. Der Rumpf verschmilzt mit den großen Tragflächen, die fast Deltaform haben und stark abfallen. Die zwei Finnen sind um 28° nach außen geneigt.

Die X-32A ist die CTOL-Version („conventional take-off and landing“ – Start und Landung konventionell) für USAF und Navy. Sie hat eine Spannweite von elf Metern. Die X-32B ist die STOVL-Version für Marine Corps, RAF und Royal Navy. Sie hat kleinere Flügel, eine Spannweite von 9,1 Metern und den SE614S-Motor mit 90° Ablenkung an der Hauptdüse sowie Gebläseluft, die auf zwei abwärts gerichtete Auftriebdüsen im Schwerpunkt verteilt wird. Zur Steuerung bei geringen Geschwindigkeiten gibt es Düsen an den Flügelspitzen.

Rechts: *Die Lockheed Martin X-35C begann ihr Flugtestprogramm am 16. Dezember 2000, als sie von Palmdale in das USAF Flight Test Center in Edwards überstellt wurde.*

Viele Versionen

Von der Lockheed Martin X-35 wurden drei Typen getestet. Die X-35A ist die CTOL-Version für die Air Force. Sie hat seitliche Einlässe, die in mittelhohe, nach außen sich verjüngende Flügel übergehen, dicke Heckflügel und zwei Finnen, die sich um 25° auswärts neigen. Die X-35B für Marine Corps, RAF und Royal Navy hat ein vom Motor betriebenes Auftriebsgebläse hinter dem Cockpit. Die X-35C für die US Navy hat kein Auftriebssystem, dafür größere Flügel und Heckflügel. Im Unterschied zur X-35B der Royal Navy sind die Flügel faltbar.

Rechts: *Die Grundversion der Lockheed Martin JSF für die USAF, die X-35A, flog erstmals am 24. Oktober 2000. Hier hängt sie mit einem KC-135-Tanker zusammen, der 45 Jahre älter ist.*

Unten: *Boeings Prototypen hatten, anders als die geplante Serienversion, keine Heckflügel. An dieser X-32A stehen die rechten Raketenschachttore offen und zeigen eine AMRAAM. Die STOVL-Version mit eindrucksvollem Düsenhubmotor, die X-32B, ist gegenüber zweimal abgebildet.*

Alle Versionen können eine Vielfalt an Luft-Luft- und Luft-Boden-Waffen in Waffenschächten mitführen. Eine Grundbeladung der Navy sind zwei JDAM („joint direct attack munition" – kombinierte direkte Angriffsmunition) mit 906 kg, eine der Air Force zwei JDAM mit 453 kg und zwei AMRAAM-Raketen. X-32-Versionen haben vier Unterflügelstationen für bis zu 8154 kg Last. Die meisten Versionen werden ein Boeing-Mauser-27-mm-Gewehr haben sowie Vorrichtungen für Luftbetankung mit einziehbarer Sonde oder, für die USAF, mit Ausleger.

Von den usprünglichen Partnern bestellte die USAF 1763, die US Navy 480, das Marine Corps 609, die RAF 90 und die Royal Navy 60 Stück. Wenn der JSF die politischen Diskussionen übersteht, könnten über 5000 in alle Welt verkauft werden. Im Juni 2001 sind alle Versionen mit Überschallgeschwindigkeit geflogen und haben Flugzeugträgereinsätze simuliert.

Segelflugzeuge

Im 19. Jahrhundert verbrachten Möchtegernflieger unzählige Nächte mit dem Versuch, Flugmaschinen mit Motoren zu bauen. Ein paar, vor allem der Deutsche Lilienthal, sein englischer Schüler Pilcher und die Brüder Wright aus Ohio, erkannten, dass man zuerst lernen musste, *ohne* Motor zu fliegen. Daher bauten sie Segelflugzeuge. Diese bieten heute Flugbegeisterten in aller Welt ein kostengünstiges Vergnügen.

Oben: *Das größte Segelflugzeug der Welt, Eta, wurde von einer Gruppe deutscher Piloten bestellt, könnte jedoch in Serienproduktion gehen.*

Die Begeisterung über den Motorflug und der 1. Weltkrieg drängten Segelflugzeuge bis in die 20er Jahre in den Hintergrund. In der neuen Sowjetunion traten tausende Enthusiasten den Gewerkschaften bei. Einige wenige, wie die späteren Konstrukteure Ilyushin und Yakovlev, nahmen an Segelflugwettbewerben in Koktebel auf der Krim teil. Aufgrund des Vertrags von Versailles, der den Motorflug in Deutschland verbot, boomte dort das Segelfliegen, sodass die Deutschen in den 30er Jahren weltweit die Besten waren.

Zu dieser Zeit lagen so gut wie alle Segelflugzentren auf Hügeln. Dadurch konnten die Gleiter einfach von zwei Helferteams gestartet werden, die an einem elastischen V-förmigen Band zogen. 1939 absolvierten

Oben: *Die Grob Vigilant ist eine von mehreren Arten zweisitziger Motorgleiter für RAF und Royal Navy. Motorgleiter starten und können dann den Motor abschalten, um die Thermik zu nützen.*

Links, ganz oben: *Robert Kranfeld mit seiner Wien, 1930.*

Links oben: *Die Luftwaffe setzte viele Me 321 Gigant ein, die größten jemals gebauten Gleiter.*

Links: *Eine Slingsby Type 4 Falcon 3, fotografiert am 3. Juli 1937, als sich das britische Gleiterteam auf den Internationalen Gleiterwettbewerb in Wasserkuppe, Deutschland, vorbereitete.*

Links: *Mitglieder des Cambridge University Gliding Club am 7. April 1938 an einer Dart – damals ein „heißer Schlitten".*

Rechts: *Mit einer Spannweite von 31 Metern absolvierte die Eta Flüge von bis zu 30 Stunden. Sie besteht großteils aus Kevlar und Karbonfaser. Im Rumpf befindet sich ein 65-PS-Motor mit Propeller.*

zehntausende Schüler ihre Grundausbildung auf einfachen Gleitern, und nicht alle Schulen lagen auf Hügeln. Man brauchte entweder Autos zum Hochziehen oder einen starken Seilzug mit langem Kabel.

Es gab verschiedene Segelfliegerarten. Der gröbste, vor allem für die Grundausbildung, bestand aus Flügeln und Heck, die durch einen Balken verbunden waren, der auf einer Rolle über den Boden glitt. Vorne befanden sich lösbarer Haken, Sitz, Hebel und Pedale.

Wie man ein Segelflugzeug fliegt

Meistens beginnt ein Schüler mit dem Gleiten auf dem Boden, wobei an den Flügeln Gewichte hängen, um ein Abheben zu verhindern. Wenn er Hebel und Pedale beherrscht, werden die Gewichte entfernt. Dann kommen kurze Hopser bis etwa drei Meter, wobei der Hebel leicht nach vorne gedrückt wird, bevor er einen Schalter betätigt, um das Kabel zu lösen. Danach folgen höhere Hüpfer, bei denen er schneller gezogen wird und bis zu 15 Meter erreicht, und dann Flüge. Jetzt kann der Schüler auf ein richtiges Segelflugzeug mit stromlinienförmigem Rumpf und gebremstem Rad umsteigen.

Heute sitzen Schüler und Ausbildner oft Seite an Seite oder im Tandem in einem Segelflugtrainer. In einem Tandemgleiter muss man im Alleinflug oft ein Gewicht auf den zweiten Sitz legen, um den Schwerpunkt zu bewahren. Ist ein Schüler erfahren genug, kann er oder sie sich an einem Profigleiter versuchen, der entweder dem Club gehört oder gemeinsam oder alleine gekauft wird. Gestartet werden kann mit Seilzug. Wenn man die Thermik ausnutzen will (Stellen, an denen die aufsteigende Luft unter Wolken Auftrieb gibt), braucht man ein Schleppflugzeug. Der Gleiter ist durch ein Kabel mit dem Schlepper verbunden. An geeigneter Stelle klinkt sich der Gleiter aus.

Moderne Segelflugzeuge gehören zu den schönsten Fluggeräten. Ihre schlanken Flügel mit einer Spannweite von bis zu 24 Metern kurven im graziösen Bogen mit bis zu 1 g. In Turbulenzen biegen sie sich alarmierend durch. Ihre Struktur besteht aus Glasfiber und Karbonfaser; zur Ausrüstung können Luftbremsen, Sauerstoff und Funkggerät gehören. 2001 wurde der Langstreckenrekord durch einen 2462 km langen Flug über die Anden in unter 15 Stunden gebrochen.

In den letzten Jahren wurde eine neue Art beliebt – selbst startende Segelflugzeuge. Sie haben einen kleinen Kolbenmotor mit Propeller und starten frei. Wenn sie nach dem Steigflug die richtige Thermik gefunden haben, schaltet der Pilot den Motor ab und zieht ihn in den Rumpf ein.

Fliegen macht Spaß

Heute sind wir mit Wissen, Materialien und einem Reichtum an Flughilfen gesegnet, die es Menschen ermöglichen, auf vielerlei Arten mit Flügeln und Rotoren (und natürlich Ballonen) zu fliegen. In aller Welt bauen Flugbegeisterte ihre eigenen Entwürfe von Fluggeräten und Autogiros. Es gibt sogar – selten, aber doch – selbst gebaute Hubschrauber.

Unten: *Die einsitzige Dubna 1 Schmel (Hummel) hat einen 63-PS-Voronezh- oder 64-PS-Rotax-Motor. Diese hier ist mit einem rotierenden Zerstäuber für die Schädlingsbekämpfung bestückt.*

Oben: *Die AS-2 (was in russischer Schrift wie AC-2 aussieht) wurde 1990 von Aviacomplex designt, ist aber heute ein Produkt von Albatross. Der Einsitzer hat einen 64-PS-Rotax-Motor, der – ungewöhnlich bei einem solchen Flugzeug – einen Zugpropeller antreibt.*

Die billigste Flugart stammt aus den 50er Jahren. Als Francis M. Rogallo im Forschungszentrum der NASA in Langley arbeitete, perfektionierte er einen neuen Flügel, basierend auf einer Pfeilform mit drei starren Teilen, die durch losen Stoff verbunden waren. Wenn dieses Ding flog, blähte sich der Stoff und gab kräftigen Auftrieb. Das interessierte die US Army, weil das gesamte Flugzeug in eine kleine Schachtel passte.

Eine kommerzielle Version, die Ryan Flex-Wing, wurde 1961 getestet. Mit einem 100-PS-Motor hob sie mit 39 km/h ab, flog mit 97 km/h und konnte durch Verstellen der Flügelneigung gesteuert werden. Von da an wurden zehntausende Hängegleiter entwickelt. Die große Mehrzahl hat die gleiche Pfeilform aus Aluminiumrohren. Statt zwei großen Bogen wird der Stoff durch eine Querverstrebung und Rippen zu einem gewöhnlichen Deltaflügel gespannt.

Von da war es ein kleiner Schritt, einen größeren Flügel zu nehmen und ein Dreirad darunter zu hängen. Dies ist ein rudimentärer Rumpf mit drei Rädern, einem Cockpit, einem kleinen Motor und einem Propeller. Meistens schiebt dieser von hinten, doch manchmal ist ein Zugpropeller vor dem Flügel. Das Ergebnis nennt man ein „ultralight". Sie werden definiert als Flugzeuge mit mindestens 10 m^2 Tragfläche und einem Leergewicht von unter 150 kg.

Es gibt tausende „ultralights" in aller Welt. Die meisten haben Hängegleiterflügel, einige gewöhnliche Flügel; andere sind Doppeldecker. Ein paar sind Zweisitzer, wobei Tandems verbreiteter sind als Sitze nebeneinander. Fast alle haben einen Kolbenmotor mit 25 bis 60 PS. Die beliebtesten sind der österreichische Rotax und der japanische Fuji; sie haben einen oder zwei luftgekühlte Zylinder mit Treibriemen und Untersetzungsgetriebe für einen einfachen Propeller.

Jahrhundertelang haben Menschen versucht, mit Muskelkraft zu fliegen. In den 30er Jahren meinten viele Experten, das sei unmöglich. Dann setzte ein britischer Geschäftsmann 1959 einen Preis für das erste mit Muskelkraft geflogene Flugzeug aus, das in nicht weniger als drei Meter Höhe zwischen zwei mindestens eine halbe Meile entfernten Punkten fliegen würde. Die Maschine der University of Southampton schaffte es fast, das Hatfield Puffin noch knapper. Am 23. August 1977 gewann den Preis Bryan Allen in Kalifornien mit der Gossamer Condor, designt von Paul MacCready. Sie bestand vor allem aus einem 29,6-Meter-Flügel. 1979 radelte Allen die Gossamer Albatross von England nach Frankreich.

Mit heißer Luft reisen

Nachdem die Geschichte der Luftfahrt mit Ballonen begonnen hat, ist es nur angemessen, den Kreis so zu schließen. Die ersten Ballone flogen mit heißer Luft. Dann dominierten gasgefüllte Hüllen fast 200 Jahre, bis in den 60ern die Heißluftballons wieder zurückkehrten.

Heute geht die Zahl der Heißluftballons in aller Welt in die tausende. Sie erhalten Auftrieb durch unzählige Hüllenbahnen aus Nylon oder ähnlichem Material. Darunter ist ein Korb befestigt, in dem sich ein starker, vom Piloten steuerbarer Propangasbrenner befindet. Manche Ballons können 50 Personen befördern, andere haben fast jede erdenkliche Form, häufig zu Werbezwecken. Die Montgolfiers wären erstaunt, wenn sie ihre Erfindung heute im Einsatz sähen, ganz zu schweigen von der Luftfahrt insgesamt. In den 100 Jahren, seit die Gebrüder Wright am Strand von Kittyhawk ihren ersten Flug machten, hat die unglaublich rasche Entwicklung der Luftfahrt unseren Planeten tatsächlich zum globalen Dorf gemacht.

Rechts: *Am 23. Juni 1979 tritt der amerikanische Radfahrer Bryan Allen in die Pedale des von MacCready entworfenen Gossamer Albatross; er startet von einem englischen Strand nach Frankreich – und ins Buch der Rekorde.*

Register

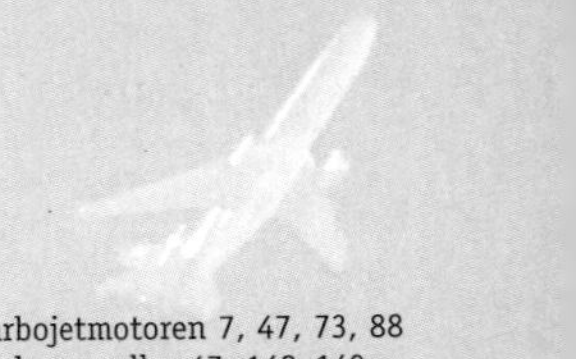